普通高等教育通识课系列教材

Python程序设计

主编　章小华　王天永　周　苏

西安电子科技大学出版社

内 容 简 介

“Python 程序设计”是一门理论性和实践性都很强的课程。本书由浅入深、循序渐进地讲述了 Python 程序设计的基本概念和基本方法，具有较强的系统性、可读性、可操作性和实用性。本书主要内容包括初识 Python，Python 语法基础，赋值语句与分支结构，循环结构与 print 语句，字典与集合，序列与迭代，函数，模块，字符串与文件，面向对象程序设计，对象的封装、继承与多态以及综合案例分析。

本书结构合理，内容翔实，论述准确，注重知识的层次性和技能培养的渐进性，并配以丰富的实例，每章均附有课后习题和编程实训，可作为应用型本科院校、高职高专院校计算机及相关专业的教材，也可作为编程人员的自学书籍。

图书在版编目(CIP)数据

Python 程序设计 / 章小华，王天永，周苏主编. --西安：西安电子科技大学出版社，2023.12
ISBN 978－7－5606－7071－3

Ⅰ. ①P…　Ⅱ. ①章…　②王…　③周…　Ⅲ. 软件工具—程序设计　Ⅳ. ①TP311.561

中国国家版本馆 CIP 数据核字(2023)第 200403 号

策　　划　陈 婷
责任编辑　陈 婷
出版发行　西安电子科技大学出版社(西安市太白南路 2 号)
电　　话　(029)88202421　88201467　　邮　　编　710071
网　　址　www.xduph.com　　电子邮箱　xdupfxb001@163.com
经　　销　新华书店
印刷单位　陕西天意印务有限责任公司
版　　次　2023 年 12 月第 1 版　2023 年 12 月第 1 次印刷
开　　本　787 毫米×1092 毫米　1/16　印张　18
字　　数　426 千字
定　　价　46.00 元
ISBN 978－7－5606－7071－3 / TP

XDUP 7373001-1

前　言

Python 语言是一种容易学习、功能强大的高级程序设计语言，它既支持面向过程的程序设计，同时也支持面向对象的编程，而且具有高效的数据结构。Python 语言具有优雅的语法和动态类型，能够让读者从语法细节中摆脱出来，专注于探索解决问题的方法、分析程序本身的逻辑和算法，已成为众多领域应用程序开发的理想语言。在 IEEE 发布的编程语言排行榜上，自 2017 年以来 Python 语言一直高居首位。

对于大数据、计算机、人工智能等专业的学生来说，“Python 程序设计”是一门理论性和实践性都很强的必修课程。在长期的教学实践中编者深刻体会到：坚持“因材施教”的重要原则、把实训环节与理论教学相融合、抓实训教学促进理论知识的学习是有效改善教学效果和提高教学水平的重要方法之一。本书是为高等应用型本科院校、高职高专院校大数据、计算机、人工智能相关专业学生学习“Python 程序设计”课程而编写的，也可供有一定实践经验的 IT 应用人员和管理人员学习参考。

本书的主要特色是：理论联系实际，把 Python 程序语言的相关概念、基础知识和技术技巧融入实训活动当中，使学生保持学习兴趣和学习热情，加深对 Python 语言的认识、理解和掌握。

本书共 12 章，较为系统、全面地介绍了 Python 程序设计的核心基础知识和编程技术，主要内容包括：初识 Python，Python 语法基础，赋值语句与分支结构，循环结构与 print 语句，字典与集合，序列与迭代，函数，模块，字符串与文件，面向对象程序设计，对象的封装、继承与多态以及综合案例分析等。本书每章中都设计了一些难度适中的习题，学生只要认真学习教材，所有题目都能准确回答。本书附录共 5 个模块，分别是：Python 快速参考(附录 A)、部分习题参考答案(附录 B)、课程学习与实训总结(附录 C)、课程实践(附录 D)以及课程教学进度表(附录 E)。其中，附录 B 可供阅读者核对习题答案并作对比思考；附录 E 为本课程的教学进度设计，在实际执行时可按照教学大纲和校历中的时间安排，确定本课程的实际教学进度。

本书第 1、6、8、10、12 章由章小华编写，第 2 章由周苏编写，第 3 章由王天永编写，第 4 章由陈红雨编写，第 5 章由朱准编写，第 7 章由李文龙编写，第 9 章由王贵鑫编写，第 11 章由付宇翔编写。周苏为各章编配了习题，最后由章小华统稿。在编写本书的过程中我们得到了温州商学院师生的指导和支持，在此表示感谢！

与本书配套的教学 PPT 课件、程序源代码等教学资源可从西安电子科技大学出版社网站(www.xduph.com)的下载区下载。欢迎读者与编者进行交流，联系 E-mail：20219049@wzbc.edu.cn；QQ：383423268。

本书是 2022 年全国高等院校计算机基础教育研究会计算机基础教育教学研究项目之西安电子科技大学出版社资助专项类项目的建设成果之一，也是 2022 年温州商学院研究性实验教学项目的建设成果之一。

由于编者水平有限，书中难免有不妥之处，恳请广大读者批评指正。

章小华
2023 年 8 月

目　录

第 1 章　初识 Python

本章首先介绍计算机与高级程序语言之间的关系，然后初步探索 Python 语言，并简述其历史、版本、支持平台与各种集成开发环境。本章的编程训练主要内容包括：① 下载 Python 软件；② 搭建起可以正常运行的 Python 程序设计环境；③ 在互动模式下一行一行地输入程序代码并执行；④ 将 Python 程序编写在源代码文件里，并由 Python 解释器执行。

1.1　计算机简史

下面首先来介绍计算机、计算机科学和计算机硬件系统的相关知识。

艾伦·麦席森·图灵(Alan Mathison Turing，1912 年 6 月 23 日－1954 年 6 月 7 日，见图 1-1)，英国数学家、逻辑学家，被称为"计算机科学之父"和"人工智能之父"。1931 年，图灵进入剑桥大学国王学院，毕业后到美国普林斯顿大学攻读博士学位，第二次世界大战爆发后回到剑桥，后曾协助军方破解德国的著名密码系统 Enigma，帮助盟军取得了二战的胜利。图灵对于人工智能的发展有诸多贡献。例如：他提出了一种用于判定机器是否具有智能的试验方法，即图灵试验，每年都有试验的比赛；此外，图灵提出的著名的图灵机模型为现代计算机的逻辑工作方式奠定了基础。

图 1-1　图灵

约翰·冯·诺依曼(John von Neumann，1903 年 12 月 28 日－1957 年 2 月 8 日，见图 1-2)，出生于匈牙利，毕业于瑞士苏黎世联邦理工学院，是一位数学家，也是现代计算机、博弈论、核武器和生化武器等领域内的科学全才，被后人称为"现代计算机之父"和"博弈论之父"。他在泛函分析、遍历理论、几何学、拓扑学和数值分析等众多数学领域以及计算机科学、量子力学和经济学中都有重大成就，也为人类第一颗原子弹和第一台电子计算机的研制作出了巨大贡献。

图 1-2　冯·诺依曼

电子计算机(Computer)俗称电脑，是一种用于高速计算的电子计算机器，可以进行数值计算，也可以进行逻辑计算，还具有存储记忆功能。电子计算机是一种能够按照程序运行，自动、高速处理海量数据的现代化智能电子设备，由硬件系统和软件系统组成。没有安装任何软件的计算机称为裸机。电子计算机可分为超级计算机、工业控制计算机、网络计算机、个人计算机和嵌入式计算机五类，较先进的计算机有生物计算机、光子计算机和量子计算机等。

用于描述解决特定问题的步骤序列称为算法。算法可以通过编程实现，并确定硬件(物理机)能做什么和做了什么。创建软件的过程称为编程。

1.1.1 现代计算机

几乎每个人都用过计算机。可以用计算机玩游戏、写文章、在线购物、听音乐或通过社交媒体与朋友联系等。计算机还被用于预测天气、设计飞机、制作电影、经营企业、完成金融交易和管理工厂等。

世界上第一台通用计算机 ENIAC(见图 1-3)于 1946 年 2 月 14 日诞生在美国宾夕法尼亚大学。中国的第一台电子计算机诞生于 1958 年。在 2019 年 6 月 17 日公布的全球超算 500 强榜单中，中国以拥有 219 台超级计算机继续蝉联全球拥有超算数量最多的国家。

图 1-3 世界上第一台通用计算机 ENIAC

但是，计算机到底是一种什么样的机器呢？一个计算设备怎么能执行这么多不同的任务呢？现代计算机可以被定义为“在可改变的程序的控制下，存储和操纵信息的机器”。该定义有两个关键要素：

第一，计算机是用于处理信息的设备。这意味着信息可以被存入计算机，计算机将信息处理且转换为新的、有用的形式，并输出(显示)信息。

第二，计算机在可改变的程序的控制下运行。计算机不是唯一能处理信息的机器。例如，当你用简单的计算器来运算一组数字时，就是在输入信息(数字)、处理信息(如计算总和)及输出信息(显示结果)。另一个典型的例子是二战期间图灵设计的破译密码机，尽管该机器体积非常庞大，但只能做一件事，那就是破译德军的 Enigma，也就是输入信息(德军的 Enigma)、处理信息(密码解析)及输出信息(显示解析后的密码)。注意，计算器或破译密码机并不是真正的计算机，这些设备包含的是嵌入式计算机(芯片)，被构建来执行单一的任务。

"计算机程序"是一组详细指令的有序集合。程序明确地告诉计算机做什么，如果程序改变，计算机就会执行不同的动作序列，从而完成不同的任务。正是这种灵活性，可让计算机在某一时刻发挥文字处理器的功能，在另一时刻发挥金融顾问的功能，又可能发挥一个游戏机的功能。机器(硬件)没变，但控制机器的程序(软件)改变了。

计算机只是执行程序的机器。如 Apple Macintosh、Dell PC、联想 Thinkpad 笔记本、Apple iPad 和华为智能手机等，它们实际上是不同类型的计算机。可让所有这些不同类型的计算机具有相同的能力，即通过编程，每台计算机基本上可以做任何其他计算机可以做的事情。从这个意义上说，一台计算机实际上是一台通用机器，只要以计算机能够理解的语言足够详细地描述要完成的任务，它就可以去完成。

1.1.2　计算机科学

事实上，计算机科学并不只是研究计算机的。计算机科学本质上研究的是什么可以计算，它是更广泛的计算科学领域的基础，其研究对象还包括网络、数据库和信息管理系统等。

著名计算机科学家埃格斯·迪克斯特拉曾经说过："计算机之于计算机科学，正如望远镜之于天文学。"计算机是计算机科学中的重要工具，由于它可以执行描述的任何过程，所以真正的问题是"我们可以描述什么过程"，即计算机科学的根本问题就是"可以计算什么"。计算机科学家应用许多研究技术来回答这个问题，其中三种主要技术是设计、分析和实验。

证明某个问题可以解决的一种方式就是实际设计解决方案。也就是说，为计算机开发一个逐步计算的过程，以实现期望的结果，计算机科学家称之为"算法"。算法设计是计算机科学中最重要的方面之一。

设计有一个弱点，它只能回答"什么是可计算的"。如果可以设计一个算法，那么问题是可解的。然而，未能找到算法并不意味着问题是不可解的，这可能是还没有找到正确的思路，这就是我们引入算法分析的原因。

分析是以数学方式检查算法和问题的过程。算法分析是计算机科学的重要组成部分。当一些问题太复杂或者定义不明确而无法开展分析时，计算机科学家就依靠实验。他们首先实际实现一些系统，然后研究行为的结果。即使在进行理论分析时，也经常需要实验来验证和完善分析。对于大多数问题，解决问题的底线是能否构建一个可靠的工作系统。通常需要对系统进行测试，以确定这个底线已经满足。当开始编写程序时，会有很多机会观察解决方案的表现。

如今，计算机科学家参与的活动都在计算这个概念之下，如移动计算、网络、人机交互、人工智能、计算科学(使用强大的计算机来模拟科学过程)、数据库和数据挖掘、软件工程、多媒体设计、数字音乐制作、管理信息系统和计算机安全等。无论在何处进行计算，都在应用计算机科学的技能和知识。

1.1.3 计算机的组成

一名成功的程序员并不需要知道计算机工作的所有细节，但是了解计算机的基本组成将有助于掌握程序运行的过程。

不同计算机在具体细节上会显著不同，但抽象起来看，所有现代数字计算机都是非常相似的。图 1-4 为计算机的功能视图，计算机系统包括中央处理单元(CPU)、主存储器(RAM，随机存取存储器)、辅助存储器以及输入/输出(I/O)设备等。CPU 是计算机的“大脑”，这是计算机执行所有基本操作的部件。CPU 可以执行简单的算术运算，如两个数相加，也可以执行逻辑操作，如测试两个数是否相等。

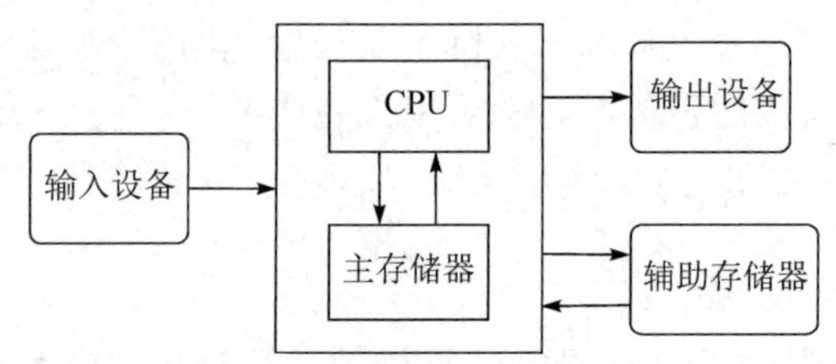

图 1-4 计算机的功能视图

CPU 只能直接访问(操作)存储在主存储器中的信息(数据和程序)。主存储器运行速度快，但它也是易失性存储。也就是说，当电源关闭时，主存储器中的信息会丢失。因此还必须有一些辅助存储器来提供永久存储。

在个人计算机中，主要的辅助存储器通常是硬盘驱动器(HDD)或固态驱动器(SSD)。HDD 将信息以磁模式存储在磁盘上，而 SSD 使用的是被称为闪存的电子电路。大多数计算机还支持可移动介质作为辅助存储器，如 U 盘和 DVD(数字多功能光盘)，后者以光学模式存储信息，由激光读取和写入。

人们通过输入/输出设备与计算机进行交互。常见的输入/输出设备有键盘、鼠标和显示器等。来自输入设备的信息由 CPU 处理，并可以被传送到主存储器或辅助存储器中。类似地，需要显示信息时，CPU 负责将信息发送给一个或多个输出设备。

当在计算机上启动游戏或文字处理程序时，构成程序的指令从(更)持久的辅助存储器复制到计算机的主存储器中。一旦指令被加载，CPU 就开始执行程序。

技术上，CPU 遵循的过程称为“读取-执行循环”。从存储器读取第一条指令后，解码以弄清楚它代表什么，并且执行适当的动作。然后，读取、解码和执行下一条指令。循环继续，一条指令接着一条指令。这是所有的计算机从用户打开它直到关闭时做的事情：读取指令、解码、执行。计算机能以很快的速度执行这个简单的指令流，每秒完成数十亿条指令。将足够多的简单指令以正确的方式编写在一起(编程)，可以让计算机完成大量而复杂的工作。

1.2　计算机软件与程序设计语言

管理计算机硬件其实非常复杂，主要原因之一是输入/输出设备类型各异且数量较大，如键盘、鼠标、显卡与显示器、声卡与喇叭、打印机、硬盘、U 盘、摄像头、无线网卡与路由器等。如果由人工或直接由应用软件来管理硬件设备，那几乎是不可能完成的任务。所幸，可以在软件与硬件之间加入一层被称为操作系统(Operating System，OS)的软件，由它来管理底层的硬件并负责执行上层的软件程序，让上层软件程序来访问下层的输入/输出设备(见图 1-5)。

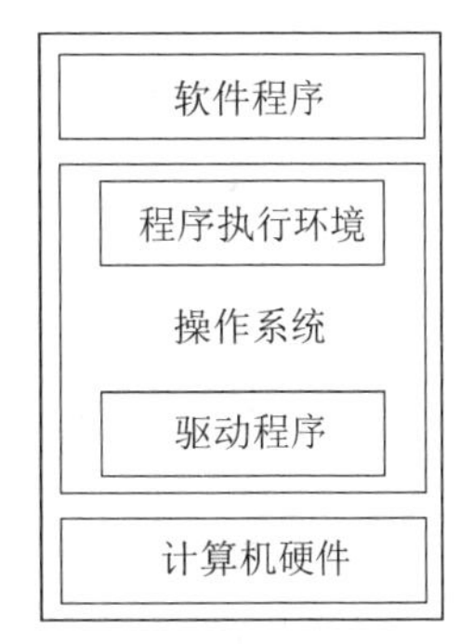

图 1-5　计算机硬件、操作系统与软件程序

1.2.1　计算机软件

“计算”的一个要点是：“软件”(程序)主宰“硬件”(物理机器)。软件决定计算机可以做什么，如果没有软件，计算机也许只是昂贵的摆设。

程序是一系列指令的有序集合，它告诉计算机做什么。目前，开发人员仍然需要用计算机可以理解的语言来编写这些指令。

操作系统也是程序，只不过非常庞大复杂，在整个计算机系统中扮演着管理员的角色。操作系统可以分为许多组成部分。简单而言，由驱动程序负责与底层硬件沟通，不同的硬件设备需要不同的驱动程序，借以弥补其差异，提供一致的接口供上层调用；提供程序运行环境，以执行各式各样的应用软件，而这些软件可由各种程序语言编写而成。

平常使用的各式软件，如网页浏览器(Internet Explorer、百度、搜狗等)、即时通信软件(QQ、微信)、电子表格(Excel)、媒体播放程序、压缩软件(Zip、WinZip)和看图软件等，都是由某一种(或数种)程序语言开发编写而成的。

1.2.2　程序设计语言

人类的自然语言不太适合描述复杂的算法，因为其中充满着模糊和不精确。计算机科学家设计了一些符号，以准确无二义的方式来表示算法，从而绕过了这些问题。这些形式表示法的特殊符号称为编程语言，其中每个结构都有精确的形式(即语法)和精确的含义(即语义)。编程语言就像一种规则，用于编写计算机将遵循的指令。程序员通常将程序称为“计算机代码”，用编程语言来编写算法(软件)的过程就被称为“编码”或“编程”。

编程是计算机科学的一个基本组成部分，对所有立志成为计算机专业人员的人都很重要。计算机已经成为现实社会中的常见工具，要理解这个工具的优点和局限性，就需要理解编程。程序员是计算机的真正控制者，编程能让你成为一个更聪明的计算机用户。

编程也有很多乐趣。这是一项智力活动，让人们通过创作来表达自己的想法，因此许多人很喜爱编写计算机程序。编程也能培养人们极有价值的问题解决技能，特别是将复杂系统分解为一系列可理解的子系统，并明确这些子系统之间的交互关系，从而具有分析处理复杂系统的能力。在信息社会，编程能力较强的程序员有着很大的市场需求，在社会竞争中具有较大的优势。

本质上，计算机硬件只能理解一种称为机器语言的低级语言，而程序通常使用面向人类的高级语言(如 Python、Java 语言)编写。因此，高级语言必须被编译或解释成机器语言，以便计算机能够理解它。高级语言比机器语言更容易移植。时至今日，已经出现过许多的程序设计语言，其中流行较广的程序设计语言至少就有几十个，如 FORTRAN、COBOL、C、C++、C#、Java、PHP、JavaScript、Visual Basic、Perl、Lisp、Prolog、Ada 等。

1.2.3 计算机翻译器

假设需要让计算机对两个数求和，CPU 实际执行的指令可能是这样的：

将内存位置 2001 的数加载到 CPU 中
将内存位置 2002 的数加载到 CPU 中
在 CPU 中对这两个数求和
将结果存储到内存位置 2003

两个数求和需要做很多工作，实际上甚至比这更复杂，因为指令和数字在计算机中是以二进制符号表示的(即 0 和 1 的序列)。

在高级语言中，两个数求和可以自然地表达为 $c = a + b$，这很容易理解。但还需要用编译或解释方法，将高级语言编写的代码翻译成计算机可以执行的机器语言。

编译器是一个复杂的计算机程序，它可以将一个使用高级语言编写的程序翻译成以某个计算机的机器语言表达的等效程序。图 1-6 展示了编译过程。高级语言程序被称为源代码，得到的机器代码是计算机可以直接执行的程序。图中的虚线表示机器代码的执行(也称为运行程序)。

解释器模拟能理解高级语言的计算机，它根据需要一条一条地分析和执行源代码指令。图 1-7 展示了这个过程。

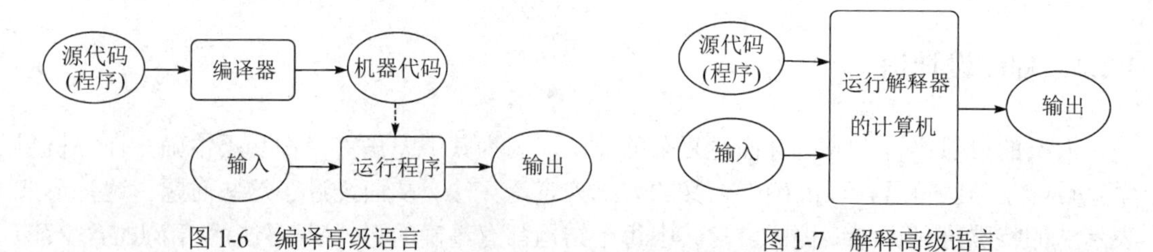

图 1-6 编译高级语言　　图 1-7 解释高级语言

解释和编译之间是有区别的。编译是一次性翻译，一旦程序被编译，它可以重复运行而不再需要编译器或源代码；而在解释的情况下，每次程序运行时都需要解释器和源代码。编译的程序往往更快，因为其翻译是一次完成的；但解释语言拥有更灵活的编程环境，可以交互式地开发和运行程序。

翻译过程突出了高级语言对机器语言的可移植性。计算机的机器语言由特定 CPU 的设计者创建，每种类型的计算机都有自己的机器语言。不同的是，以高级语言编写的程序可以在许多不同种类的计算机上运行，只要存在合适的编译器或解释器(这只是另一个程序)。编程人员可以在自己的笔记本计算机和平板计算机上运行完全相同的 Python 程序，因为尽管它们有不同的 CPU，但都运行着 Python 解释器。

1.3　Python 语言简介

Python 语言诞生于 20 世纪 90 年代初，是一门跨平台、高层次的编程语言，同时是一门结合了解释性、编译性、交动性和面向对象特性的脚本语言。该语言具有简单、易上手的特性，是最受欢迎的程序设计语言之一。Python 语言是一种解释型程序语言，学习 Python 语言的一个好方法是使用交互式 shell(俗称“壳”，用来区别于“核”)进行实训操作。shell 是指“为使用者提供操作界面”的软件。Python 标准版包括一个 IDLE 程序，它提供了一个 shell 以及编辑 Python 程序的工具。对于学习编程语言的初学者来说，Python 语言无疑是最好的选择之一。

1.3.1　Python 简史

Python 语言【见图 1-8(a)】诞生于 20 世纪 90 年代初，由荷兰国家数学与计算机科学研究所的研究员吉多·范罗苏姆(Guido van Rossum)【见图 1-8(b)】设计。该语言之所以被命名为 Python，据说是因为范罗苏姆非常喜欢英国电视喜剧片 *Monty Python's Flying Circus* 的缘故。Python1.0 于 1994 年 1 月发布，这个版本的主要功能是 lambda、map、filter 和 reduce，其中，lambda 是 Python 匿名函数，map、filter 和 reduce 均为 Python 高阶函数。lambda 的功能是对于不需要多次复用的函数，使用 lambda 表达式可以在用完之后立即释放，从而提高程序执行的性能；map 可以将一个函数应用于一个或多个可迭代对象；filter 用于过滤可迭代对象中的元素；reduce 用于对参数序列中的元素进行累积。但是范罗苏姆并不喜欢这个版本。

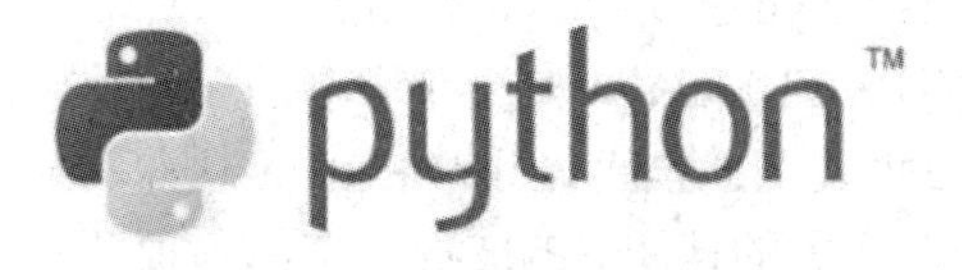

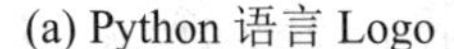
(a) Python 语言 Logo

(b) Python 语言之父吉多·范罗苏姆

图 1-8　Python 程序语言

2000 年 10 月，Python2.0 发布。这个版本的主要新功能是内存管理和循环检测垃圾收集器以及对 Unicode 的支持。然而，该版本最为重要的变化是开发流程的改变，Python 语言此时有了一个更透明的社区。2008 年 12 月，Python3.0 发布。Python3.x 不向后兼容 Python2.x，这意味着 Python3.x 可能无法运行 Python2.x 的代码。Python3 代表着 Python

语言的未来。

Python 语言一直都由以范罗苏姆为主导的一个核心开发团队维护开发，经过多年的发展，Python 语言已经成为最受欢迎的程序设计语言之一。特别是 2004 年之后，Python 语言的使用率呈线性增长。2017 年 7 月 20 日，*IEEE Spectrum* 杂志发布了第四届顶级编程语言交互排行榜，Python 语言高居榜首。在 PYPL 编程语言排名榜上，Python 语言长期占据第一的位置，实际上已经大大领先排名第二的 Java 语言。但一般认为 PYPL 榜不是专业的排名，只是 Google 搜索热度而已。2021 年 10 月，Python 语言终于在被广泛认可的专业排名榜 TIOBE 上超过 C 语言和 Java 语言，位居第一。

Python 语言支持多种程序设计范式，包括程序式、结构式、面向对象、函数式和脚本式，其语法高级且简洁，易于学习，具备了垃圾收集、动态类型检查、异常处理等特色机制。Python 语言具有大量的程序库模块，在游戏、多媒体、数学运算、视频处理、系统程序、网站网页和机器人等领域均有应用。

1.3.2 Python 语言的特点

Python 语言的程序代码清楚易懂，提供了一致的程序设计模型，核心概念并不多。开发软件时易于编写，后期也易于维护修改。与 C、C++和 Java 等程序语言相比，Python 语言的开发速度较快，实现相同功能所需要的程序代码行数较少。因此，使用 Python 语言可以提高程序开发人员与软件工程师的工作效率，在较短时间内实现较多功能。

Python 语言常被称为胶水语言，它能够把用其他语言(尤其是 C/C++语言)编写的各种模块很轻松地联结在一起。常见的一种应用情形是，使用 Python 语言快速生成程序的原型(有时甚至是程序的最终界面)，然后对其中有特别要求的部分用更合适的语言改写，比如 3D 游戏中性能要求特别高的图形渲染模块，就可以用 C/C++ 语言重写，封装为 Python 语言可以调用的扩展类库。在使用扩展类库时需要考虑平台问题，某些扩展类库可能不提供跨平台的实现。

Python 语言的语法简洁清晰，它强制使用空白符(white space)作为语句缩进。

1.3.3 Python 语言的版本

Python 是纯粹的自由软件，源代码和解释器 CPython 遵循 GNU 通用公共许可证许可(GNU 源于 GNU's Not Unix 的缩写，意为“GNU 不是 Unix”，是一个著名的自由软件操作系统，由自由软件基金会(FSF)开发和推广)，为此成立了非营利组织 Python 软件基金会，开发人员也逐渐演变成 Python 开发团队，并拥有广大的社团。Python 语言的各项开发工作都记录在 Python 功能增进建议书之中，规范并定义各种扩充与延伸功能的技术规格，让整个 Python 社区拥有共同遵循的原则和依据。

目前在用的 Python 版本分为 2.x 与 3.x(又称为 Python 3000 或 Py3k)，两个版本并不完全兼容，学习与查询相关数据时，应看清楚适用版本。虽然 3.x 版已推出一段时日，但仍有很多人以 2.x 版开发程序，使用者众多，很多程序代码只相容于 2.x 版，某些程序库模块也尚未更新提供 3.x 的版本。Python 语言的 2.7 版本发布至今已相当普及，也是 2.x 的最后一版，该版本进入了纠错和维护的稳定状态。关于 Python 各版本之间功能与特色的差异详情，可以到 Python 官方网站的文件区(https://docs.python.org/)查询。本书编写基于 Python3.8 版本。

除此之外，Python 语言提供了非常完善的基础库，覆盖了系统、网络、文件、GUI(图形用户界面，英语全称是 Graphical User Interface 是指采用图形方式显示的计算机操作用户界面)、数据库和文本处理等方方面面，这些是随同解释器被默认安装的，各平台通用，无须安装第三方支持软件就可以完成大多数工作，这一特点被形象地称作“内置电池”(batteries included)。

在程序开发界，有一句话叫作“不要重复造轮子”。什么意思呢？就是说不要做重复的开发工作，如果对某个问题已经有开源的解决方案或者说第三方库，就不要自己去开发，直接用别人的就好。因为能作为标准库被 Python 软件内置，必然是在可靠性和算法效率上达到了目前最高水平，能被广泛使用的第三方库，必然也经受了大量的应用考验。除非公司要求，不要自己去开发，使用现成的库即可。那些“造轮子”的事情，就交给世界最顶尖的那一群程序员去做，没有极致的思维和数学能力，想创造好用的“轮子”是很难的。

Python 语言是基于 C 语言编写的，并且使用 GPL 开源协议，开发人员可以免费获取它的源代码，进行学习、研究甚至改进。众人拾柴火焰高，有更多的人参与 Python 软件的开发，促使它更好地发展，被更多地应用，形成良性循环。Python 语言越来越流行就是因为它的开放性和自由性，聚起了人气，形成了社区，有很多人在其中作贡献，用的人越来越多，自然就提高了市场占有率，企业、公司和厂家就不得不使用 Python 语言，提供的 Python 程序员岗位就越来越多，这就是开源的力量。

1.4　Python 集成开发环境

执行 Python 程序的规格已经由 Python 语言定义好了，而现在需要的是集成开发环境，就是要为实际动手编写程序搭建好 Python 程序的运行环境，它依托于不同的操作系统。理论上，只要 Python 程序运行环境的每一个具体实现都遵守 Python 语言的规格，而且程序员也按照标准编写 Python 程序，那么所编写的程序代码不管在哪一个程序运行环境里都应该能正确无误地得到执行。换句话说，在 Windows 上编写的 Python 程序，也可以放到 Linux 上执行，只要它们都安装了相兼容的 Python 运行环境即可，因此 Python 语言具备良好的可移植性。

常见的 Python 集成开发环境有 CPython、Stackless Python、Unladen Swallow、IronPython、Jython、PyPy 等，且各有其独特之处，例如，CPython 是 Python 官方团队以 C 语言编写开发的运行环境，具有标准地位，其源代码完全开放，可移植性最高。另外有些集成开发环境，如 ActivePython、PythonXY、Anaconda Python 等，是把 CPython 重新包装，再加入额外的程序库，专供特定领域使用，如科学计算、数据分析与管理、数据库运用等。

本书的程序与范例都以 CPython 集成开发环境为准；平常提到 Python 集成开发环境时指的便是这个运行环境。

1.5 Python 下载与安装

学习 Python 课程时，除了利用学校的计算机实验室完成相关实训任务外，还应该在个人计算机中安装 Python 软件，以方便随时进行编程练习。这里以 Windows 环境和 CPython 版本为例，来搭建 Python 3.x 开发环境。

1.5.1 下载与安装 Python 开发软件

按照下列步骤完成 Python 软件的安装并进行简单操作。

步骤 1：在个人计算机中为 Python 语言建立一个文件夹(如\Python)。

步骤 2：下载 Python 软件。互联网上有很多地方提供了下载服务。这里选择在 Python 官网上下载 Python 软件。打开 Python 官网(https://www.python.org，见图 1-9)。

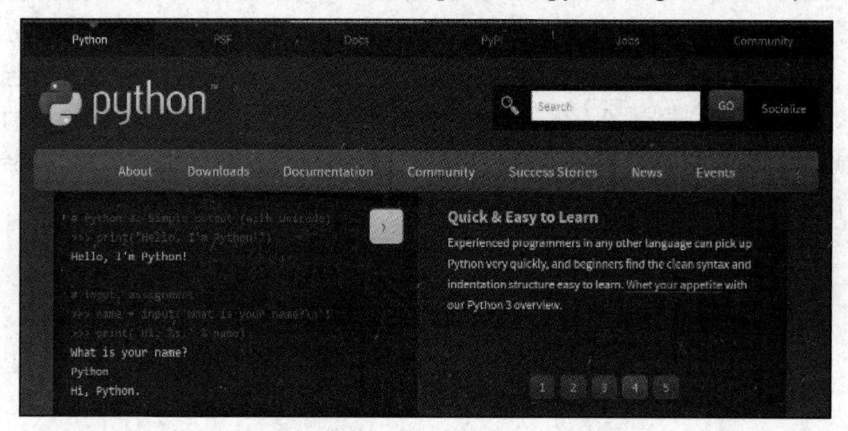

图 1-9 Python 官网

鼠标指向“Downloads”→“Windows”菜单命令，屏幕显示如图 1-10 所示，单击“Python 3.8.1”按钮，按屏幕提示，将 Python 软件下载到指定的文件夹。

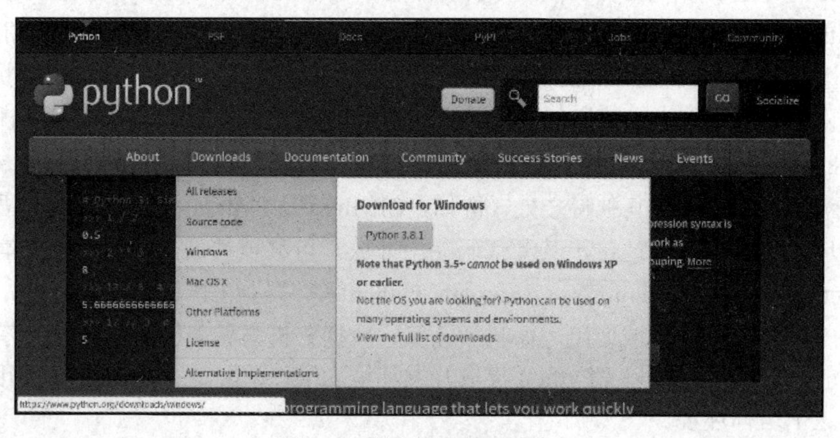

图 1-10 选择“Windows”

步骤 3：下载完成后双击执行下载的 exe 程序，进入安装界面(见图 1-11)。(注：安装完成后，双击该程序，可执行卸载 Python 软件的操作。)

图 1-11　Python 安装界面

在选择安装时，可以把下方的复选框“Add Python 3.8 to PATH”勾选上，直接默认把用户变量添加上，后续不用再添加。

安装界面中可以选择默认安装或者自定义安装。由于默认安装路径层次比较深，可以选择自定义安装，例如将 Python 程序系统安装在前面定义的“\Python”目录中，以方便后续查找。其他选项选择默认(见图 1-12)，单击“Next”按钮，进一步的高级选项选择默认(见图 1-13)，单击“Install”按钮，完成安装(见图 1-14)。

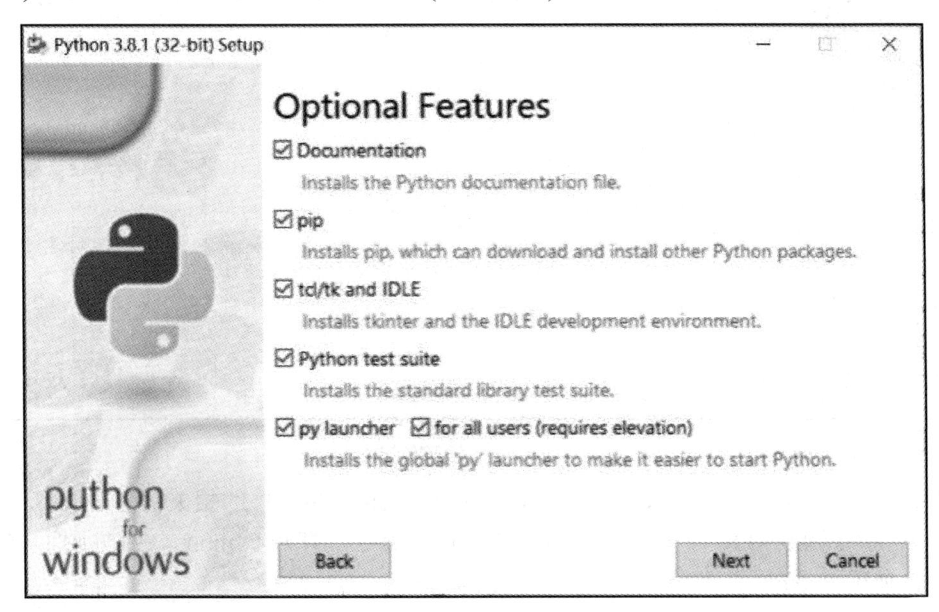

图 1-12　设置选项

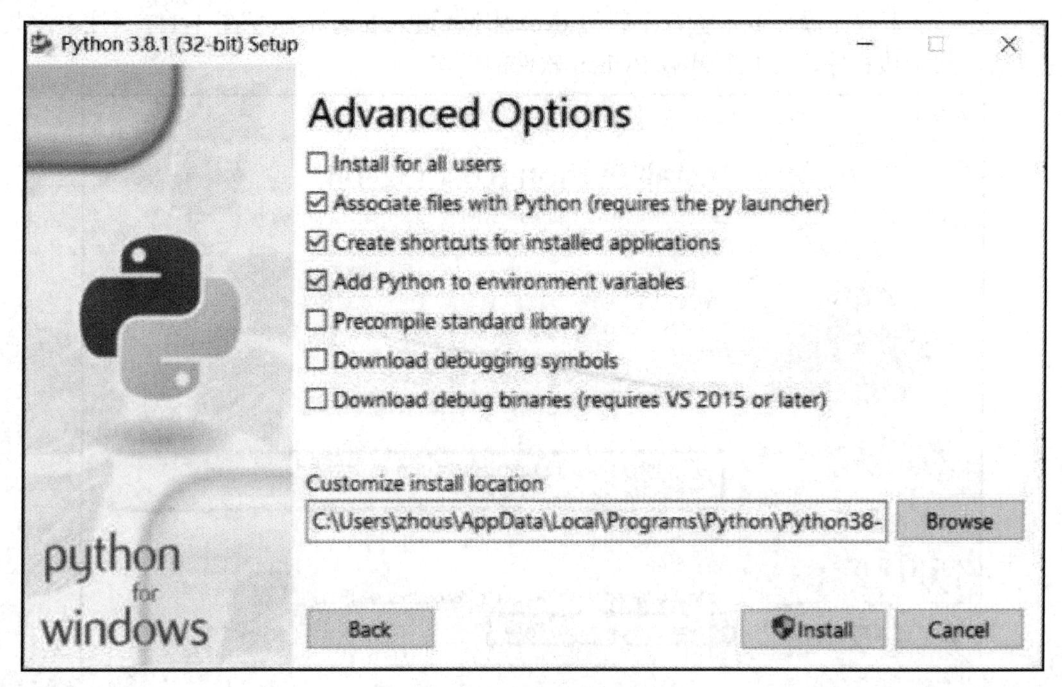

图 1-13 设置高级选项

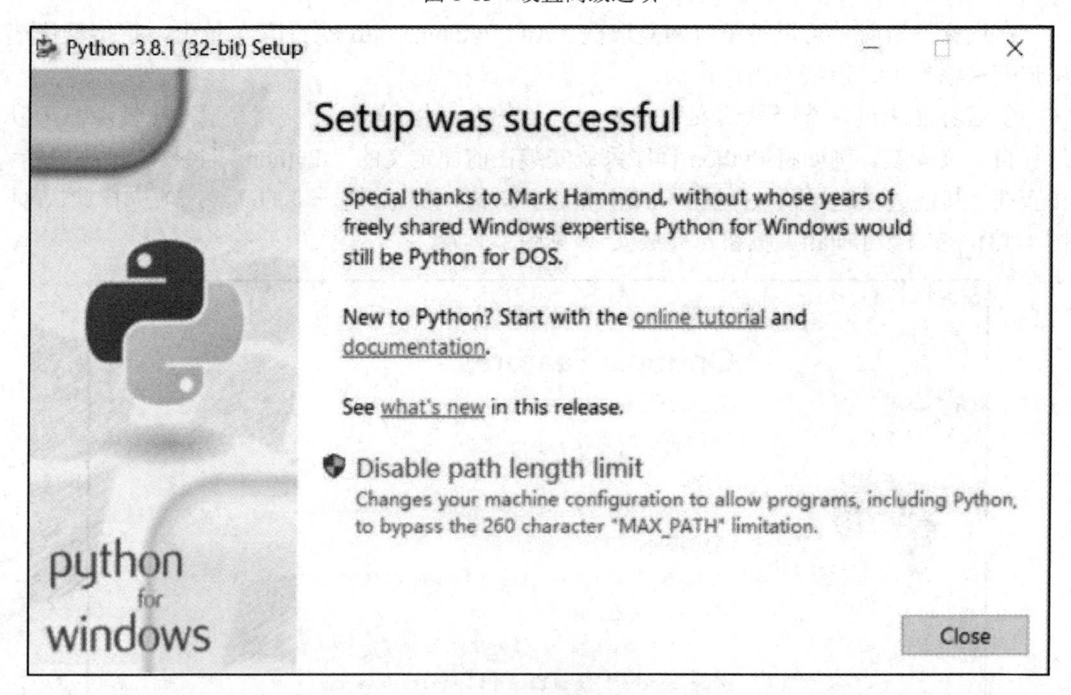

图 1-14 完成安装

步骤 4：安装成功。在安装目录中可以看到 Python 安装文件的相关信息，单击“开始”菜单，选择“Python 3.8”→“Python 3.8 (32-bit)”命令，打开 Python 软件(见图 1-15)。然后就可以使用 Python 了。

图 1-15　Python 操作界面

下载安装后，若没有改动缺省设置的安装路径，那么 Python 3.x 版会放在 C:\Python 文件夹中。Windows“开始”菜单的“Python 3.8”子菜单中也会出现“IDLE (Python 3.8 32-bit)”命令，这是一款简易的图形化开发编辑器。

分析并记录：

(1) 实际选择安装的 Python 软件版本是什么？

答：____

(2) 是否已完成 Python 软件的安装？若未完成，则分析失败的原因。

答：____

Python 程序运行环境架构如图 1-16 所示，该图是极度简化后的示意图。该架构的核心部分是 Python 程序执行环境，其功能是利用下层操作系统提供的服务完成程序代码定义的功能。Python 程序执行环境可再细分为许多部分，其中最主要的部分是解释器。解释器是 Python 程序执行环境的门户，在编写 Python 程序时，程序员直接面对的就是解释器。解释器的功能也可再细分。解释器负责执行程序，在接收到 Python 程序后，就开始解析程序代码、检查语法有无错误、根据程序语义去完成任务(如计算某个数学公式)、把数据存储到文件、通过网络存储到某网站等，而这些具体功能都是由某个程序库负责的。Python 语言还具有非常丰富庞大的程序库，如负责处理各种数据形式的程序库、负责网络连接的程序库和负责存取文件系统的程序库等。

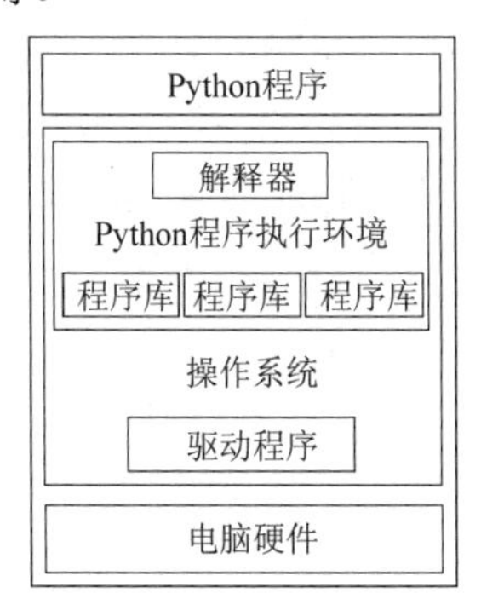

图 1-16　运行环境架构

1.5.2 执行 Python 程序

下面介绍编写控制计算机内部计算过程程序的方法。

一般通过向 Python 解释器发出指令来控制计算机内部的计算过程。可以用交互模式启动 Python 解释器(shell)。shell 允许用户在其中键入 Python 命令，然后显示执行结果。启动 shell 的具体细节因 Python 版本的不同而异。一般情况下，开发人员会使用 IDLE 应用程序，它提供了 Python shell，可以帮助用户创建和编辑 Python 程序。

在 Windows“开始”菜单中单击“IDLE(Python 3.8 32-bit)”命令，屏幕上会显示 IDLE 窗口(见图 1-17)。

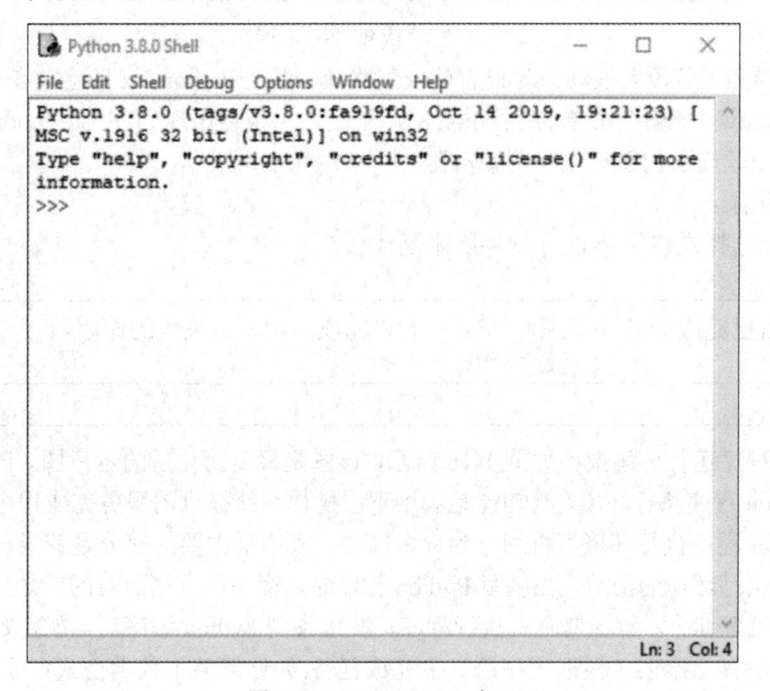

图 1-17 Python IDLE 窗口

当第一次启动 IDLE 时，所看到的具体的启动消息取决于当前正在运行的 Python 版本和正在使用的系统。重要的部分是图中的最后一行，“>>>”是一个 Python 提示符，表示 Python 解释器正在进行交互式会话，等待输入命令。在编程语言中，一个完整的命令称为语句(注意，语句中不要使用中文的句号、引号等符号)。

下面是一个与 Python shell 交互的例子，代码如下：

```
>>> print ("Hello, World!")
Hello, World!
>>> print(2 + 3)
5
>>> print("2 + 3 = ", 2 + 3)
2 + 3 = 5
```

这里测试了三个 Python 语言的 print 语句。第一个 print 语句的功能是显示文本短语"Hello，World!"，Python shell 在下一行做出响应，打印出该短语；第二个 print 语句的功能是打印 2 与 3 之和；第三个 print 语句结合了这两个想法，打印出引号中的文本"2 + 3 ="，以及 2+3 的结果，即 5。建议读者启动自己的 Python shell 并尝试应用这些例子。

Python 语言允许将一系列语句放在一起，创建一个全新的命令或函数。例如，下面的代码创建了一个名为 hello 的新函数。

```
>>> def hello():
    print("Hello")
    print("计算机很有趣！")
>>>
```

第一行语句的功能是定义一个新函数，命名为 hello。接下来两行缩进语句，表明它们是 hello 函数的一部分。最后的两个空白行(通过按两次回车键获得)表示 hello 函数定义已完成，并且 shell 用另一个提示符进行响应。注意，键入函数定义语句时，Python 解释器并不会执行打印的功能。在键入 hello 函数的具体命令语句时，Python 解释器也不会立即执行这些语句。

键入函数名称并加上括号，函数就被调用了。下面是使用 hello 命令时的示例代码的交互运行结果。

```
>>> hello()
Hello
计算机很有趣！



>>>
```

这时，将按顺序执行 hello 函数定义中的两个 print 语句。

命令可以有可变部分，该可变部分称为参数，放在括号中。下面是一个使用参数并自定义问候语的例子。首先是定义函数，代码如下：

```
>>> def greet(person):
    print("Hello", person)
    print("How are you? ")
```

现在就可以使用定制的问候了，交互运行结果如下：

```
>>> greet("John")
Hello John
How are you?
>>> greet("Emily")
Hello Emily
How are you?
>>>
```

使用 greet 函数时，通过发送不同的名称，来自定义结果。print 函数是 Python 语言中的一个内置函数，当调用 print 函数时，括号中的参数决定函数要打印的内容。

注意，执行一个函数时，括号必须包含在函数名之后，即使没有给出参数也是如此。例如，可以使用 print 函数而不使用任何参数，创建一个空白的输出行，运行结果如下：

```
>>> print()

>>>
```

但是，如果只键入函数的名称，而省略括号，那么函数将不会真正执行。这时，交互式 Python 会话将显示一些输出信息，表明名称所引用的函数位置，运行结果如下面的交互所示。

```
>>> greet
<function greet at Ox8393aec>
>>> print
<built-in function print)
```

这里的 0x8393aec 是计算机存储器中的一个位置(地址)，其中恰好存储了 greet 函数的定义。如果在另一台计算机上测试，肯定会看到不同的地址。

如果将函数交互式地输入到 Python shell 中，则退出 shell 时函数定义会丢失。再次使用函数定义时，必须重新键入。

实际上，程序创建时通常将定义写入独立的文件，该文件称为“模块”或“脚本”。此文件保存在辅助存储器中，可以被反复使用。模块文件是一个文本文件，可以用任何应用程序来编辑，例如记事本或文字处理程序，只要将程序保存为纯文本文件即可。有一种特殊类型的应用即集成开发环境(Integrated Development Environment，IDE)简化了这个过程，它们是专门设计用于帮助程序员编写程序的，包括自动缩进、颜色高亮显示和交互式开发等功能。Python shell 的 IDLE 就是一个简单而完整的开发环境。IDLE 中多出来的字母“L”是对 Eric Idle(埃里克·艾多尔)的致敬，他是英国 6 人喜剧团体 Monty Python 的成员之一。

下面的实例通过编写并运行一个完整的程序来说明模块文件的使用方法。首先选择 File / New File 菜单选项，这将打开一个空白(非 shell)窗口，可以在其中键入程序。下面是程序的 Python 代码。

【程序实例 1-1】 一个简单的示例程序。

```
# chaos.py
# 一个随意编写的简单程序，没有特定的目的
def main():
    print("该程序说明了一个随意的功能。")
    x = eval(input("输入 0 到 1 之间的数字: "))
    for i in range(10):
        x = 3.9 * x * (1 - x)
        print(x)
main()
```

在 IDLE 中键入该程序之后，从菜单中选择“File / Save”选项，并保存为 chaos.py。扩展名 .py 表示这是一个 Python 模块。在保存程序时要小心，因为 IDLE 默认在系统的 Python 文件夹中启动。建议将所有 Python 程序放在一个专用的个人文件夹中。

程序实例 1-1 中包含了几行代码，定义了一个新函数 main(程序通常放在一个名为 main 的函数中)，文件的最后一行是调用此函数的命令。一旦将一个程序保存在这样的模块文件中，就可以随时运行它。

程序能以多种方式运行，这取决于使用的实际操作系统和编程环境。如果使用的是窗口系统，可以通过单击(或双击)模块文件的图标来运行 Python 程序；在命令行情况下，可以键入像 python chaos.py 这样的命令；使用 IDLE 时，只需打开该程序文件，从模块窗口菜单中选择 Run / Run Module 选项，即可运行程序。

使用 IDLE 运行程序时，控制将切换到 shell 窗口。下面是运行结果。

```
>>> ======================= RESTART =======================
该程序说明了一个随意的功能。
输入 0 到 1 之间的数字: .25
0.73125
0.76644140625
0.6981350104385375
0.8218958187902304
0.5708940191969317
0.9553987483642099
0.166186721954413
0.5404179120617926
0.9686289302998042
0.11850901017563877
>>>
```

第一行是来自 IDLE 的通知，表明 shell 已重新启动。IDLE 在每次运行程序时都会这样做，使程序运行在一个干净的环境中。然后，Python 软件从上至下逐行运行该模块的各条语句(命令)，这就像在 Python 软件提示符下逐行键入它们一样。模块中的 def 会引导 Python 软件创建 main 函数，模块的最后一行的功能是 Python 软件调用 main 函数，从而运行程序。在这个例子中键入了“.25”，然后打印出 10 个数字的序列。

注意，Python 软件有时会在存储模块文件的(子)文件夹中创建一个名为 pycache 的文件夹，这里是 Python 存储伴随文件的地方，伴随文件的扩展名为 .pyc。在本例中，Python 软件可能会创建另一个名为 chaos.pyc 的文件，这是 Python 解释器使用的中间文件。从技术上讲，Python 语言采用混合编译/解释的过程。模块文件中的 Python 源代码被编译为较原始的指令，称为字节代码，然后解释这个字节代码(.pyc)。如果有 .pyc 文件可用，则第二次运行模块就会更快；如果删除字节代码文件，Python 会根据需要自动重新创建它们。

在 IDLE 下运行模块，会将程序加载到 shell 窗口中。只需在 shell 提示符下键入命令 main()，就可以再次运行该程序。

课 后 习 题

1. 判断题

(1) 计算机科学是对计算机的研究。( )
(2) CPU 是计算机的“大脑”。( )
(3) 辅助存储器称为 RAM。( )
(4) 计算机当前正在处理的所有信息都存储在主存储器中。( )
(5) 语言的语法是它的意思，语义是它的形式。( )
(6) 函数定义是定义新命令的语句序列。( )
(7) 编程环境是指程序员编写和运行代码的环境。( )
(8) 变量用于给一个值赋予一个名称，这样它就可以在其他地方被引用。( )

2. 选择题

(1) 计算机科学的根本问题是( )。
A. 计算机的计算速度有多快　　B. 可以计算什么
C. 什么是最有效的编程语言　　D. 程序员可以赚多少钱
(2) 算法类似于( )。
A. 报纸　　B. 捕蝇草　　C. 鼓　　D. 菜谱
(3) 下列对算法的理解不正确的是( )。
A. 算法有一个共同特点就是对一类问题都有效(而不是个别问题)
B. 算法要求是一步步执行，每一步都能得到唯一的结果
C. 算法一般是机械的，有时要进行大量重复的计算，它的优点是一种通法
D. 任何问题都可以用算法来解决
(4) 以下( )不是辅助存储器。
A. RAM　　B. 硬盘驱动器　　C. USB 闪存　　D. DVD
(5) 人类能够使用和理解的计算机语言是( )。
A. 自然语言　　B. 高级语言　　C. 机器语言　　D. 提取—执行语言
(6) 语句是( )。
A. 机器语言的翻译　　B. 完整的计算机命令
C. 问题的精确描述　　D. 算法的一部分
(7) 编译器和解释器之间的一个区别是( )。
A. 编译器是一个程序　　B. 使用编译器将高级语言翻译成机器语言
C. 在程序翻译之后不再需要编译器　　D. 编译器处理源代码
(8) 按照惯例，程序的语句通常放在一个函数中，该函数名为( )。
A. import　　B. main　　C. program　　D. IDLE
(9) 关于注释，以下不正确的是( )。
A. 它们让程序更有效率　　B. 它们用于人类读者

C. 它们被 Python 语言忽略　　D. 在 Python 语言中，它们以“#”开头

(10) 在函数定义的括号中列出的项被称为(　　)。

A. 括号　　B. 参数　　C. 变元　　D. 数据

3. 讨论并比较以下概念对

A. 硬件与软件　　B. 算法与程序

C. 编程语言与自然语言　　D. 高级语言与机器语言

E. 解释器与编译器　　F. 语法与语义

编 程 实 训

1. 实训目的

(1) 了解计算机科学家的研究领域和主流技术。

(2) 了解现代计算机的硬件和基本设计。

(3) 了解不同软件的作用以及计算机编程语言的形式和功能。

(4) 下载安装 Python 软件，了解 Python 编程界面。

(5) 了解 Python 程序设计语言，熟悉 IDLE 开发环境。

(6) 了解 TIOBE 排行榜，把握主流编程语言的历史与现状及其对职业生涯规划的现实意义。

2. 实训内容与步骤

(1) 列出图 1-4 中计算机的 5 个基本功能单元，并用自己的理解来解释它们的作用。

答：____

____

(2) 设计一个制作荷包蛋(或其他日常活动)的详细算法。你可以假设正在与一个概念上能够理解该任务，但从来没有实际做过的人交谈，比如一个小孩子。

记录：将完成的算法另外用纸记录下来，并粘贴在下方。

-- 算法粘贴于此 --

(3) 在交互式 Python 会话(IDLE)中，尝试键入以下命令，并记录运行结果。

A. print("Hello, world!")　　结果：________________

B. print("Hello", "wor1d!")　　________________

C. print(3)　　________________

D. print(3.0)　　________________

E. print(2 + 3)　　________________

F. print(2.0 + 3.0)　　________________

G. print("2" + "3")　　________________

H. print("2 + 3 =", 2 + 3)　　________________

I. print(2 * 3) ______________________

J. print(2 ** 3) ______________________

K. print(7 / 3) ______________________

L. print(7 // 3) ______________________

(4) 阅读本章内容，并具体操作实现本章中的各个实例，从而理解 Python 程序设计，提高 Python 编程能力。如果不能顺利完成，则分析原因。

答：____

____

(5) 在 IDLE 中输入并运行程序实例 1-1 chaos.py。

① 尝试通过各种输入值，观察本任务实现的功能。

② 修改 chaos 程序，使用 2.0 代替 3.9 作为逻辑函数中的乘数。修改后的代码行如下：

```
x = 2.0 * x * (1 - x)
```

用多个输入值运行该程序与原程序，比较运行结果，并描述观察到的差别。

答：____

____

____

③ 修改 chaos 程序，让它打印出 20 个值，而不是 10 个。

④ 修改 chaos 程序，让打印值的数量由用户确定。为了从用户处获取打印值的数量，须在程序顶部附近添加如下代码：

```
n = eval(input("我应该打印多少个数字？"))
```

最后，还需要更改循环，使用 n 代替具体的数字。

3. 实训总结

____

____

____

4. 教师对实训的评价

____

____

____

第 2 章　Python 语法基础

Python 语言属于解释性程序语言，因此程序员可以一行一行地编写程序命令并交给 Python 解释器立即执行，这一点与编译式程序语言(如 C 与 C++语言)不同，其程序代码必须先经过编译器转换为计算机硬件能读懂的机器指令码，然后才能执行。

学习解释性程序语言非常方便，可在互动模式下，通过互动过程逐步掌握 Python 语言的语法和各项功能特色。

2.1　标识符与数据类型

Python 程序有两种运行模式，一是进入 Python 解释器互动模式 shell，二是把程序代码写入文件再交由解释器执行。在本书中，当看到三个大于符号“>>>”时，代表解释器处于互动模式，等待输入的程序代码；若是出现较长且完整的程序代码时，一般会保存为文件并标示文件名。

例如，下面的程序代码会输出数字 3。

```
>>> 3
3
```

在互动模式中，只是输入“3”，也会回应“3”，这是因为 shell 会在执行完一段程序代码之后，尽量输出结果提供回应。但若是在程序文件里写个“3”，执行后并不会出现“3”，平常编写程序代码文件时，若想输出内容到屏幕上，应使用 print 语句。

虽然这一行程序代码只有一个数字 3，但解释器执行过程并不简单(见图 2-1)。解释器要解析输入的程序代码，检查语法并了解语义后，知道想输出的是个值为 3 的数字；若在互动模式中，则解释器会输出执行结果。

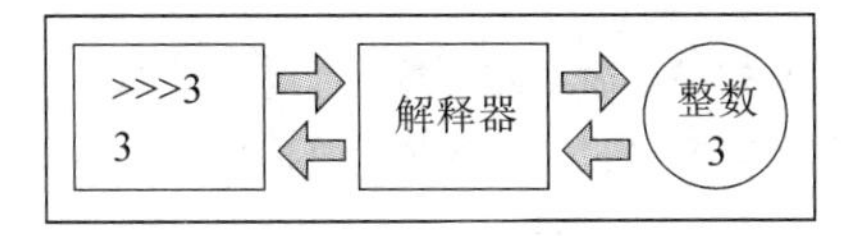

图 2-1　解释器执行程序代码“3”

上述程序代码在执行完后无法再次调用。可以使用命名机制，为它取个名称，便能使用该名称重复调用。如下面的程序代码，在符号“#”之后的文字是程序的注释，会被解释器忽略。

```
>>> a = 3                    # 建立整数 3，取名称 a(第一次)
>>> a                        # 再次调用 a
3
```

当执行程序代码“a = 3”时，等号“=” 的意思是“赋值”，会先执行右边的程序代码，建立整数 3 后，若左边的名称是第一次出现，那么解释器会建立该名称，再把数字 3 赋值给名称 a。

除了整数，Python 语言还能提供浮点数、字符串和其他各种类型的数据。

2.1.1 标识符与保留字

名称是编程的重要组成部分，可以为值命名(如 celsius 和 fahrenheit)，为模块命名(如 convert)，也可为模块中的函数命名(如 main)。从技术上讲，所有这些名称都称为“标识符”。

在程序里命名时，必须遵守 Python 语言的命名规则：每个标识符必须以字母或下画线(“_”)开头，后跟字母(小写 a～z，大写 A～Z)、数字(0～9)或下画线(“_”)的任意序列。这意味着第一个字符不能是数字，单个标识符不能包含空格。

因此，a、i、score、factory、_g_value、camelCase、idx 和 send_to_screen 等都是合乎规则的名称。注意，Python 标识符区分大小写(又称“大小写敏感”)，spam、Spam、sPam 和 SPAM 是不同的名称。在大多数情况下，程序员可以自由选择符合这些规则的任何名称。不过，优秀的程序员总是会选择一些有实际意义的名称。

Python 语言有 39 个保留字(也称关键字)，但是与有五六十个以上保留字的语言如 C++、C#和 Java 语言等相比，Python 语言可谓中规中矩，如果少于这个数目，可能就得牺牲掉某些语言特色或采取更精简的做法。例如，COBOL 语言这个“古老”的程序语言的保留字数目居然高达三百多个。本书附录 A.1 列出了 Python 语言的保留字。示例代码如下：

```
>>> if = 3              # if 是 Python 语言保留字
File "<stdin>", line 1
if = 3
```

if 是 Python 语言的保留字，无法以此命名，否则会出现出错信息“SyntaxError: invalid syntax”(语法错误：无效的语法)。

```
>>> IF = 4              # 取名为大写 IF 虽合法，但不建议
```

在 Python 语言中也可以使用 Unicode 字符来命名，如可以使用中文字、日文假名和法文字母来命名，示例代码如下：

```
>>> 数 = 3              # 建立整数 3，命名为“数”
>>> 你好 = 'hello'      # 建立字符串 'hello'，命名为“你好”
```

不过这种名称不利于交流也不具备国际性，所以应尽量避免使用。

当需通过名称存取与其绑定的对象时，该名称必须是存在的，也就是必须先定义该名称。在 Python 语言中定义名称的方式是赋值语句。当某名称第一次出现在赋值语句左边时，解释器就会产生该名称，然后便能在程序中使用该名称(对象)；之后若该名称又出现在赋

值语句左边，便会转而指向别的对象。交互示例代码如下：

```
>>> a                    # 目前尚未有“a”这个名称
Traceback (most recent call last):
  File "<stdin>", line 1, in <module>
NameError: name 'a' is not defined
(名称错误：名称'a'尚未定义)
>>> a = 3                # 以赋值语句产生名称、建立 int 对象 3，并绑定两者
>>> a + 5                # 之后就可以使用名称“a”来存取对象
8
>>> a = 99               # 转而指向别的新对象
```

但也有例外，在使用“+=”这样的运算符时，若左边是可变对象，例如 list(列表)，则“+=”运算符会直接修改左边的可变对象 lift(列表)。

Python 语言还包括许多内置函数(如 print 函数)。虽然在技术上可以用内置函数的名称来标识其他对象，但这是一个“非常糟糕”的主意。例如，如果重新定义 print 函数的含义，那么就无法再使用 Python 函数打印信息，这也会让其他阅读程序的 Python 程序员感到困惑，因为他们预期中的 print 函数指的是内置函数。

2.1.2　对象与数据类型

图 2-2 是一个名称与对象的关系示意图。

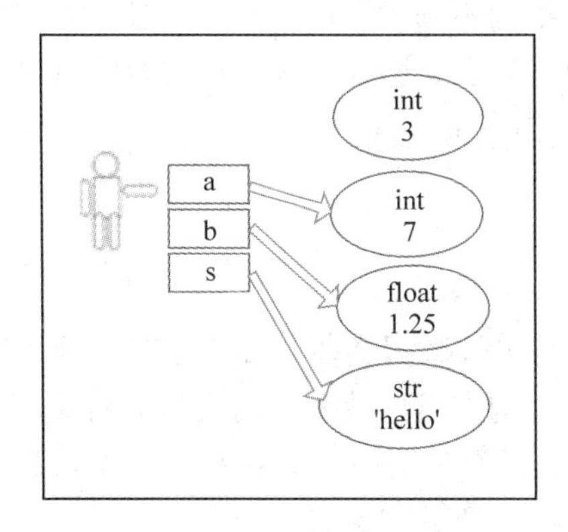

图 2-2　名称与对象的关系

图 2-2 中的“3”“7”“1.25”和“'hello'”，被称为“对象”。每个对象都有其类型，如“7”是“int”(整数)，“1.25”为“float”(浮点数)，“'hello'”是“str”(字符串)。需要建立字符串对象时，以单引号“'”或双引号“"”包住想要的文字即可。执行赋值(等号“=”)动作时，如果左边的名称(标识符)是第一次出现，那么 Python 解释器就会先产生该名称，让经由该名称调用指向的对象；若之后再把相同的名称放在等号左边，那么解释器会找出该名称并使它转而指向新的对象。例如，上述程序代码执行后，名称 a 最后会指向整数对象。名称与对象之间的关系又称为绑定。由于 Python 语言具备垃圾收集的功能，而上述程序代码最后已经没有任何名称指向该对象，原先的整数对象 3(被称为垃圾)会被自动回收。

编写程序时会根据需求建立各种不同的对象。例如，若想表示学生的成绩，可使用整数或浮点数类型的对象；若想存储员工的姓名，可使用字符串类型的对象。此外，Python 语言还提供了其他一些数据类型。

在有些程序语言里，变量是个整体概念，包括变量的名称、变量值的类型和存放变量值的位置。以变量名称来使用变量，变量与数据类型也捆绑在一起，一经定义便不可改变，存放变量值的地方也是一个与变量名称紧紧关联在一起的固定大小的存储块。

但是，若只有这种形式的变量也很不方便，所以后来有些程序语言引入了指针和对象等概念。而在 Python 语言里，所有东西都是对象，不论是整数、字符串、列表还是函数、模块等，并且把名称与对象的概念独立开来，所以不再使用“变量”的概念。

2.1.3 动态类型与静态类型

谈论程序语言时，常会看到“动态”与“静态”这两个词汇，简单地说，动态是指“执行时”，静态就是指“执行前”。把名称与对象分离开来，而且把类型放在对象身上，在动态执行时才会去找出对象的类型，这种概念称为动态类型。

名称本身并不含有类型信息，该名称可能指向整数对象，也可能指向列表对象，在程序执行过程中，该名称指向对象的类型还可能会改变。所以只看程序代码“a + b”，并不知道 a 与 b 的类型，自然也不清楚“+”应该做什么动作；只有在执行时，知道 a 与 b 的类型后，才能执行“a + b”。如果是整数，那么“+”是算术加法；如果是字符串，那么“+”是字符串连接。这种根据类型做出不一样行为的机制，叫作“多态”。因为 Python 语言采用动态类型，所以名称可随时指向不同类型的对象，容器类型内的元素也可以是不同类型。例如，在下面的程序代码中，列表 a 里可放入各种类型的对象。

```
>>> a = [3, 'abc', 4.56, (0, 1, 2), [[3, 4], 'def']]
```

2.1.4 列表类型

除了整数、浮点数和字符串等数据类型之外，还有一种叫作列表(list)的具备容器(数据结构)功能的类型，list 数据结构中可以放入任何类型的对象。建立列表对象时，其语法格式是使用方括号“[ ]”包住其具有的对象。交互示例代码如下：

```
>>> li0 = [30, 41, 52, 63]
>>> li0[2]                          # 调用位于索引 2 处的对象
52
>>> li1 = ['amy', 'bob', 'cathy']
>>> b = li1[1]                      # 把索引 1 处的对象，赋值给名称 b
>>> b                               # 名称 b 指向字符串对象'bob'
'bob'
>>> li1[99]                         # 索引值超过界限，发生错误
Traceback (most recent call last):
  File "<stdin>", line 1, in <module>
```

```
IndexError: list index out of range          # 索引错误
```

如图 2-3 所示，名称 li0 指向一个列表对象，该列表对象含有 4 个元素(或称为项目)，分别是整数对象 30、41、52 和 63。可使用“li0[2]”的索引语法来存取索引值为 2 的位置的对象，即给定列表名称后再在方括号内写入索引值即可。列表的索引值从 0 开始计数，所以列表 li0 的有效索引值是从 0 到 3。名称 li1 指向另一个列表对象，含有 3 个字符串对象，使用索引语法取出对象后，可以赋值给另一个名称；若索引值超过界限，便会显示出错信息“IndexError: list index out of range”(索引错误：列表索引值超过界限)。

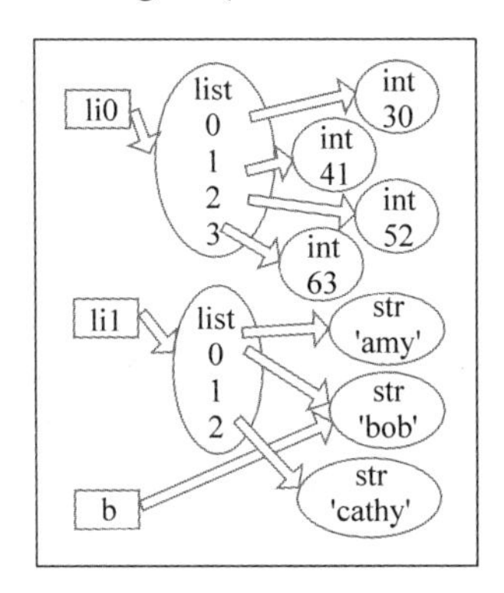

图 2-3　列表对象

注意：索引从 0 开始长度为 n 的列表，其有效索引值是 0～n−1，如果不小心以 n 作为索引值来存取列表，就会出错，这叫作“离一错误”。虽然只差一，但还是属于非法动作。

列表可以同时放入任何类型的对象，包括列表本身。示例代码如下：

```
>>> li2 = [3, 101, 4.56, 'book', 'music']
>>> li3 = ['Frank', 177, 68, 'engineer', ['C', 'Python']]
>>> li3[4]                    # li3 列表、索引值 4 的地方也是个列表['C', 'Python']
>>> li3[4][1]                 # 既然是个列表，继续以[]语法调用其内容'Python'
```

列表 li2 里有两个整数对象、一个浮点数对象和两个字符串对象。列表对象不仅可以是整数、浮点数和字符串这些对象类型，也可以是列表对象。如该例中的 li3，其索引值 4 处也是个列表，里面有两个字符串对象(见图 2-4)。

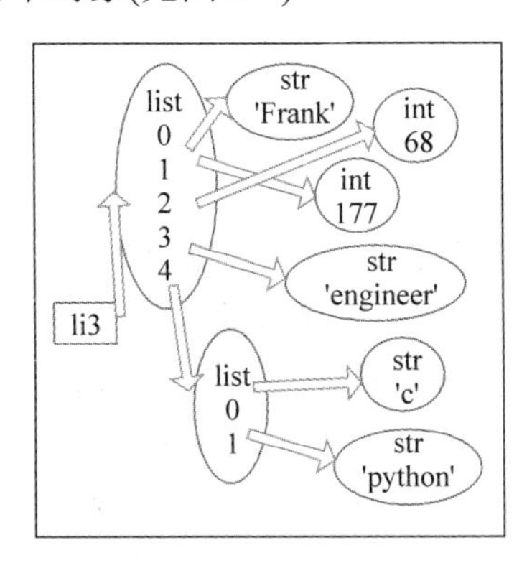

图 2-4　列表内可含有列表

“列表内可存放对象”的含义并不是真地把某个对象放在列表里，而是让该列表能以索引的方式指向对象，就和“a = 3”的赋值结果差不多，只不过改成索引语法来调用罢了。

2.1.5 可变类型与不可变类型

类型为 int、float 和 str 的对象，都具有“不可变”的特性，即不可变对象一旦建立，其值就无法改变。可以让某个名称指向别的对象，但不能修改不可变对象。交互示例代码如下：

```
>>> a = 3            # 建立整数对象(值为 3)，产生名称 a 指向它
>>> a = 4            # 名称 a 指向另一个整数对象(值为 4)
>>> a
4
```

上述程序代码中，值为 3 的整数对象一旦建立后，其值就不能再变动；执行“a = 4”后，名称 a 指向新的对象，则原先的对象将成为垃圾被系统回收。但列表属于可变对象，建立后，仍可修改其内容。交互示例代码如下：

```
>>> name = 'Frank'                  # 姓名
>>> weight = 177                    # 身高
>>> height = 68                     # 体重
>>> title = 'engineer'              # 职称
>>> langs = ['C', 'Python']         # 程序语言
>>> li4 = [name, weight, height, title, langs]
>>> li4[2] = 75                     # 体重增加了
>>> li4
['Frank', 177, 75, 'engineer', ['C', 'Python']]
```

在上述代码中，列表 li4 的索引值 2 原本指向整数对象 68(体重)，之后“li4[2] = 75”让该处转而指向新的整数对象 75，即列表 li4 改变了。而因为程序里没有任何一处(名称)指向之前的整数对象 68，也就成为垃圾，会被 Python 语言的垃圾收集机制回收。

2.1.6 别名现象

因为 Python 语言有不可变对象(int、float、str)与可变对象(list、dict)之分，而且名称与对象其实是独立的两个概念，所以必须注意“别名现象”，也就是当两个(或以上)的名称都指向同一个对象时的状况。别名也叫作共享参考。

如果是不可变对象，那么程序行为应可预期。交互示例代码如下：

```
>>> a = 3                           # 名称 a 指向整数对象 3
>>> b = a                           # 通过名称 a，整数对象 3 赋值给名称 b
>>> a                               # 此时，a 与 b 都指向同一个对象
3
```

```
>>> b
3
>>> b = 4                    # 名称 b 指向新的整数对象 4
>>> b
4
>>> a                        # 名称 a 仍指向原先的整数对象 3
3
```

但如果是可变对象，那就要小心。交互示例代码如下：

```
>>> a = [60, 71, 82]         # 名称 a 指向列表
>>> b = a                    # 通过名称 a，列表赋值给名称 b
>>> a                        # 此时，a 与 b 都指向同一个列表
[60, 71, 82]
>>> b
[60, 71, 82]
>>> b[0] = 99                # 通过名称 b 修改列表(可变对象)
>>> b                        # 列表 b 改变了
[99, 71, 82]
>>> a
[99, 71, 82]
```

当使用可变对象时，同一个对象可赋值给多个名称。换句话说，多个名称可指向同一个对象，通过这些名称都可以修改该可变对象。

2.1.7　元组类型

Python 语言提供了元组(tuple)类型，元组是不可变的列表(list)。建立 tuple 对象时，须使用小括号“( )”包住具有的对象。交互示例代码如下：

```
>>> ()                       # 空 tuple
()
>>> t0 = (30, 41, 52, 63)
>>> t0[2]                    # 调用索引 2 处的对象
52
>>> t1 = ('amy', 'bob', 'cathy')
>>> b = t1[1]                # 读取索引 1 处的对象，赋值给名称 b
>>> b                        # 名称 b 指向字符串对象 'bob'
'bob'
>>> t1[0] = 'annie'          # tuple 是不可变对象，不能修改
Traceback (most recent call last):
  File "<stdin>", line 1, in <module>
```

```
TypeError: 'tuple' object does not support item assignment
(类型错误：'tuple'对象不支持项目分配)
>>> t1[99]                          # 索引值超过界限，发生错误
Traceback (most recent call last):
  File "<stdin>", line 1, in <module>
IndexError: tuple index out of range
(索引错误：元组索引超出范围)
```

tuple 与 list 很像，建立时改用小括号包住内含对象，调用时的索引语法都与 list 一样，索引值超过界限时也会发生错误。但 tuple 对象属于不可变对象，当用户想要更改它时，例如“t1[0] = 'annie'”，将会出现错误“TypeError: 'tuple' object does not support item assignment”(类型错误：'tuple' 对象不支持赋值动作)。

既然 tuple 对象不可变，就无须担心别名现象，因为一旦有名称指向 tuple 对象，不管该对象是程序员自己建立的，还是从其他地方获得的，它都不会改变。交互示例代码如下：

```
>>> t0 = (0, 1, 2, 3)
>>> t1 = t0                             # t0 与 t1 指向同一个对象
>>> t1[0] = 99                          # t1 不可变
Traceback (most recent call last):
  File "<stdin>", line 1, in <module>
typeError: 'tuple' object does not support item assignment
(类型错误：'tuple'对象不支持项目分配)
```

当用户想建立只含一个元素的 tuple 对象时，不能只写“('only one')”，因为括号“( )”除了用来建立 tuple 对象，也可用来改变运算顺序，所以必须如上述程序代码一样加个逗号，即“('only one',)”，这样 Python 语言才能正确得知编程目的。另外，在语义明确的地方，通常可以省略建立 tuple 的括号，Python 语言还是能理解的。交互示例代码如下：

```
>>> t0 = ('only one')               # t0 是 str 对象
>>> t1 = ('only one', )             # t1 是 tuple 对象
>>> ('a', 'b', 'c')                 # 以括号“( )”建立 tuple 对象
('a', 'b', 'c')
>>> 'a', 'b', 'c'                   # 此处可省略括号
('a', 'b', 'c')
```

又如：

```
>>> (0, 1, 2, 3)                    # 建立数组
(0, 1, 2, 3)
>>> 3 * (4 + 5)                     # 用括号改变运算顺序
27
>>> (0)                             # 这样只会得到值为 0 的 int 对象
0
>>> (0, )                           # 这样会得到含有一个元素的 tuple 对象
(0,)
```

2.2　运算符与表达式

在建立并拥有对象后，又该怎么操作各种类型的对象呢？例如，华氏温度转换成摄氏温度，求五门课程成绩的平均分，比较两个对象的大小，连接几个字符串，这些功能就要靠表达式来完成了。

表达式由操作数与运算符组成。操作数可以是对象，能直接写在程序里，如“3”“45.67”“'How are you?'”“[3, 2, 1, 0]”这些字面值；操作数也可以是个名称，通过名称调用指向的对象。至于运算符，则代表了各种操作动作，如两个整数对象相加、连接两个 tuple 或列表、比较两个字符串、检查某个对象是否存在于列表中等。

2.2.1　算术运算符

算术运算符包括“+”(加法)、“-”(减法)、“*”(乘法)、“/”(除法)、“%”(求余)、“//”(地板除法)、和“**”(幂次方)，例如：

```
>>> a = 3 + 5               # + 加法，得到 8
>>> b = 6 - 20              # - 减法，得到-14
>>> c = 200 + a * b         # 先乘除后加减，得到 88
>>> c2 = (200 + a) * b      # 使用括号改变运算顺序，得到-2912
>>> d = 17 / 3              # 除法，得到 5.666666666666667
>>> d2 = 17 // 3            # 地板除法，得到 5
>>> e = 17 % 3              # 余数，得到 2
>>> f = 2 ** 5              # 2 的 5 次方，得到 32
>>> g = +f                  # 求 f 的正数，还是 32
>>> h = -f                  # 求 f 的负数，得到-32
```

其中，“+”“-”“*”“**”和数学中的运算一样；“+”与“-”运算符不仅能作为二元运算符(需要两个操作数)，代表加法与减法，也可作为一元运算符(需要一个操作数)，代表正数与负数。“-x”可改变 x 的正负号，但“+x”就没什么用了。

要特别注意“/”“//”和“%”运算符。

(1) 地板除法运算符“//”。要理解地板除法运算符“//”，可以想象有一条垂直的数值线(见图 2-5)，往上为正、往下为负。“17 // 3”的结果是“17 除以 3”的地板，也就是比它小但最靠近它的整数，即“17 除以 3”落在 5 与 6 之间，天花板是 6，地板是 5，所以“17// 3”地板除法的结果是 5；而“-17 除以 3”落在-5 与-6 之间，天花板是-5，地板是-6，所以“-17 // 3”结果是-6。若操作数是浮点数对象，则其行为仍相同，但结果的对象类型是 float。

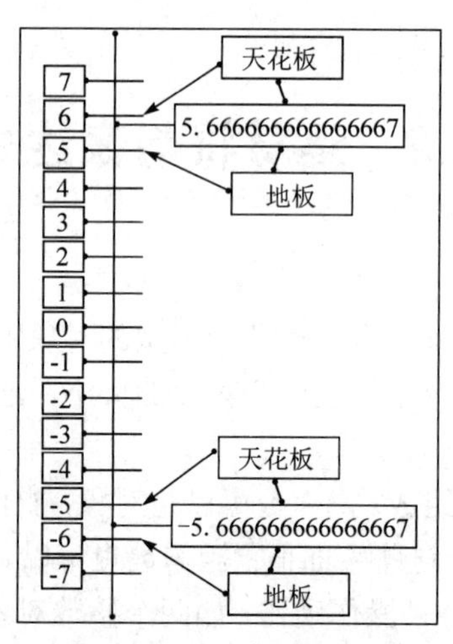

图 2-5　天花板与地板

地板除法运算符“//”的运算规则是：先对被除数进行四舍五入取整(除数不动)，然后进行除法运算，并对运算结果进行无条件截断，只保留其整数部分，小数点后部分不保留。这个计算结果类似于 floor()，所以叫地板除法。

(2) 除法运算符“/”。若操作数是浮点数，则得到一般除法(也称精确除法)的结果。例如，“17.0 / 3”的结果是“5.666666666666667”。只要其中一个操作数是浮点数，另一个操作数就会被自动转成浮点数，然后再作除法。但因为计算机的浮点数类型不能表示无穷位数，所以只能得到“5.666666666666667”这样的结果。另外，即使是非无穷位数，浮点数类型仍可能无法完整表示某些值，操作数不论是整数还是浮点数，其行为都相同(见表 2-1)。

表 2-1　“/”“%”与“//”的运算结果

举　例	运 算 结 果
17 / 3	5.666666666666667
−17 / 3	−5.666666666666667
17 // 3	5
−17 // 3	−6
17 % 3	2
−17 % 3	1
17 % −3	−1
−17 % -3	−2
17.0 / 3	5.666666666666667
−17.0 / 3	−5.666666666666667
17.0 // 3	5.0
−17.0 // 3	−6.0
17.0 % 3	2.0
−17.0 % 3	1.0
17.0 % −3	−1.0
−17.0 % −3	−2.0

(3) 求余“%”运算符。若操作数是正整数对象，如“17 % 3”的结果是 2；但若操作数是负整数对象，则“x % y”的行为由“x - (x//y) * y”决定。若操作数是浮点数对象，则其行为和正整数对象一样，但结果的类型是 float。交互示例代码如下：

```
>>> x = 17
>>> y = -3
>>> x % y
-1
>>> x - (x // y) * y
-1
```

Python 语言执行表达式运算时，会遵从运算符优先顺序。在算术运算符中，“**”最高，“+”(正数)与“-”(负数)次之，然后是“*”“/”“//”“%”，最后是“+”(加法)和“-”(减法)，这也符合一般的运算顺序。

若想改变运算顺序，可使用括号。当表达式中有多个运算符且优先顺序相同时，会从左边开始运算，“**”除外。交互示例代码如下：

```
>>> 2 + 3 - 1              # 优先顺序相同，从左边开始算
4                          # 等同于 (2 + 3) – 1
>>> 2 * (3 * 4)            # 使用括号改变运算顺序
24
>>> 2 ** 3 ** 2            # 注意，“**”例外，先算 3 ** 2
512
>>> 2 ** (3 ** 2)
512
>>> (2 ** 3) ** 2
64
```

当表达式中的操作数属于不同类型的对象时，并不能直接进行运算，必须先转变数据类型。对于 int 与 float 这两种数值类型，只要表达式中有浮点数，其他操作数就要转成浮点数。

str(字符串)类型的对象可以使用“+”与“*”运算符，分别代表连接字符串与复制字符串。交互示例代码如下：

```
>>> 'Hello' + ' ' + 'Python'          # 连接
'Hello Python'
>>> 'Hello' * 4                       # 复制数次再连接
'HelloHelloHelloHello'
>>> 4 * 'Hello'
'HelloHelloHelloHello'
```

其实，list 与 tuple 也可以使用“+”与“*”作运算，因为它们与字符串一样都是序列类型。交互示例代码如下：

```
>>> [0, 1, 2] + [3, 4, 5]          # 列表连接后产生新列表
[0, 1, 2, 3, 4, 5]
```

```
>>> [0, 1, 2] * 3                # 列表的“乘法”，重复列表的内容数次
[0, 1, 2, 0, 1, 2, 0, 1, 2]
```

上述程序代码里的 list 对象若改成 tuple 对象依然可运算，只不过产生的对象也是 tuple 类型。

2.2.2 比较运算符

广义的比较运算符有如下几类：

(1) <、<=、>、>=、!=、<>、==：作大小比较，比较的意义由类型决定。

(2) in、not in：成员关系运算符，检查某元素是否在容器型对象里。

(3) is、is not：同等关系运算符，判断两个对象是否为同一个。

比较运算符的运算结果为布尔(bool)类型的对象，只有两种可能的值，即 True(真)与 False(假)。交互示例代码如下：

```
>>> a = 11
>>> b = 23
>>> a < b                # a 小于 b 吗？
True
>>> a <= b               # a 小于或等于 b 吗？
True
>>> a > b                # a 大于 b 吗？
False
>>> a >= b               # a 大于或等于 b 吗？
False
>>> a == b               # a 等于 b 吗？注意，两个等于符号“==”
False
>>> a != b               # a 等于 b 吗？
True
>>> a <> b               # a 等于 b 吗？2.x 版才有“<>”
True
```

以上是数值类型(int 或 float)的比较行为，str、list 和 tuple 类型也能使用比较运算符，但应用较少。“==”(双等号)可用来比较两个对象的内容是否相等。交互示例代码如下:

```
>>> li0 = [0, 1, 2]
>>> li1 = [3, 4, 5]
>>> li2 = [0] + [1, 2]
>>> li0 == li1
False                    # 两者不相等，含有不同的内容
>>> li0 == li2
True                     # 两个列表里含有相同的对象
```

成员关系运算符“in”和“not in”可用于检查某对象是否位于某容器(数据结构)对象内，也就是可检查 str、list 或 tuple 类型的对象里是否有该对象。交互示例代码如下：

```
>>> a = 4
>>> b = 11
>>> li = [2, 3, 5, 7, 11, 13, 17, 19]
>>> t = [0, 2, 4, 6, 8, 10]
>>> a in li              # a 在 li 里吗？
False
>>> b in li              # b 在 li 里吗？
True
>>> a not in t           # a 不在 t 里吗？
False
>>> b not in t           # b 不在 t 里吗？
True
>>> s0 = 'you'
>>> s1 = 'she'
>>> s2 = 'How are you?'
>>> s0 in s2             # s2 里有 s0 吗？
True
>>> s1 in s2             # s2 里有 s1 吗？
False
```

同等关系运算符“is”可判断两个对象是不是“同一个”，更准确地说，是判断两个名称是否指向同一个对象；“is not”的行为则相反。交互示例代码如下：

```
>>> a = 3
>>> b = 4
>>> c = 1 + 2
>>> a is b                        # 名称 a 与名称 b 是否指向同一个对象？
False
>>> a == c
True                              # a 的值与 c 的值相等
>>> a is c
True
>>> t0 = (0, 1, 2)
>>> t1 = t0
>>> t2 = (0, ) + (1, 2)
>>> t0 is t1                      # 这两个名称是否指向同一个对象？
True
>>> t0 == t2
```

```
True                        # t0 与 t2 内含的对象都相同
>>> t0 is t2
False                       # t0 与 t2 指向不同的对象
```

当判断两个名称是否指向同一个对象时，使用“is”；若比较两个对象是否相等，应该使用运算符“==”。

True 与 False 实际上就是整数 1 与 0，只不过拥有特别的名称，具有特殊用途罢了。所以它们可用于一般的算术运算，但并不建议这么做。一般把 True 与 False 视为布尔类型的真值与假值，而不是单纯的数字。交互示例代码如下：

```
>>> False - 5 + (True * 3)
-2
>>> True == 1, False == 0        # 其值虽然分别等于 1 和 0，
(True, True)
>>> True is 1, False is 0        # 但与 1 或 0 并非同一个对象
(False, False)
```

在比较多个数值时，原本需要以 and 或 or 组合多个比较表达式，但 Python 语言支持简短写法，如“x < y < z”等同于“x < y and y < z”。交互示例代码如下：

```
>>> x, y, z = 3, 6, 9
>>> x < y and y < z
True
>>> x < y < z                    # 简短写法
True
>>> x < y and y > z
False
>>> x < y > z                    # 简短写法
False
>>> x == y < z
False
>>> x == y and y < z             # 简短写法
False
```

若只需比较三个数值，可使用简短写法。不过如果比较的表达式较长或者需要比较的数值个数多于三个，那么使用简短写法很容易逻辑混乱，不知道到底是哪两个相比。

2.2.3 逻辑运算符

比较运算符的运算结果可得到布尔类型的对象 True 或 False，而逻辑运算符可以再进一步，把多个比较表达式结合在一起。例如，判断代表水温的数字是否大于冰点(0℃)，同时该数字是否也小于沸点(摄氏 100℃)。

逻辑运算符有“and”“or”和“not”。当进行“and”运算时，只有在左右两边的对象

都为 True 时，运算结果才会是 True，其余情况都为 False；当进行“or”运算时，只要有一个对象为 True 就会得到结果 True；“not”运算则是反转真假值。交互示例代码如下：

```
>>> x = 42                          # 假设这是水温
>>> 0 <= x and x <= 100             # 是否介于 0 到 100 之间(包含)
True
>>> y = 25
>>> z = 36
>>> a = x < y or z < x              # 是否超出 25～36 界限
>>> a                               # 可把运算结果(是个 bool 对象)赋值给名称 a
True
>>> not a                           # “not”代表“非”的意思
False
```

在 Python 语言里，可被当作真假值的不仅有 True 和 False，事实上，所有对象都可用于逻辑运算。False、None、数值类型值为 0 的对象、空字符串“''”、空 list 对象与空 tuple 对象，在逻辑表达式里都会被当作 False，任何其他对象则一律视为 True。注意，字符串“'0'”、list“[0]”、tuple“(0,)”都代表“真”。None 是个非常特别的对象，它的类型是 NoneType，通常用来代表“无”或“尚未得到有效值”。交互示例代码如下：

```
>>> li0 = [0, 1, 2]
>>> li1 = []                    # 空 list 对象
>>> li2 = [None, False]
>>> li0 and li1 []              # []也代表空列表
False
>>> li0 or li2 [None, False]    # 只要 list 对象里有东西，它就不代表 False
```

使用逻辑运算符 and、or 和 not 组成更长的逻辑表达式时，需注意短路行为，即在运算过程中，一旦整个表达的结果可以确定，就不会再继续运算。交互示例代码如下：

```
>>> li0 = []
>>> li1 = [30, 41, 52]
>>> li0 and li0[0] > 25         # 光看 li0 就知道整个表达式的结果
[]                              # 所以结果就是 li0 “[]”，根本不会运算“li0[0] > 25”
>>> li1 and li1[0] > 25         # li1 非空列表
True                            # 所以会去运算“li1[0] > 25”
>>> [] or '0'                   # [] 为假，所以结果由 '0' 决定
'0'                             # '0' 为真
>>> '' or [0] or () or 0        # 看到[0](真)时，就知道结果了，根本不会去看后面的()和 0
[0]
```

2.2.4　运算符优先级

表 2-2 列出了 Python 语言中所有运算符的优先顺序。表中的“expr”代表表达式，例

如“3 + 2”“16 << 2”，而“expr...”代表一串以逗号隔开的表达式，例如“1, 3+5, 5/2, 2**3”，“arguments...”代表传入函数的参数(0 到多个)。

表 2-2 运算符优先顺序(优先级从上到下)

运 算 符	简 单 说 明
(expr...)、[expr...]、{key: value...}、expr...、{expr...}	tuple、列表、字典、字符串转换、集合
x[index]、x[index:index]、x(arguments...)、x.attribute	索引、切片、函数调用、属性项存取
**	幂次方
+x、-x、~x	正数、负数、位运算“NOT”
*、/、//、%	乘法、除法、余数(也用于字符串格式化)
+、-	加法、减法
<<、>>	移位运算
&	位运算“AND”
^	位运算“XOR”
|	位运算“OR”
in、not in、is、is not、<、<=、>、>=、!=、<>、==	比较运算，也包括成员关系和同等关系
not x	布尔逻辑运算“NOT”
and	布尔逻辑运算“AND”
or	布尔逻辑运算“OR”
if/else	条件表达式
Lambda	lambda 表达式

一般的数值运算符，如“+”“*”和“/”等，其优先顺序都高于比较运算符，如“<=”“!=”和“is not”等。

2.3 程 序 注 释

在编写程序代码时，为了使代码更容易理解，通常会添加一些注释予以说明，注释的内容不会被程序解析执行。Python 程序注释的形式有以下几种：

(1) 中文注释方法。Python 语言默认使用 ASCII 码保存文件。在程序中使用中文注释时，为避免出现乱码，应该在程序的开头声明保存编码的字符格式。例如，在程序开头加上如下语句：

```
# coding=gbk
```

或者

```
# coding=utf-8
```

(2) 单行注释符号。“#”常被用作单行注释符号，在代码中使用“#”时，它右边的任何数据都会被当作是注释内容而忽略。示例代码如下：

```
print 1                # 输出 1
# 右边的内容在执行的时候不会被输出
```

(3) 批量、多行注释符号。当注释内容有多行时，需要使用多行注释符，即使用三引号对''' '''(单引号组成)或者""" """(双引号组成)来包含注释内容。示例代码如下：

```
'''
三对单引号，Python 语言多行注释符
三对单引号，Python 语言多行注释符
三对单引号，Python 语言多行注释符
'''
```

或者

```
"""
三对单引号，Python 语言多行注释符
三对单引号，Python 语言多行注释符
三对单引号，Python 语言多行注释符
"""
```

2.4　程序文件扩展名与常见错误类型

Python 语言的解释器互动模式(shell)对于初学者很友好，可通过交互方式逐步学习 Python 语言的各种功能，但随着学习的深入，程序员最终还是要把程序写在文件里。

2.4.1　扩展名与执行方式

Python 源代码文件(或称为脚本文件)一般以“.py”作为扩展名。执行 Python 程序文件之后，可能还会生成“.pyc”文件，这些是字节文件。虽然理论上 Python 解释器会一行一行地执行文件里的程序代码，但实际上是先把源程序文档编译成二进制代码文档，然后才执行。假设再次执行时文件内容没变，就不需编译可直接执行二进制代码文档，以提升执行速度。“.pyc”可能与源程序文件放在一起，也可能放在“_ _pycache_ _”目录之下，这由 Python 解释器的不同版本而定。另外，“.pyo”文件是开启效能最佳化选项编译出来的二进制代码文档。

在命令模式下执行 Python 程序时，可以输入 Python 解释器的指令名(通常是 python)，后面跟着源程序文件名，这样便可执行。

2.4.2　程序常见错误

下面介绍几种 Python 程序中的常见错误。

1. 缩排不正确

“*IndentationError*”(缩排错误)代表该程序代码里某语句的缩排深度不正确。

通常 IDLE 中，可以通过 tab 键进行缩进，也可以通过 4 个空格进行缩进。这两种缩进方式在 IDLE 中看起来效果是一样的。但为什么有些代码规范中要求使用 4 个空格而不是 tab 键呢？这是因为：在不同编辑器下 4 个空格的宽度看起来是一致的，而 tab 键空格则长短不一。而在通常情况下，更多的是使用 tab 键，而不是通过输入 4 个空格。因此，需要在 IDLE 中进行设置，当通过 tab 键输入时，默认是 4 个空格。

为避免这一类错误，建议保持一致的缩排风格，例如全部采用“四个空格”作为一层缩排的深度，并且不要混用空格与 tab 键。在命令模式下执行程序文件时，Python 解释器指令(通常是 python)加上参数“-t”，可用来侦测两者是否有混用的情况，并对此发出警告。

2. 忘记冒号“:”

Python 语句会以冒号“:”表示接下来的程序代码为主体部分，例如 if、else、for、def 与 while，这点和以大括号“{、}”来划分程序代码的语言不同(如 C、C++和 Java 语言)。如果程序员忘记在 if 语句、for 循环、函数定义等代码块之后加上冒号，会导致语法错误(*SyntaxError: invalid syntax*)。下面的代码存在这类错误。

```
>>> if spam == 42
>>>     print('Hello!')
```

3. 操作数对象的类型不同

不同类型的对象之间不能直接进行运算，可分为两种情况。例如，“3 + 4.5”是可执行的，是因为 Python 解释器自动进行数据类型转换，把 3 从类型 int 转为类型 float，然后才和 4.5 相加；但若碰到无法自动转换的情况，解释器便会显示出错信息，例如“"45" + 3”与“3 + "45"”。

若要连接字符串与数字，应先使用函数 str 将数字转成字符串，然后再用“+”连接两个字符串。

4. 错用“=”与“==”

等号“=”的意义是“赋值”，其作用是让左边的名称指向右边的对象；两个等号“==”的意义则是比较左右两边是否相等。“is”运算符的作用是判断左右两边是否为同一个对象。

建立新对象还是原地修改对象，须区分清楚。交互示例代码如下：

```
>>> a = b = c = [0,1,2]                # 原本都指向同一个列表对象
>>> b = b + [97, 98, 99]               # 右边表达式会产生出新的列表对象
>>> c += [3, 4, 5]                     # 这是原地修改
>>> a, b, c ([0, 1, 2, 3, 4, 5], [0, 1, 2, 97, 98, 99], [0, 1, 2, 3, 4, 5])
>>> a is c, a is b                     # a 与 c 指向同一个对象
(True, False)
```

2.5　软件开发简介

编写大型软件是一项艰巨的挑战，如果没有系统的方法，几乎是不可能的。因此，软件开发的过程通常被分成几个阶段，其依据是每个阶段中产生的信息(可参考“软件工程”课程)。

2.5.1　软件生命周期

通常，开发软件的过程可以用一个生命周期来表示，在一个生命周期内通常需要完成以下工作：

(1) 分析问题：确定要解决的问题是什么。尝试尽可能多地了解问题，直到真的知道问题是什么，否则就不要开始解决它。

(2) 确定规格说明：准确描述软件将做什么。该阶段是要确定软件需要“做什么”。对于小型软件，主要是详细描述程序的输入和输出是什么，以及它们之间的相互关系。

(3) 创建设计：规划软件的总体结构。该阶段主要描述程序怎么做，主要任务是设计算法来满足规格说明。

(4) 实现设计：将设计翻译成使用计算机语言(如 Python 语言)编写的程序，并存入计算机。

(5) 测试/调试程序：试用所编写的软件，测试它是否按预期工作。如果有任何错误(通常称为“缺陷”)，那么就应该修复它们。定位和修复错误的过程称为“调试”软件。调试阶段的目标是找到错误，所以应尝试所能想到各种办法来发现软件的缺陷。

(6) 继续根据用户的需求开发该程序。大多数程序并不会随着程序交付的完成就彻底结束了，实际上软件在后续使用过程中需要持续修正与演进。

2.5.2　程序开发示例：温度转换器

下面通过一个温度转换器的简单例子来介绍软件开发过程。

在气候温度的表示上，有些地方使用摄氏度，有些地方使用华氏度。试编写一个将摄氏度温度转换为华氏温度的小程序。

该程序的规格说明如下：

输入：程序将接收输入的摄氏温度。

输出：程序将显示转换后的华氏温度。

程序输出与输入之间的确切关系是：0℃(冰点)等于 32℉，100℃(沸点)等于 212℉。据此可以计算出华氏度与摄氏度的比率为(212 − 32) / (100 − 0) = 180 / 100 = 9 / 5。使用 F 表示华氏温度，C 表示摄氏温度，转换公式的形式为

$$F = \frac{5}{9} \cdot C + k$$

其中 k 为某个常数。代入 0 和 32 分别作为 C 和 F，可以得到 $k=32$。所以最后的转换公式是

$$F=\frac{5}{9}\cdot C+32$$

遵循标准模式“输入—处理—输出”(IPO)实现温度转换器的简单算法为：程序提示用户输入信息(摄氏温度)，经过计算处理，生成华氏温度，然后在计算机屏幕上显示输出结果。

直接使用一种计算机语言来编写算法需要相当的精度，这常常会破坏设计算法的创造性过程。作为替代，人们常用伪代码来编写算法。伪代码只是使用精确的自然语言(如汉语或英语等)来描述程序的功能实现过程。这意味着算法既可以交流，又不必正确写出某种特定编程语言的细节。

温度转换器的完整算法如下：

```
输入摄氏度温度(称为 celsius)
计算华氏度为 (9 / 5) celsius + 32
输出华氏度
```

将此算法转换为 Python 程序即把算法的每一行都变成了相应的 Python 代码行。

【程序实例 2-1】 一个温度转换器程序。

代码如下：

```
# convert.py
# 将摄氏温度转换为华氏温度的程序
def main():
    celsius = eval(input("摄氏温度是多少? "))
    fahrenheit = 9 / 5 * celsius + 32
    print("该温度是 ", fahrenheit, "华氏度。")
main()
```

程序完成后，可测试它的工作效果。可用值 0 和 100 来测试这个程序，下面是两次测试的输出：

```
摄氏温度是多少? 0
该温度是 32.0 华氏度。
摄氏温度是多少?100
该温度是 212.0 华氏度。
```

课 后 习 题

1. 判断题

(1) 编写程序的最好方法是立即键入一些代码，然后调试它，直到它工作。(　　)

(2) 可以在不使用编程语言的情况下编写算法。(　　)

(3) 程序在写入和调试后不再需要修改。(　　)

(4) Python 标识符必须以字母或下画线开头。(　　)

(5) 关键词是好的变量名。(　　)

(6) 表达式由文字、变量和运算符构成。(　　)

(7) 在 Python 语言中，x = y + 1 是一个合法的语句。(　　)

(8) Python 列表的大小不能增长和缩小。(　　)

(9) 与字符串不同，Python 列表不可变。(　　)

(10) 列表必须至少包含一个数据项。(　　)

2. 选择题

(1) 以下(　　)不是软件开发过程中的一个步骤。

A. 规格说明　　B. 测试/调试　　C. 决定费用　　D. 维护

(2) 将摄氏度转换为华氏度的正确公式是(　　)。

A. $F = \frac{5}{9} \cdot C + 32$　　B. $F = \frac{5}{9} \cdot C - 32$

C. $F = B^2 - 4AC$　　D. $F = (212 - 32) / (100 - 0)$

(3) 准确描述计算机程序将做什么来解决问题的过程称为(　　)。

A. 设计　　B. 实现　　C. 编程　　D. 规格说明

(4) 以下(　　)不是合法的标识符。

A. spam　　B. spAm　　C. 2spam　　D. spam4U

(5) 下列(　　)不在表达式中使用。

A. 变量　　B. 语句　　C. 操作符　　D. 字面量

(6) 生成或计算新数据值的代码片段被称为(　　)。

A. 标识符　　B. 表达式　　C. 生成子句　　D. 赋值语句

(7) 以下(　　)不是 IPO 模式的一部分。

A. 输入　　B. 程序　　C. 处理　　D. 输出

3. 讨论

(1) 列出并描述软件开发过程中的六个步骤。

(2) 为什么要先编写出一个算法的伪代码，而不是立即投入编写 Python 代码？

编 程 实 训

1. 实训目的

(1) 了解 Python 标识符及其命名规则。

(2) 了解变量与对象的关系，熟悉对象与数据类型。

(3) 熟悉 Python 表达式、运算符及其优先级。

(4) 熟悉源程序文件的扩展名及其执行方式。

2. 实训内容与步骤

(1) 仔细阅读本章各个实例的具体实现，从中了解 Python 程序设计的基本知识，提高编程能力。如果不能顺利完成，则分析原因。

答：____

____

(2) 阅读程序并完成以下工作。

① 圈出每个标识符，为每个表达式加下画线。

② 在每一行的末尾添加注释，并指出该行上的语句类型(输出、赋值、输入和循环等)。

注释：

```
# chaos.py                                        ______________
# 一个随意编写的简单程序，没有特定的目的            ______________

def main():                                       ______________
    print("该程序说明了一个随意的功能。")          ______________
    x = eval(input("输入 0 到 1 之间的数字: "))    ______________
    for i in range(10):                           ______________
        x = 3.9 * x * (1 - x)                     ______________
        print(x)                                  ______________

main()                                            ______________
```

3. 实训总结

____

____

____

____

4. 教师对实训的评价

____

____

____

第 3 章　赋值语句与分支结构

简单的程序一般遵循“输入-处理-输出”(IPO)的标准模式。整个 Python 程序由许多模块组成，模块里包含程序语句，语句各有其意义并由表达式构成，表达式则建立并操作对象。有了基本的构建块(标识符和表达式)，就可以完整地描述各种 Python 语句。

一些编程语言提供了异常处理机制，让程序更具健壮性。Python 语言的异常处理机制是 try-except 语句。

3.1 初识语句

语句是 Python 程序里最小、最基本的执行单位，每种语句都有其独特的语法和语义。不符合语法的语句，就不是合法的程序代码，也就不能被解释器正确解析并执行。而学习编写 Python 程序，也就是学习各种语句的语法和语义，从而编写程序实现程序功能。

3.1.1 语句的基本概念

Python 语句可分为简单语句与复合语句，一般可以这么理解：能写成一行程序代码的是简单语句，跨越好几行的是复合语句。某些简单语句也可以跨行，但事实上 Python 解释器会把它们当作同一行看待；有时复合语句每行的程序代码太短了，因此 Python 语法也允许写在同一行上。表 3-1 了列出 Python 语言的所有语句类型。

表 3-1　语句类型一览表

语　句	简 单 说 明
表达式语句	表达式本身就能成为语句，如“3”“foo()”“x or y”
赋值语句	运算符包括 =、+=、-=、*=、/=、//=、%=、**=、>>=、<<=、&=、^=、|=
assert 语句	断言(假设)语句，通常用于除错
pass 语句	什么事情也不做的语句
del 语句	删除名称以及与对象之间的绑定关系
return 语句	离开函数并返回某值或 None
yield 语句	只能用于生成器函数内
raise 语句	触发异常

续表

语　句	简 单 说 明
break 语句	只能用在 for 与 while 循环内，将立即终止最靠近它的那一层循环
continue 语句	立即跳到最靠近它的那一层循环的下一轮循环
import 语句	读入模块
global 语句	声明名称为全局范围
nonlocal 语句	宣告名称位于外围函数范围内
if 语句	条件判断式
while 语句	while 循环
for 语句	for 循环
try 语句	异常处理
with 语句	把一组程序语句包起来，由上下文管理器负责进入与离开的情况
def 语句	函数定义
class 语句	定义类

3.1.2 表达式语句

因为任何表达式同时也都是合法的语句，所以“3”“3 + 5”“3 < 5”和“x < y or z < x”等，它们既是表达式也是语句，因此可以在 Python 解释器的互动模式里输入“3”并执行。

Python 程序可使用分号“;”标示语句的结尾，也可以不写；使用分号可把多个语句写在同一行上。示例代码如下：

```
>>> 1 + 2                    # 表达式也是合法语句
3
>>> 1 + 2;                   # 以分号“;”标示语句结尾
3
>>> 1 + 2; 3 + 4; 5 + 6;     # 以分号“;”隔开语句
3
7
11
```

实际开发中很少把多个语句写在同一行上，因为这样会降低程序的可读性。

3.1.3 特有的缩进

Python 语言使用缩进来标识程序代码的层级，所以语法非常简洁，不同于 C、C++、Java、C#和 JavaScript 等语言用大括号“{}”包住程序代码段的方式。不过第一次接触缩排格式的人会很不习惯，有道是：“若能搞懂缩排，就已经搞懂 Python 语法的一半了。”

Python 语法规定，缩排可以是四个空格(建议)、两个空格、一个 TAB 键或任何其他组合，重点在于保持一致、不要混用。本书的程序一律采用四个空格的编排方式。

3.2 赋 值 语 句

Python 语言中使用等号(=)表示将值赋给变量。利用赋值，程序可以从键盘获得输入。Python 语言还允许同时赋值，因此可以利用单个提示获取多个输入值。

赋值语句是 Python 语言中重要的语句之一，务必完整且清楚地了解赋值语句。

3.2.1 基本赋值语句

基本赋值语句具有以下形式：

<标识符> = <表达式>

执行赋值语句时，解释器先执行等号右边的表达式，得到结果(对象)后，再赋值给等号左边的名称，将该值与左侧命名的变量相关联，建立起名称与对象之间的关系，一般称其为“绑定”。示例代码如下：

```
>>> a = 3              # 建立 int 对象值为 3，产生名称 a(第一次)，赋值
>>> b = 3 + 5          # 运算结果是整数对象 8，取名为 b
>>> c = a < b          # 运算结果是 bool 对象，值为 True，c 指向此对象
>>> a = a + 1          # 运算结果是个新对象，a 转而指向该对象
```

赋值语句左边的名称第一次出现时，Python 解释器便会建立此名称。该名称可以多次被赋值，但它只保留最新的赋值。后面出现的赋值会使该名称转而指向别的对象，也就是建立新的绑定关系。所以在上述程序代码里，“a = 3”是第一次建立名称 a，解释器会产生该名称并指向 int 对象 3；之后在执行语句“a = a + 1”时，先运算右边，得到新的 int 对象 4，然后让名称 a 转而指向该对象。这个语句展示了如何使用名称的当前值来更新它的值，即名称的值可以改变，这就是为什么它们被称为“变量”的原因。“变量”可被看作是计算机内存中的一种命名的存储位置，可以在其中存入一个值。当变量更改时，旧值被删除并写入一个新值。

如果一个值不再被任何名称所引用，它就不再有用。Python 语言将自动从内存中清除这些值，以便收回存储空间。

上面介绍了“名称”“变量”“对象”和“类型”的关系，下面几个例子有助于理解这些概念。

(1) “对象 a”的含义是“名称 a 指向的那个对象”；

(2) “对象 a 是个 int”的含义是“名称 a 指向的对象，类型是 int”；

(3) “浮点数 3.14”的含义是“有个类型为 float 的对象，其值为 3.14”；

(4) “3 是个整数对象”的含义是“执行程序代码 3 后会建立类型为 int 的对象，其值为 3”；

(5) “整数对象 a 为 3”的含义是“名称 a 指向类型 int 的对象，其值为 3”；

(6) “字符串 s”时的含义“名称 s 指向的对象，其类型是 str”；
(7) “tuple 类型不可变”的含义是“类型 tuple 的对象一旦建立，其内容就不会改变”；
(8) “list 对象 li”的含义“名称 li 指向类型为 list 的对象”；
(9) “list 是可变对象”的含义是“类型为 list 的对象是可变的”；
(10) “t 是个 tuple”的含义“名称 t 指向类型为 tuple 的对象”。

3.2.2 多重赋值语句

多重赋值是指在同一行内，让同一个对象赋值(绑定)到多个名称，可用分号“;”隔开多个赋值语句。示例代码如下：

```
>>> a = b = c = 3                # a、b、c 都指向同一个 int 对象 3
>>> b = 4; c = 5                 # 以分号隔开两个语句，重新赋值 b 与 c
>>> a
3
>>> x = y = z = [0, 1, 2]        # 都指向同一个 list 对象
>>> y[0] = 99                    # list 是可变对象，修改
>>> z = [30, 41, 52]             # 名称 z 转而指向新对象
>>> x, y, z                      # x 与 y 指向同一个对象
([99, 1, 2], [99, 1, 2], [30, 41, 52])
```

在使用多重赋值时，要当心可变对象与不可变对象的差别。上述程序代码中，因为 int 对象 3 不可变，所以通过名称 a、b 与 c 无法修改所指向的 int 对象 3；若是可变的 list 对象，则通过 y 修改该对象时，x 指向的对象也变了，因为 x 与 y 指向的对象是同一个。

3.2.3 同时赋值语句

若想把多个对象在同一行内赋值给多个名称，可使用“同时赋值”(又称“序列赋值”)，即一个赋值语句允许同时计算几个值。语法格式如下：

```
<名称 1>, <名称 2>, ..., <名称 n> = <表达式 1>, <表达式 2>, ..., <表达式 n>
```

其功能是对右侧所有表达式求值，然后将这些值赋给左侧命名的相应名称。例如如下代码：

```
sum, diff = x + y, x - y
```

这里，sum 得到 x 和 y 的和，diff 得到 x 和 y 的差。

这种形式的赋值实际上非常有用。例如，交换两个变量 x 和 y 的值，也就是将当前存储在 x 中的值存储在 y 中，将当前存储在 y 中的值存储在 x 中。下面的代码是不行的。

```
x = y
y = x
```

因为最终得到的是原始 y 值的两个副本。

完成交换的一种常用方法是引入一个附加变量，来暂时记住 x 的原始值。代码如下：

```
temp = x
x = y
y = temp
```

这种三变量交换的方式在其他编程语言中很常见。在 Python 语言中，同时赋值语句则提供了一种优雅的选择。下面是简单的 Python 等价写法。

```
x, y = y, x
```

又如：

```
>>> (a, b, c) = (0, 1, 2)          # 左边是 tuple(元组，不可变的列表)
>>> a, b, c = 0, 1, 2              # tuple 可省略括号
>>> a, b = b, a                    # 交换 a 与 b 所指向的对象
>>> a, b                           # a, b 原来是 (0, 1)
(1, 0)                             # 现在是 (1, 0)
>>> x = [0, 1]; i = 0
>>> i, x[i] = 1, 2                 # 注意 i 先成为 1，然后才赋值 x[i]
>>> x [0, 2]                       # 所以是 x[1]变了
```

使用这种赋值语句时，等号右边可以是任何序列类型，如 list、tuple 和 str 等。示例代码如下：

```
>>> a, b, c = [0, 1, 2]            # 等号右边可以是 list 对象
>>> [a, b, c] = [0, 1, 2]          # 等号左边也可以使用方括号
>>> a, b, c = 'abc'                # 等号右边可以是 str 对象
>>> a, b, c                        # 查看，a、b、c 分别指向一个 str 对象
('a', 'b', 'c')                    # 每个 str 对象只含一个字元
>>> data = ['John', 165, 51, ('C', 'Python')]
>>> name, height, weight, (lang0, lang1) = data
>>> name, height, weight, lang0, lang1
('John', 165, 51, 'C', 'Python')
```

最适合“序列赋值”的情况是，已知某容器对象的内部结构，可以迅速地把其内容抽取出来，例如上面的 data。使用此种赋值能减少程序代码行数，但实际开发时，应把相关的数据放在一起，而把不相关的数据分开，这样才能使程序代码易读易懂。

上面的序列赋值，语句左右两边的个数必须相同，否则会发生错误。此外，“星号序列赋值”适合用于长度不定或未知的情况，例如如下代码：

```
>>> x = [0, 1, 2, 3, 4]
>>> a, *b, c = x                   # 星号，其余元素通通都会放进 b
>>> a, b, c (0, [1, 2, 3], 4)      # b 是个列表对象
>>> head, *rest = x                # 拿出 x 列表里的第 0 个元素
>>> head, rest                     # 剩余的通通放进 rest (0, [1, 2, 3, 4])
>>> *rest, t1, t0 = x              # 拿出倒数两个元素
>>> rest, t1, t0                   # 剩余的通通放进 rest ([0, 1, 2], 3, 4)
```

```
>>> a0, a1, a2, a3, *a4 = x           # 注意，当两边个数相等时，
>>> a0, a1, a2, a3, a4                # 以星号标示的名称 a4，
(0, 1, 2, 3, [4])                     # 仍然会是 list 对象
>>> a0, a1, a2, a3, *a4, a5 = x
>>> a0, a1, a2, a3, a4, a5            # 当左边名称个数多于右边时，
(0, 1, 2, 3, [], 4)                   # 以星号标示的名称会指向空列表，
>>> a0, *a1, *a2, a3 = x              # 此种形式的两个星号，发生错误
  File "<stdin>", line 1
    a0, *a1, *a2, a3
^
SyntaxError: invalid syntax           # 语法错误：无效语法
>>> record = ('John', 50, 123.45, (12, 18, 2012))
>>> name, *_, (*_, year) = record     # 这种形式的两个星号，合法想要的才取名称，
>>> name, year                        # 不需要的东西就随便给个名称，例如下画线“_”
('John', 2012)
```

3.2.4 增强赋值语句

增强赋值语句是指运算符中有“+=”“- =”“*=”“/=”“//=”“%=”“**=”“>>=”“<<=”“&=”“^=”或“|=”符号的语句。以“x += y”为例，其语义“几乎”等同于“x = x + y”，实际行为必须视语句左边的对象是否为可变对象而定，例如如下代码：

```
>>> a = b = 3
>>> a += 8                            # 等同于 a = a + 8
>>> (a, b)                            # 因为 int 对象不可变
(11, 3)                               # a、b 指向不同的对象
>>> x = y = [0, 1, 2]                 # x 与 y 指向同一个可变对象
>>> x += [98, 99]                     # 注意：这会改变 x 指向的对象
>>> x, y ([0, 1, 2, 98, 99], [0, 1, 2, 98, 99])
>>> x is y                            # x 跟 y 是同一个对象
True
>>> x = y = [0, 1, 2]                 # 让我们再试一次，
>>> x = x + [98, 99]                  # 这次使用表达式 x + [98, 99]
>>> x, y                              # 名称 x 会转而指向运算后的新对象
([0, 1, 2, 98, 99], [0, 1, 2])
>>> x is y                            # x 与 y 不是同一个对象
False
```

执行“x += y”时，若 x 是不可变对象，那么其行为等同于“x = x + y”；但若 x 是可变对象，那么“x += y”将会修改 x 对象而不是产生新对象，这种行为叫作“原地修改”；而“x = x + [98, 99]”则是由表达式“x + [98, 99]”产生新的对象，再指派给名称 x。

3.3　input 赋值语句

输入语句的目的是从程序的用户那里获取信息并存储到变量中。在 Python 语言中，输入是用一个赋值语句结合一个内置函数 input 实现的。输入语句的具体形式，取决于从用户那里获取的数据类型。对于文本输入，语法格式如下：

```
<变量> = input(<字符串表达式>)
```

这里的<字符串表达式>用于提示用户输入，该提示一般是一个字符串字面量(即引号内的一些文本)。

input 语句被调用时，屏幕上会打印提示信息，程序暂停执行并等待用户键入文本，直到键入完成后按回车键。用户输入的文本会存储为字符串，例如如下代码：

```
>>> name = input("请输入你的名字：")
请输入你的名字: xiaoming
>>> name
'xiaoming'
```

执行 input 语句时 Python 解释器打印输出提示“请输入你的名字：”，然后解释器暂停，等待用户输入。在这个例子中键入 xiaoming(小明)，结果字符串“xiaoming”被存储在名称 name 中。对 name 求值将返回键入的字符串。

如果接收的是用户输入的一个数字，就需要形式稍复杂一点的 input 语句，具体语法格式如下：

```
<变量> = eval(input(<字符串表达式>))
```

这里添加了 Python 语言的另一个内置函数 eval，它内嵌了 input 函数。“eval”是“evaluate(求值)”的缩写。在这种形式中，用户键入的文本被转换为一个表达式，以生成存储到变量中的值。例如字符串“32”被转换成数字 32，代码如下：

```
x = eval(input("请输入 0 到 1 之间的数字: "))
celsius = eval(input("摄氏温度是多少? "))
```

注意，应该在引号内提示结尾处安排一个空格，使用户输入的内容与提示语句的结尾保持一个空格的距离，让程序语句更容易阅读和理解，人机交互更人性化。

虽然数字示例特别提示用户输入数字，但实际上用户键入的只是一个数字字面量，即一个简单的 Python 表达式。事实上，任何有效的表达式都是可接受的，例如下面一段代码实现了与 Python 解释器的交互。

```
>>> ans = eval(input("请输入一个表达式: "))
请输入一个表达式: 3 + 4 * 5
>>> print(ans)
23
>>>
```

这里，提示输入表达式时，用户键入“3 + 4 * 5”，Python 解释器通过 eval 内置函数对此表达式求值，并将值赋给变量 ans。打印时，可以看到 ans 的值为 23，与预期一样。不同的是，用户在语句执行时提供的是表达式。

eval 函数功能很强大，但也有“潜在的危险”。如本例所示，在对用户的输入求值时，本质上是允许用户输入一部分程序的。Python 解释器将尽职尽责地对输入的任何内容求值，了解 Python 语言的用户就有可能利用这种能力输入恶意指令。例如，用户可以键入记录计算机上的私人信息或删除文件的表达式。在计算机安全中，这被称为“代码注入”攻击，因为攻击者是将恶意代码注入正在运行的程序中的。

【程序实例 3-1】 用单个 input 语句从用户那里获取多个考试成绩，并求出考试平均分。

代码如下：

```
# avg.py
#计算两个考试分数的平均值的简单程序，用来说明多个输入的使用。

def main():
        print("这个程序计算两个考试分数的平均值。")

        score1, score2 = eva1(input("输入以逗号分隔的两个分数: "))
        average = (score1 + score2) / 2

        print("分数的平均值是: ", average)

main()
```

记录：上面代码的运行结果为 ____________________

该程序提示用逗号分隔两个分数，例如程序中的 input 语句的效果和下面的赋值语句一样。

```
score1, score2 = 86, 92
```

这个例子可以扩展到任意数量的输入。当然，也可以通过单独的 input 语句获得用户的输入：

```
score1 = eval(input("输入第一个分数："))
score2 = eval(input("输入第二个分数："))
```

某种程度上，这可能更好，因为单独的提示对用户来说信息更准确。但有时这种使用单个 input 语句获取多个值的方式提供了更直观的用户接口。但要记住，这种多个值的输入技巧并不适用于字符串(非求值)输入，如果用户键入逗号，它只是输入字符串中的一个字符。

注意：在程序中添加了几个空行来分隔程序的输入、处理和输出部分。在程序设计中策略性地放置空行能增加程序的可读性。

3.4 分支语句

计算机程序是指令的序列，序列是编程的一个基本概念。但是，只用序列不足以解决所有问题，实践中常常需要改变程序的执行顺序，以适应特定情况的需要。这是通过被称为“控制结构”的特殊语句来完成的。“判断”是允许程序针对不同情况执行不同指令序列的控制结构，实际上允许程序“选择”适当的动作过程。

分支语句根据表达式的运算结果(True 或 False)来判断应该执行哪部分的程序代码(条件)，控制程序走向，此类的语句被称为程序流控制。

在 Python 语言中，简单的判断用一个 if 语句来实现，两路判断通常使用 if-else 语句来实现，多路判断用 if-elif-else 语句来实现。如果判断结构是嵌套的，再结合判断的算法，则程序可能会变得相当复杂。在程序设计过程中，通常有许多解决方案可选，程序员应仔细考虑，以得到正确、有效和可理解的程序。

判断基于条件的求值，条件是简单的布尔表达式，其运算结果为 True 或 False。Python 语言有专门的布尔数据类型，其字面量为 True 和 False。条件的构成利用了关系运算符<、<=、!=、==、>和>=。

if 语句的一般形式如下(其中 elif 与 else 为可选项，elif 也可以有好几个)：

```
if 表达式:
    语句
    语句 ...
elif 表达式:
    语句
    语句 ...
else:
    语句
    语句 ...
```

if、elif 和 else 语句那一行的最后面必须加上冒号“:”，代表后面接着一组程序语句，而里面的语句必须缩排。示例代码如下：

```
>>> a = 3                              # a 之前没有空格
>>>  a = 3                             # a 之前有一个空格，发生错误
File "<stdin>", line 1
  a = 3
^
IndentationError: unexpected indent    # 缩排错误：未预期缩排
>>> a, b, x = 3, 5, -1
>>> if a < b:                          # 如果 a 小于 b
        x = a                          # 让 x 指向对象 a；在 x 之前输入四个空格
                                       # 直接按回车键输入空行，代表结束 if 语句
>>> x                                  # x 指向 3
3
```

在上面的程序代码里，因为表达式“a < b”为真，所以会执行 if 内的程序代码，但若“a < b”的结果为假，就会跳过不执行。

当输入“if a < b:”时，若解释器处于互动模式，则会输出“...”提醒程序员这不是有效语句，无法执行，要求继续输入。在冒号“:”之下的程序代码必须缩排。“if a < b:”之后的程序代码可含有多个语句(此例中只有一个)，然后直接按回车键输入空行，代表结束。在解释器互动模式下才需如此，若是写在文件中就不需要了。

3.4.1 简单分支语句

1. 一个简单分支语句的例子

可以使用简单分支语句来完善第2章中摄氏温度转换为华氏温度的程序(参见程序实例2-1)，以实现在极端温度(相当热或相当冷)时程序能打印出适当的警告提示。

第一步是给出完整的增强规格说明。假设当温度超过90华氏度时应该发出热警告，而低于30华氏度时则会发出冷警告。为此，设计一个扩展的算法如下：

```
以摄氏度输入温度值
计算华氏温度为9/5摄氏度+32
输出华氏度值
如果华氏度 > 90
    打印热警告
如果华氏度 <30
    打印冷警告
```

这个设计在结束时有两个简单的“判断”。缩进表示只有满足上一行中列出的条件才执行该步骤。判断引入了一个替代的控制流，算法采取的步骤取决于华氏温度的值。

流程图3-1展示了算法可能采取的路径。菱形框表示有条件的判断：如果条件为假，则控制传递到序列中的下一个语句；如果条件成立，则控制权转移到右侧框中的指令，这些指令完成后，控制会传递到下一个语句。

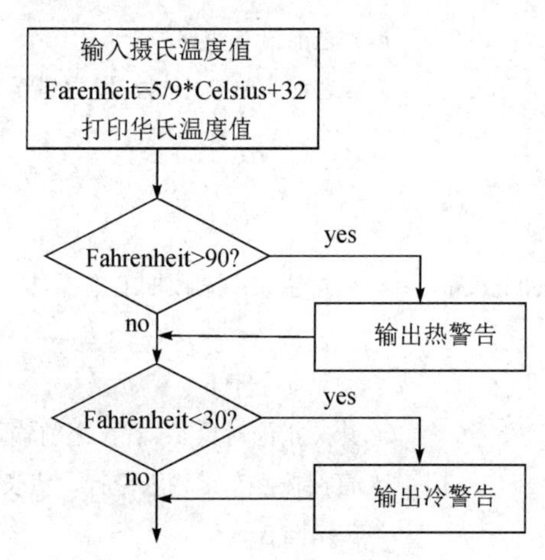

图3-1 带有警告提示的温度转换程序流程图

【程序实例3-2】 带温度警告的摄氏温度转换为华氏温度的Python程序。

代码如下：

```
# convert2.py
#将摄氏温度转换为华氏温度的程序。此版本程序会发出热或冷警告

def main():
celsius = float(input("摄氏温度是多少? "))
fahrenheit = 9/5 * celsius + 32
print("温度是", fahrenheit, "华氏度。")

#打印极端温度警告
if fahrenheit > 90:
   print("那里真的很热。小心！")
if fahrenheit < 30:
   print("特别提醒，一定要穿得暖和些！")

main()
```

程序中 Python 语言的 if 语句用于实现判断。if 语句的语法格式如下：

```
if <条件> :
    <序列>
```

这里<序列>是 if 头部下缩进的一个或多个语句的序列。在 convert2.py 中有两个 if 语句，每个<序列>中都有一个语句。

可见，if 语句的语义是：首先对头部中的条件求值。如果条件为真，则执行<序列> 中的语句，然后控制传递到程序中的下一条语句；如果条件为假，则跳过<序列>中的语句(见图 3-2)。if 语句的<序列>是否执行取决于条件，不论哪种情况，控制随后会传递到 if 语句后的下一个语句。这种判断是“一路”判断，也叫“简单”判断。

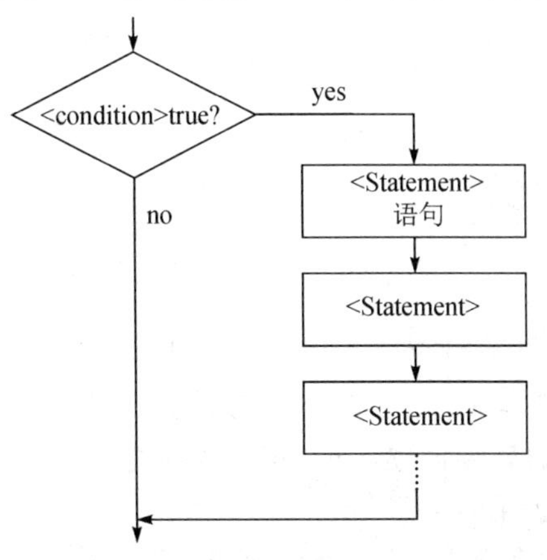

图 3-2　简单 if 语句的控制流

2. 形成简单条件

上述程序使用简单条件比较两个表达式的值，语法格式为：<expr><relop><expr>。<relop>是“关系运算符”的缩写，是“小于”或“等于”这类数学概念的特别名称。Python 语言中有 6 个关系运算符(见表 3-2)。

表 3-2 Python 语言中的关系运算符

Python 关系运算符	数学运算符	含　义
<	<	小于
<=	≤	小于等于
==	=	等于
>=	≥	大于等于
>	>	大于
!=	≠	不等于

特别要注意用“= =”表示相等。Python 语言使用“=”符号来表示赋值语句，因此表示相等概念，需要使用不同的符号。

条件可以用于比较数字或字符串。因为字符串的大小是按照字符的 Unicode 码表值进行确定的，所以比较字符串也是按照字符的 Unicode 码表值的大小进行比较的。顺序放置的字符串。在 Unicode 码表中，所有大写拉丁字母都在小写字母之前(例如，“Bbbb”在“aaaa”之前，因为“B”在“a”之前)。

条件实际上是一种布尔表达式，其值为 True(条件成立)或 False(条件不成立)。某些语言(如 C++ 语言)用整数 1 和 0 来表示这些值。在 Python 语言中，布尔表达式类型为 bool，布尔值 true 和 false 由字面量 True 和 False 来表示。下面是一些交互示例：

```
>>> 3 < 4
True
>>> 3 * 4 < 3 + 4
False
>>>"hello" == "hello"
True
>>>"hello"<"hello"
False
>>>"Hello"<"hello"
True
```

3. 条件程序执行

运行 Python 程序有几种不同的方式。一些 Python 模块文件被设计为直接运行，这些通常被称为“程序”或“脚本”；有些 Python 模块则主要设计为让其他程序导入和使用，这些通常被称为“库”；有时需要创建一种混合模块，它既可以作为独立程序使用，也可以作为由其他程序导入的库使用。

到目前为止，编写的大多数程序在底部使用一行 main()语句来调用 main 函数，启动该程序的运行，这些程序适合直接运行。在窗口环境中，可以通过单击(或双击)图标来运行该文件，或者键入类似 Python <myfile> 这样的命令。

由于 Python 程序在导入过程中对模块中的行求值，所以当前程序在导入到交互式 Python 会话或另一个 Python 程序时也会运行。一般来说，不要让模块在导入时运行。以交互方式测试程序时，通常的方法是首先导入模块，然后在每次运行时调用它的 main 函数(或一些其他函数)。

如果程序设计为既可以导入(不运行)又可以直接运行，则对底部的 main 函数的调用必须是有条件的。这时需要确定合适的条件，使用一个简单的判断来实现，具体语法格式如下：

```
if <条件> :
    main()
```

无论何时导入模块，Python 解释器都会在该模块内部创建一个特殊的变量_ _name_ _，并为其分配一个表示模块名称的字符串。下面是一个交互示例，显示 math 库的情况。

```
>>> import math
>>> math._ _name_ _
'math'
```

可以看到，在导入后，math 模块中的_ _name_ _变量被赋值为字符串“math”。

但是，如果直接运行 Python 代码(不导入)，Python 解释器会将_ _name_ _的值设置为“_ _main_ _”。

```
>>> _ _name_ _
'_ _main_ _'
```

例如，可以改变程序的最后一行，代码如下：

```
if _ _name_ _ == '_ _main_ _':
    main()
```

这保证在直接调用程序时自动运行 main 函数，但如果导入模块，就不会运行。几乎在每个 Python 程序的底部，都会看到类似这样的一行代码。

3.4.2　复杂分支语句

if 语句还可以加上 elif 与 else 语句实现更为复杂的条件分支判断。一般称 elif 与 else 语句为子句，它们不可独立存在，属于 if 语句的一部分。示例代码如下：

```
>>> t = 999; x = None              # 以 None 代表无效值
>>> if t < 0:                      # 如果 if 为真
        x = -1                     # 执行此处
elif 0 <= t and t <= 100:          # 如果 if 为假而这里为真
        x = t                      # 执行此处
else:                              # 如果之前皆为假
        x = 101                    # 执行此处，以此例而言，最后 x 会是 101
elif                               # 若只输入 elif 或 else
  File "<stdin>", line 1
    elif
```

```
    ^ SyntaxError: invalid syntax        # 语法错误：无效语法
```

执行 if/elif/elif.../else 组成的语句时，会从上到下逐一判断 if 与 elif 子句的表达式是否为真，若为真便执行对应的程序代码，然后跳到语句组之后继续执行；若所有的 if 与 elif 子句的表达式皆为假，便会执行 else 子句(如果有的话)的程序代码。

if 语句内部还可以有 if 语句，形成嵌套结构。例如，下面的操作是找出 a、b 和 c 三个数中值最大的一个。

```
>>> a, b, c = 3, 5, 7; x = None
>>> if a < b:                    # 缩排零层
      if b < c:                  # 缩排一层
        x = c                    # 缩排二层
      else:                      # 缩排一层
        x = b                    # 缩排二层
      else:                      # 缩排零层
      if a < c:                  # 缩排一层
        x = c                    # 缩排二层
      else:                      # 缩排一层
        x = a                    # 缩排二层
                                 # 最后 x 会是 a、b、c 中最大的
if a < b                         # 忘记冒号“:”
 File "<stdin>", line 1
   if a < b
        ^
SyntaxError: invalid syntax      # 语法错误：无效语法
```

在 if 语句中嵌套 if 语句时，必须再多缩排一层，这样 Python 解释器才能看懂程序代码。

【程序实例 3-3】 二次方程求解程序。

代码如下：

```
# quadratic.py
# 计算二次方程实根的程序，说明数学库的使用
# 如果方程没有真正的根，该程序会崩溃

import math                      # 使数学库可用

def main():
    print("该程序找到二次方程的真实解。")
    print()

    a = float(input("输入系数 a: "))
    b = float(input("输入系数 b: "))
```

```
    c = float(input("输入系数  c: "))

    discRoot = math.sqrt(b * b - 4 * a * c)
    root1 = (-b + discRoot) / (2 * a)
    root2 = (-b - discRoot) / (2 * a)

    print()
    print("这组解是: ", root1, root2)

main()
```

程序注释中指出，如果给出的系数造成没有实根的二次方程时，该程序会崩溃。这段代码的问题是当 b^2-4ac 小于 0 时，程序试图取负数的平方根。由于负数没有实根，所以程序报告错误。

下面是这个例子执行的结果。

```
>>> main()
该程序找到二次方程的真实解。
输入系数 a: 1
输入系数 b: 2
输入系数 c: 3
Traceback (most recent call last):
File "quadratic.py", line 23, in <module>
    main()
File "quadratic.py", line 16, in main
    discRoot = math.sqrt(b * b – 4 * a * c)
ValueError: math domain error
```

【程序实例 3-4】 二次方程求解程序，增加一个判断以保证程序不会崩溃。

代码如下：

```
# quadratic2.py
import math

def main():
  print("该程序找到二次方程的真实解。\n")
  a = float(input("输入系数 a: "))
  b = float(input("输入系数 b: "))
  c = float(input("输入系数 c: "))

  discrim = b * b - 4 * a * c
  if discrim >= 0:
  discRoot = math.sqrt(discrim)
```

```
    root1 = (-b + discRoot) / (2 * a)
    root2 = (-b - discRoot) / (2 * a)
    print("\n 这组解是: ", root1, root2)

main()
```

这个修改版本首先计算判别式($b^2 - 4ac$)的值，再检查并确保它不是负数。然后程序继续取平方根并计算解。如果 discrim 为负数，该程序将不会调用 math.sqrt。

下面是交互执行的示例。

```
>>> main()
该程序找到二次方程的真实解。
输入系数 a: 1
输入系数 b: 2
输入系数 c: 3
>>>
```

当方程没有实根时，即当 b * b – 4 * a * c 小于零时，程序将跳过计算过程并转到下一条语句。由于没有下一条语句，程序就会退出。不过，这几乎比以前的版本更差，因为它不给用户任何迹象表明发生什么错误，只是让程序中止。好的程序应该打印一条消息，告诉用户他们指定的方程没有实数解。可以通过在程序结束时添加另一个简单的判断来实现这一点。

```
if discrim < 0:
    print("这个等式没有实数解！")
```

但这个解决方案还有问题。程序中有两个条件但只有一个判断。根据 dscrim 的值，程序应该打印没有实数根，或者计算并显示根。这其实是一个两路判断的例子(见图 3-3)。

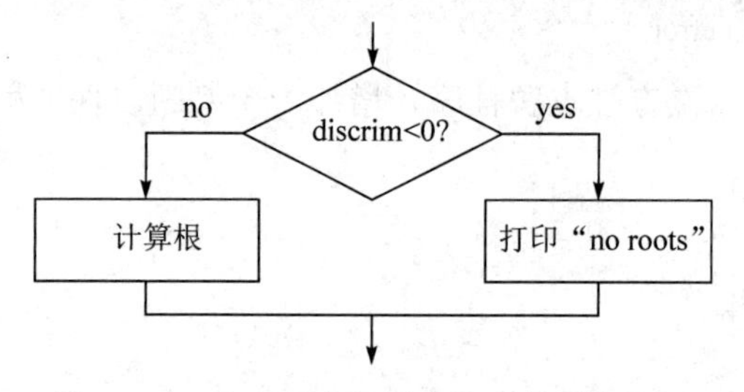

图 3-3　二次方程求解程序是一个两路判断

在 Python 语言中，可以通过 if-else 语句，即在 if 子句后加上 else 子句来实现两路判断，语法格式如下：

```
if  <条件>:
    <陈述>
else:
    <陈述>
```

当 Python 解释器遇到这种结构时，它首先对条件求值。如果条件为真，则执行 if 下的语句；如果条件为假，则执行 else 下的语句。在任何情况下，控制随后都转到 if-else 之后的语句。

【程序实例 3-5】 二次方程求解程序，使用两路判断，得到一个更好的解决方案。

代码如下：

```
# quadratic3.py
import math

def main():
  print("该程序找到二次方程的真实解。\n")
  a = float(input("输入系数 a: "))
  b = float(input("输入系数 b: "))
  c = float(input("输入系数 c: "))

  discrim = b * b - 4 * a * c
      if discrim < 0:
          print("\n 这个等式没有实根！ ")
      else:
          discRoot = math.sqrt(b * b - 4 * a * c)
          root1 = (-b + discRoot) / (2 * a)
          root2 = (-b - discRoot) / (2 * a)
          print("\n 这组解是: ", root1, root2)

main()
```

下面是两次运行这个程序的示例会话。

```
>>> main()
该程序找到二次方程的真实解。

输入系数 a: 1
输入系数 b: 2
输入系数 c: 3

这个等式没有实根!

>>> main()

该程序找到二次方程的真实解。

输入系数 a: 2
输入系数 b: 4
输入系数 c: 1
```

```
这组解是: -0.2928932188134524 -1.7071067811865475
>>>
```

3.4.3 多重条件分支语句

程序示例 3-5 所示的二次方程求解程序改进较大，但是还存在一些问题。例如：

```
>>> main()
该程序找到二次方程的真实解。

输入系数 a: 1
输入系数 b: 2
输入系数 c: 1

这组解是: -1.0 -1.0
```

这在技术上是正确的，给定的系数产生一个方程，有相等的根为 -1。但是，输出可能会使某些用户感到困惑。程序应该给出更多信息，以避免混乱。

当 discrim 为 0 时，发生等根的情况。在这种情况下，discRoot 也为 0，并且两个根的值为-b。如果希望捕捉这种特殊情况，程序实际上需要一个三路判断，即

```
…
检查 discrim 的值
当值 < 0 时：处理没有根的情况
当值 = 0 时：处理双根的情况
当值 > 0 时：处理两个不同根的情况。
```

1. 第一种编码方法

该算法的一种编码方法是使用两个 if-else 语句来实现。if 或 else 子句的主体可以包含任何合法的 Python 语句，包括其他 if 或 if-else 语句。将一个复合语句放入另一个复合语句称为“嵌套”。下面是用嵌套来实现三路判断的代码片段。

```
import math
a,b,c = eval(input("请输入方程的 3 个参数(a,b,c):"))
discrim= b*b-4*a*c
if a==0:
    x=-b/c
    print("该方程不是二次方程，只有一个解为: ",x)
elif discrim < 0:
    print("该一元二次方程无实根!")
else:
    if discrim == 0:
        discRoot = math.sqrt(discrim)                  # 开根号 root1 = (-b + discRoot) / (2 * a)
```

```
        print("n 该方程只有一个实根为:",root1)
    else:
        discRoot = math.sqrt(discrim)              # 开根号
        root1 = (-b + discRoot) / (2*a)
        root2 = (-b - discRoot) / (2*a)
        print("\n 该方程的两个实根分别为:" ,root1,root2)
```

仔细观察这段代码，会看到有三种可能的路径。代码序列由 dscrim 的值确定。该解决方案的流程图如图 3-4 所示，可以看到顶层结构只是一个 if-else 语句(将虚线框视为一个大语句)。虚线框包括第二个 if-else 语句，嵌套在顶级判断的 else 语句部分中。

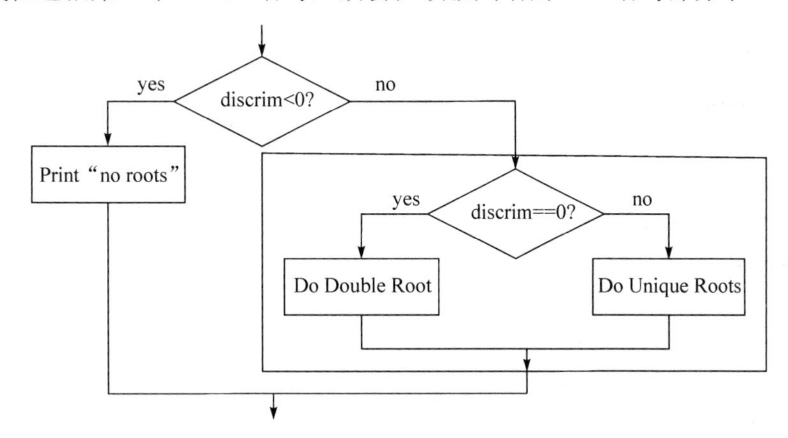

图 3-4　使用嵌套 if-else 语句的二次求解器的三路判断

这个解决方案虽然有效，但是用两个两路判断实现的三路判断，得到的代码不反映原始问题的真正三路判断思维。设想一下，如果有些问题需要做一个五路判断呢？这时 if-else 结构将嵌套四层，Python 代码会一直写到屏幕的右边。(资深程序员会告诉你，其实所编写的程序也是“苗条”得好，因为“胖”了，说明程序嵌套深，这样的程序就复杂了。)

2. 第 2 种编码方法

在 Python 语言中编写多路判断还有另一种方法，它保留了嵌套结构的语义，但看起来更舒服。这种方法就是将一个 else 语句和一个 if 语句组合成一个称为 elif 的子句。语法格式如下：

```
if <条件 1> :
    <情况 1 陈述>
elif <条件 2> :
    <情况 2 陈述>
elif <条件 3> :
    <情况 3 陈述>
…
else:
    <缺省陈述>
```

这个格式用于分隔任意数量的互斥代码块。Python 解释器将依次对每个条件求值，来查找第一个为真的条件。如果找到真条件，就执行在该条件下缩进的语句，并且控制转到整个 if-elif-else 之后的下一语句。如果没有条件为真，则执行 else 下的语句。else 子句是可选的，如果省略，则可能没有语句块被执行。

【程序实例 3-6】 二次方程求解程序，用 if-elif-else 表示三路判断得到了一个很好的程序。

代码如下：

```
# quadratic4.py
import math

def main():
    print("该程序找到二次方程的真实解。\n")

    a = float(input("输入系数 a: "))
    b= float(input("输入系数 b: "))
    c = float(input("输入系数 c: "))

    discrim = b * b - 4 * a * c
    if discrim < 0 :
        print("\n 这个等式没有实根！ ")
    elif discrim == 0:
        root= -b / (2 * a)
        print("\n 有一个双根！ ", root)
    else :
        discRoot = math.sqrt(b * b - 4 * a * c)
        root1 = (-b + discRoot) / (2 * a)
        root2 = (-b - discRoot) / (2 * a)
        print("\n 这组解是: ", root1, root2)

main()
```

3.4.4 程序示例：寻找三个数中最大的一个

由于判断结构可以改变程序的控制流，因此算法就可以从单调、逐步和严格的顺序处理中解脱出来。下面来看一个更复杂的判断问题设计，从而展示设计过程中的一些挑战。

设计一个算法，找出三个数中的最大值。这个算法可能是一个较大问题的一部分，如确定等级或计算税额。也就是说，计算机如何确定用户的三个输入中的最大值。下面是简单的程序大纲。

```
def main():
```

```
x1, x2, x3 = eval(input("请输入三个值: "))

# 填补代码将 maxval 设置为最大值
print("最大的值是", maxval)
```

请注意，这里使用 eval 来获取三个数，这种方式比较“粗暴”。在程序设计实践中，通常应该避免使用 eval。不过，这里的重点是开发和测试一些算法思想。

在阅读下面的分析之前，建议读者先试着自己解决这个问题。

1. 策略 1：比较每个值

显然，这个程序其实是一个判断问题，需要编写一系列语句，将 maxval 的值设置为三个输入 x1、x2 和 x3 中的最大值，这看上去像是一个三路判断。

```
maxval = x1
maxval = x2
maxval = x3
```

考虑第一种可能性：x1 最大。为了确定 x1 确实是最大的，只需要检查它至少与另外两个一样大。下面是第一次尝试：

```
if x1 >= x2 >= x3:
    maxval = x1
```

Python 语言允许这种复合条件，也就是说，当 x1 至少与 x2 一样大且 x2 至少与 x3 一样大时，条件为真。

条件清楚地表明 x1 至少与 x2 和 x3 一样大，因此将其值赋给 maxval 应该是正确的(始终要特别注意边界值)。

但是，是否能确定当 x1 最大时，在所有情况下这个条件都是真的呢？假设实际值是 5、2 和 4，显然 x1 是最大的，但条件判断返回值为 false，因为关系 $5 \geqslant 2 \geqslant 4$ 不成立。

要确保 x1 是最大的，但不需关心 x2 和 x3 的相对顺序，因此真正需要确定的是 x1 >= x2 且 x1 >= x3。Python 语言允许多个条件测试，只需用 and 关键字将它们组合起来，代码如下：

```
if x1 >= x2 and x1 >= x3:       # x1 大于其他每个
    maxval = x1
```

要完成该程序，只需要为其他各种可能性执行类似的测试，代码如下：

```
if x1 >= x2 and x1 >= x3:
    maxval = x1
elif x2 >= x1 and x2 >= x3:
    maxval = x2
else:
    maxval = x3
```

算法检查了每种可能性，以确定最大值。这在只有三个值时过程还是简单的，但如果试图找到五个及以上值中的最大值，该解决方案恐怕就极为复杂了。

2. 策略 2：判断树

第二种方式是使用“判断树”方法。可以从一个简单的测试 x1 >= x2 开始。如果条件为真，只需要比较 x1 和 x3 哪个更大；如果条件为假，则结果为 x2 和 x3 之间的比较。

第一个判断“分支”有两种可能性，每种可能性又有另一个判断，因此称为“判断树”。图 3-5 用流程图展示了这种情况。这个流程图很容易转换成嵌套的 if-else 语句。

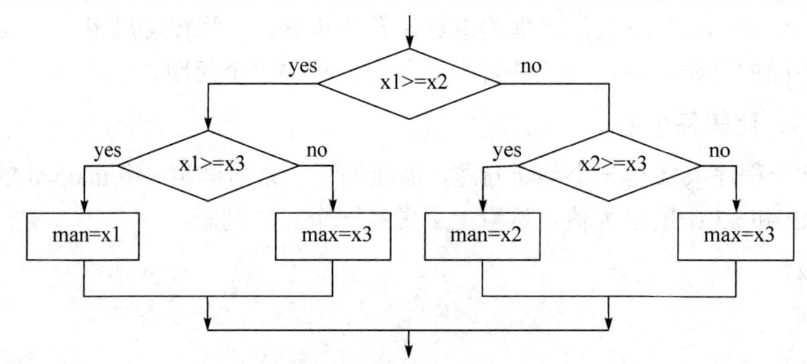

图 3-5　三者最大问题的判断树方法的流程图

具体代码如下：

```
if x1 >= x2:
   if x1 >= x3:
       maxval = x1
else:
       maxval = x3
e1se:
   if x2 >= x3:
       maxval = x2
e1se:
      maxval = x3
```

这个方法的优势是效率较高。无论这三个数的顺序如何，该算法都将进行两次比较，并将正确的值赋值给变量 maxval，但这种方法的算法结构比第一种复杂。

3. 策略 3：顺序处理

对一个有几百个数字的集合，而这些数字又没有特定的顺序，将如何找到这个集合中最大的数字呢？一般会制定一个简单的策略，即按顺序遍历列表，记录到目前为止遍历到的最大的数字。在程序设计中，可以使用变量 maxval 来记录这个最大值，最后 maxval 的值即为列表中的最大值，算法具体流程描述如图 3-6 所示。

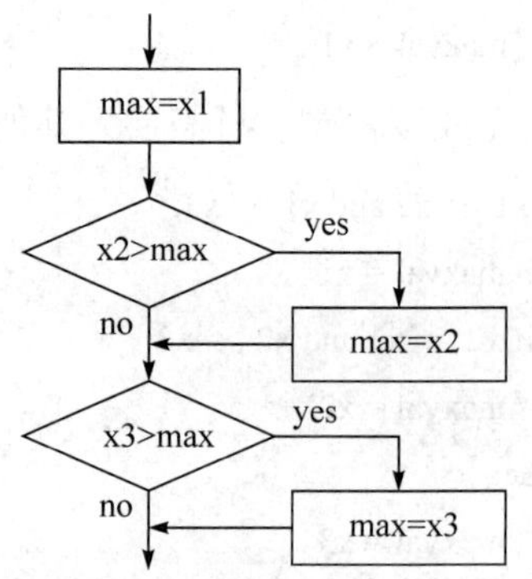

图 3-6　三者最大问题的顺序处理方法的流程图

该算法的 Python 代码如下：

```
maxval = x1
if x2 > maxval:
    maxval = x2
if x3 > maxval:
    maxval = x3
```

显然，顺序处理方法是三种算法中最好的，代码简单，只包含两个简单的判断，并且顺序处理比以前算法中使用的嵌套更容易理解。

最后一个解决方案还可以扩展到更大的问题。可以轻松地编写一个程序，允许将该算法设计成一个循环，找到 n 个数字中的最大值。每次取得一个值，并不断重复使用单个变量 x。每次比较最新的 x 和 maxval 的当前值，看它是否更大。

【程序实例 3-7】 查找一系列数字中的最大值。

代码如下：

```
# maxn.py
# 查找一系列数字的最大值

def main():
    n = int(input("一共有多少个数字? "))

    # 将 max 设置为第一个值
    maxval = float(input("输入一个数字>>"))

    # 现在比较 n-1 个连续值
    for i in range(n - 1):
        x = float(input("输入一个数字>>"))
        if x > maxval:
            maxval = x

    print("这个最大的值是 ", maxval)
main()
```

这段代码利用嵌套在循环中的判断来完成工作。在循环的每次迭代中，将到目前为止看到的最大值存入 maxval。

4. 策略 4：使用内置函数

Python 语言实际上提供了一个内置的返回最大参数的函数 max，即

```
def main():
    x1, x2, x3 = eval(input("请输入三个值: "))
    print("最大的值是 ", max(x1, x2, x3))
```

解决这个问题的尝试过程展示了算法和程序设计中的一些重要思想。

(1) 一般程序存在多种实现方式。任何有价值的计算问题，都有多种解决方法。因此不要急于编写，先仔细考虑，努力找到更好的方法来处理这个问题。重要的是要找到一个正确的算法，力求清晰、简单、高效、可扩展和优雅，一些直接的方法通常简单、清楚且有效。

(2) 通用性好。通过考虑更通用的 n 个数的最大值问题，得到最佳解决方案。

(3) 不要重新发明轮子。第四个解决方案是使用 Python 语言的 max 函数，针对这个策略很多聪明的程序员已经设计了无数好算法和程序，真正的专业程序员知道什么时候借用这些好的算法和程序。

3.5 异常处理机制

二次方程求解程序使用判断结构，避免了对负数取平方根和运行时产生错误。在许多程序中，这是一种常见的模式：使用判断来防止可能的错误。

为了简化问题的处理，Python 语言提出了“异常处理”机制，它让程序员可以编写一些代码，捕获和处理程序运行时出现的错误。具有异常处理的程序不会显式地检查算法中的每个步骤是否成功，而是“执行这些步骤，如果出现任何问题，以这种方式处理它”。在 Python 语言中，异常处理是通过类似于判断的特殊控制结构完成的。

【程序实例 3-8】 二次方程求解程序，使用异常机制来捕获 math.sqrt 函数中的可能错误。

代码如下：

```
# quadratic5.py
import math

def main():
    print("该程序找到二次方程的真实解。\n")

try:
    a = float(input("输入系数 a: "))
    b = float(input("输入系数 b: "))
    c = float(input("输入系数 c: "))
    discRoot = math.sqrt(b * b - 4 * a * c)
    root1 = (-b + discRoot) / (2 * a)
    root2 = (-b - discRoot) / (2 * a)
    print("\n 这组解是: ", root1, root2)
except ValueError:
    print("\n 没有实根。")
```

```
main()
```

注意到，这基本上就是二次方程求解程序最初的版本，但在核心程序外面加上了异常处理机制 try…except。try 语句的一般形式如下：

```
try:
    <body>
except <ErrorType>:
    <handler>
```

当 Python 解释器遇到 try 语句时，它尝试执行其中的语句。如果这些语句执行没有错误，控制随后转到 try …except 后的下一个语句；如果在其中某处发生错误，Python 解释器会查找具有匹配错误类型的 except 子句。如果找到合适的 except，则执行处理程序代码。在没有异常处理机制时，程序会因此产生错误并报告出错。

新程序还捕获到用户输入无效值导致的错误。现输入“x 作为第一个输入，再次运行程序。Python 解释器执行 float("x")时，引发了一个 ValueError，因为“x”不能转换为浮点数。这导致程序退出 try 子句并跳转到该错误的 except 子句。

【程序实例 3-9】 二次方程求解程序的最后一个版本，检查发生了什么样的错误。

代码如下：

```
# quadratic6.py
import math

def main():
    print("该程序找到二次方程的真实解。\n")
    try:
        a = float(input("输入系数 a: "))
        b = float(input("输入系数 b: "))
        c = float(input("输入系数 c: "))
        discRoot = math.sqrt(b * b - 4 * a * c)
        root1 = (-b + discRoot) / (2 * a)
        root2 = (-b - discRoot) / (2 * a)
        print("\n 这组解是: ", root1, root2)
    except ValueError as excObj:
        if str(excObj) == "math domain error":          #数学域错误
            print("没有实根")
        else:
            print("给出的系数无效")
    except:
        print("\n 出了点问题，对不起！")

main()
```

多个 except 子句类似于 elif 子句。如果发生错误，Python 解释器将依次尝试每个 except 子句，查找与错误类型匹配的错误。在这个例子底部的空 except 子句，行为就像一个 else 子句，如果前面的 except 子句错误类型都不匹配，它将作为默认行为。如果底部没有默认值，并且没有任何 except 类型匹配错误，程序将崩溃，Python 解释器会报告错误。

异常实际上是一种对象。在这个例子中，异常被转换成一个字符串，检查该消息，查看是什么导致了 ValueError(即 ValueError: math domain error)。可以看到，使用 try…except 语句可以编写防御式程序。利用这种技术，可以观察 Python 解释器打印的错误消息，设计 except 子句来捕获并处理它们，以开发专业品质的软件。

3.6 pass 语句

pass 语句实际上什么事情也不做。在程序设计实践中，根据 Python 语法，有时明明应该放进语句，但却不需要或者还不知道该写什么，这时可暂时写上 pass 语句，以避免发生错误。示例代码如下：

```
a, b = 3, 5
if a < b:
    print('a < b')              # 输出 str 对象
else:
    pass                        # 什么事也不做
```

课 后 习 题

1. 判断题

(1) Python 语言不允许使用单个语句输入多个值。(　　)
(2) 一个简单的判断可以用一个 if 语句来实现。(　　)
(3) 在 Python 条件中，等于“=”被写成“/=”。(　　)
(4) 用 if-elif 语句实现两路判断。(　　)
(5) elif 语句可以单独使用。(　　)
(6) 单个 try 语句可以捕获多种错误。(　　)
(7) 多路判断必须通过嵌套多个 if-else 语句来处理。(　　)
(8) 对于涉及判断结构的问题，通常只有一个正确的解决方案。(　　)
(9) 输入验证意味着在需要输入时提示用户。(　　)

2. 选择题

(1) 在 Python 语言中，获取用户输入通过一个特殊的表达式来实现，称为(　　)。
A. for　　B. read　　C. 同时赋值　　D. input
(2) 控制其他语句执行的语句称为(　　)。

A. 老板结构　B. 超结构　C. 控制结构　D. 分支

(3) 在 Python 中实现多路判断的最佳结构是(　　)。

A. if-elif-else　B. if-else　C. if　D. try

(4) 求值为 true 或 false 的表达式称为(　　)。

A. 操作表达式　B. 布尔表达式　C. 简单表达式　D. 复合表达式

(5) 当程序直接运行(未导入)时，_ _name_ _的值为(　　)。

A. _ _main_ _　B. main　C. script　D. True

(6) bool 类型的字面量是(　　)。

A. T, F　B. True, False　C. true, false　D. 1, 0

(7) 在另一个判断内部做出判断是(　　)。

A. 克隆　B. 勺子　C. 嵌套　D. 拖延

(8) 一个判断导致另一组判断，这些判断又导致另一组判断，依此进行下去，这样的结构称为判断(　　)。

A. 网络　B. 网　C. 树　D. 陷阱

编 程 实 训

1. 实训目的

(1) 理解布尔表达式和布尔数据类型的概念。

(2) 能够阅读、编写和实现使用判断结构，包括使用系列判断和嵌套判断结构的算法。

(3) 利用 if、if-else 和 if-elif-else 语句理解简单、两路和多路判断编程模式及其实现。

(6) 理解异常处理的思想，能够编写简单异常处理代码，捕捉标准的 Python 运行时错误。

2. 实训内容与步骤

(1) 仔细阅读本章内容，对其中的各个实例进行具体操作实现，从中体会 Python 程序设计过程，提高 Python 编程能力。如果不能顺利完成，则分析原因。

答：____

____

(2) 阅读程序。下面是一个判断结构：

```
a, b, c = eval(input("输入三个数字："))
if a > b:
    if b > c:
        print("垃圾邮件！")
    else:
        print("这是一只迟到的鹦鹉！")
elif b > c:
    print("奶酪专柜")
    if a >= c:
        print("切达乳酪")
```

```
        elif a < b:
            print("豪达")
        elif c == b:
            print("瑞士人")
    else:
        print("树")
        if a == b:
            print("板栗")
        else:
            print("落叶松")
print("Done")
```

记录：写出以下每种可能输入所产生的输出。

A. 3, 4, 5：________________________________

B. 3, 3, 3：________________________________

C. 5, 4, 3：________________________________

D. 3, 5, 2：________________________________

E. 5, 4, 7：________________________________

F. 3, 3, 2：________________________________

(3) 编写程序。

① 许多公司对每周超出 40 小时以上的工作时间支付 150%的工资。编写程序输入工作小时数和小时工资，并计算一周的总工资。

② 某位 CS(计算机科学)教授组织了一次总分为 5 分的小测验，评分等级为 5：A，4：B，3：C，2：D，1：E，0：F。编写一个程序，接受测验得分作为输入，并使用判断结构来计算相应的等级。

③ 某位 CS 教授组织了一次总分为 100 分的考试，评分等级为 90～100：A，80～89：B，70～79：C，60～69：D，<60：F。编写一个程序，将考试分数作为输入，并使用判断结构来计算相应的等级。

④ 某所大学根据学生获得的学分对学生分年级。小于 7 学分的学生是大一新生。7～15 学分的是大二学生，16～25 分的是大三学生，26 分以上的是大四学生。编写一个程序，根据获得的学分数计算某学生所处的年级。

⑤ 某年是闰年的条件是：它可以被 4 整除，除非它是世纪年份但不能被 400 整除(如 1800 和 1900 不是闰年，而 1600 和 2000 是。)编写一个程序，计算某年是否为闰年。

⑥ 编写一个程序，以“月/日/年”的形式接受日期输入，并判断输出日期是否有效。例如“5/24/1962”是有效的，但“9/31/2000”是无效的(9 月只有 30 天)。

⑦ 编写一个程序，利用球体的半径作为输入，计算体积和表面积。以下是可能用到的公式：

$$V=\frac{4}{3\pi r^3}, \qquad A=4\pi r^2$$

⑧ 使用以下公式编写程序以计算三角形的面积，其三边的长度分别为 a、b 和 c：

$$s=\frac{a+b+c}{2}, \qquad A=\sqrt{s(s-a)(s-b)(s-c)}$$

⑨ 修改本章程序实例 3-1(avg.py)，计算三个考试成绩的平均值。

记录：将编写的上述程序的源代码另外用纸记录下来，并粘贴在下方。

------------------------------------ 程序设计源代码粘贴于此 ------------------------------------

3. 实训总结

____

____

____

____

4. 教师对实训的评价

____

____

第 4 章　循环结构与 print 语句

前几章的程序代码执行时，都是一行接着一行执行，直到最后。但有时需要重复执行同样的程序代码，此时便需要用到循环(loop)，即用循环连续多次执行一系列语句。

Python 语言的 for 循环是循环遍历序列的有限循环；while 语句是一个不定循环，只要循环条件保持为真，它就继续迭代。注意使用不定循环时，不要写成无限循环。

4.1　for 循环语句

最简单的循环称为“确定循环”，也就是说，在循环开始时，Python 解释器就知道循环(又称“迭代”)的次数。Python 语言的 for 语句是一个循环遍历一系列值的确定循环。

Python 语言的 for 循环语句的一般形式如下：

```
for <变量> in <序列>:
    <循环体>
```

<循环体>可以是任意 Python 语句序列，其范围通过其在循环头(for <变量> in <序列> :)下面的缩进来表示。

4.1.1　解析 for 循环

关键字 for 后面的<变量>称为“循环索引”，它依次取<序列>中的每个值，并针对每个值都执行一次循环体中的语句。通常，<序列>部分由值的“列表”构成。列表是 Python 语言中一个非常重要的概念，可以通过在方括号中放置一系列表达式，来创建一个简单的列表。交互示例代码如下：

```
>>> for i in [0, 1, 2, 3]:
        print(i)
0
1
2
3
>>> for odd in [1, 3, 5, 7, 9]:
```

```
    print(odd * odd)
1
9
25
49
81
```

这两个例子依次使用列表中的每个值执行循环体。列表的长度决定了循环执行的次数。在第一个例子中，列表包含 4 个值，即 0 至 3，并且简单地打印了这些连续的 i 值。在第二个例子中，odd 取前 5 个奇数的值，循环体打印了这些数字的平方。

循环头中的序列也可以是一个函数，例如下面这个循环头。

```
for i in range(10):
```

将它与 for 循环的模板进行比较可以看出，range(10)必定是某种序列。事实上，range 是一个内置的 Python 函数，用于“当场”生成一个数字序列，是一种数字序列的隐性描述。要明白 range 实际上做了什么，可以使用 Python 的另一个内置函数 list，将 range 转换为一个简单的显式列表，代码如下：

```
>>> list(range(10))            # 将 range(10)转换为显式列表
[0, 1, 2, 3, 4, 5, 6, 7, 8, 9]
```

可见，表达式 range(10)产生数字 0 到 9 的序列。使用 range(10)的循环等价于使用那些具体数字列表的循环，代码如下：

```
for i in [0, 1, 2, 3, 4, 5, 6, 7, 8, 9]:
```

一般来说，range(<表达式>)将产生一个数字序列，从 0 开始，但不包括 <表达式> 的值，<表达式> 的值确定了结果序列中的项数。这种“计数循环”模式是使用确定循环的一种很常见的方式。如果程序中循环次数一定，则可以使用一个带有合适 range 函数的 for 循环，语法格式如下：

```
for <变量> in range( <表达式> ):
```

表达式的值确定了循环执行的次数，程序员经常使用标识符 i 或 j 作为计数循环的循环索引变量，只要确保所使用的标识符没有用于任何其他目的即可。

循环的作用在于其改变了程序“控制流”的方式。通常计算机是严格按顺序执行一系列指令的。引入循环会导致 Python 解释器退回去并重复执行一些语句。类似 for 循环的语句称为“控制结构”，因为它们控制了程序其他部分的执行顺序。

“流程图”的图形方式可以直观地表示控制结构。流程图一般使用不同的图形框来表示程序的不同部分，并用图形框之间的箭头表示程序运行时的事件序列。图 4-1 用流程图描述了 for 循环的语义。

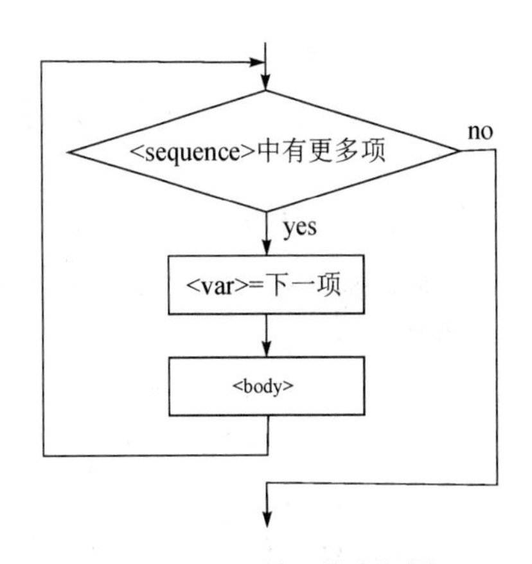

图 4-1　for 循环的流程图

流程图中的菱形框表示程序中的判断。当 Python 解释器遇到循环头时，它会检查序列中是否有项。如果答案为“是”，则循环索引变量被赋予序列中的下一项，然后执行循环体。一旦循环体完成，程序返回到循环头并检查序列中的下一个值。如果没有更多的项，循环就退出，程序移动到循环之后的语句。

【程序实例 4-1】 使用 for 循环计算总分与平均成绩。

代码如下：

```
#for_score.py
scores = [60, 73, 81, 95, 34]
n = 0
total = 0
for x in scores:            # 循环头
    n += 1                  # 循环体
    total += x              # 循环体
avg = total / n
```

记录：阅读代码，分析 avg 的运行结果为________________________________。

其中最重要的是 for 循环头“for x in scores:”，在“in”前面是变量的名称，在“in”后面则是能够提供一连串对象的对象，此例子中使用 list 对象，而 for 循环就会在每一轮循环中依序逐一取出该 list 对象里的元素(对象)，赋值给“in”前的变量名称。以此例而言，首轮的 x 会是 60，下一轮时 x 会是 73，依此类推，直到用尽，到时便会跳出 for 循环。此例中循环结束后，n 会是列表 scores 的长度(含有几个元素)，而 total 会是所有元素(成绩)的总和，然后使用“avg = total / n”计算出平均成绩。

Python 语言的 for 循环不仅能处理 list，也可以处理 tuple 与 str。

统计字符串内有几个字母 'e'，代码如下：

```
s = 'Hello Python'
e_count = 0
for x in s:                 # x 会是字符串 s 里的每一个字母
    if x == 'e':
        e_count += 1        # 统计出现 'e' 的次数
```

for 循环的“in”其实跟赋值语句“=”的作用差不多，就是建立名称与对象之间的绑定关系。for 循环也可实现“a, b = 0, 1”这样的赋值语句。例如，找出两个成绩都超过 90 分的学生，代码如下：

```
names_scores = (('Amy', 82, 90), ('John', 33, 64), ('Zoe', 91, 94))
highs = []
for x, y, z in names_scores:
    if y >= 90 and z >= 90:
        highs += [x, y, z]
```

上述循环执行时，首轮的 x 是 'Amy'、y 是 82、z 是 90，依此类推。因为 for 循环的“in”

几乎等同于赋值“=”，所以也能使用“星号序列赋值”。例如，若把上述程序代码的循环头改成如下形式：

```
for x, *y in names_scores:
```

那么首轮的 x 是 'Amy'，y 是 [82, 90]，依此类推。for 循环的“in”后面不仅能放入 list、tuple 和 str，也可以放入任何序列(sequence)类型与可迭代者(iterable)。序列和可迭代者是 Python 语言非常重要的类型，在第 5 章将会深入介绍。

【程序实例 4-2】 使用两重循环，可得到所有颜色与动物的组合。

代码如下：

```
#for_nested.py
colors = ['red', 'green', 'blue']
animals = ['cat', 'dog', 'horse', 'sheep']
results = []
for x in colors:                    # 颜色
    for y in animals:               # 动物
        results += [x + ' ' + y]
```

记录：阅读代码，分析 results 的运行结果为________________________________。

最后，results 将会是 ['red cat', 'red dog', 'red horse', 'red sheep', 'green cat', 'green dog', 'green horse', 'green sheep', 'blue cat', 'blue dog', 'blue horse', 'blue sheep']。

4.1.2　程序实例：计算一系列数字的平均值

计算用户输入的一系列数字的平均值，这个程序应该适用于任意大小的数字。通常，平均值是通过对数字求和并除以数字的个数来计算的。程序不需要记录输入的数字，只需要一个不断增长的总和，以便最后计算出平均值。

考虑到这里需要处理一系列数字，它们将由某种形式的循环来处理。如果有 n 个数字，循环应该执行 n 次，可以用计数的循环模式；要计算不断增长的总和，这需要一个循环累积器。将两个想法结合在一起，算法设计可以描述如下：

```
输入数字的个数 n
初始化为 0
循环 n 次
    输入一个数字，x
    将 x 添加到总计
输出平均值为总数/n
```

【程序实例 4-3】 计数循环和累积器。

代码如下：

```
# average1.py
def main():
    n = int(input("有多少个数字? "))
```

```
    total = 0.0
    for i in range(n):
        x = float(input("输入一个数字>>"))
    total = total + x
    print("\n 这些数字的平均值是 ", total / n)

main()
```

记录：上面代码的运行结果为______________________________。

不断增长的总和从 0 开始，依次加上每个数字。循环结束后，将总和除以 n，计算平均值。这个小程序展示了一些常见的模式，如计数循环和累积器。

4.1.3 程序实例：投资的终值

下面是一个确定投资终值的程序。

存入银行账户的钱会赚取利息，这个利息随着时间的推移而累积。从现在起 10 年后，一个账户将有多少钱呢？显然，这取决于开始时有多少钱(本金)以及账户赚多少利息。给定本金和利率，程序就能够计算出未来 10 年投资的终值。

制定程序的规格说明。需要用户输入初始投资金额，即本金。还需要说明账户赚多少利息。处理此问题的一种简单方法是让用户输入年度百分比率，使用年利率来计算一年内的投资收益。如果年利率为 3%，那么 100 美元的投资在一年时间内增长到 103 美元，因此利率将输入为 0.03。

规格说明如下：

程序终值

输入

  投资于美元的金额 principal

  以十进制数表示的年度百分比利率 apr

输出 投资 10 年后的终值。

关系 一年后的价值由 principa1(1 + apr)给出。该公式需要应用 10 次。

下面使用伪代码来为程序设计一个算法。针对规格说明，设计的算法如下：

```
打印介绍
输入本金的金额(principal)
输入年度百分比利率(apr)
重复 10 次：
    principal = principa1 * (1 + apr)
输出 principal 的值
```

事实上，在这个设计中并不一定要用循环。有可以利用一个乘幂公式一步计算出终值。这里主要借这个例子来说明循环的使用方法，知道如何计算一年的利息，以及如何计算未来任意年数的利息。

下面编写 Python 程序，把上面算法的每一步都转换为一条 Python 语句。注意，计数循环模式应用了 10 次利息公式。

【程序实例 4-4】 计算未来 10 年投资价值。

代码如下：

```
# futval.py
# 计算未来 10 年投资价值的程序
def main():
    print("这个程序计算 10 年投资的未来价值。")          # 打印介绍
    principal = eval(input("输入初始本金: "))           # 输入本金
    apr = eval(input("输入年利率: "))                   # 输入年度百分比利率

    for i in range(10):                                 # 重复 10 次(计数循环)
        principal = principal * (1 + apr)               # 计算(赋值)

    print("10 年的价值是: ", principal)                  # 输出计算结果

main()
```

记录：上面代码的运行结果为____。

4.2　while 循环语句

程序实例 4-1 的求平均值程序首先需要用户明确有多少个数字，这在数字个数确定时是可以的。但是如果有不定个数的数字需要参与求平均值呢？这需要使用另一种循环，即“不定循环”或“条件循环”，即使用一个独立循环保持迭代，直到满足某些条件，而事先无须确定循环次数。

在 Python 语言中用 while 语句实现不定循环，语法格式如下：

```
while <条件> :
    <循环体>
```

从“while”到“:”，称为“头(head)”，而里面的所有程序语句，称为“循环体”。<条件>是一个布尔表达式，通常<循环体>是一个或多个语句的序列。while 循环语句的语义很简单，只要条件保持为真，循环体就会重复执行，当条件为假时，则循环终止。

4.2.1　解析 while 循环

如图 4-2，在循环体执行前，始终在循环顶部进行条件测试。这种结构称为“先测试”循环。如果循环条件最初就为假，则循环体根本就不会执行。

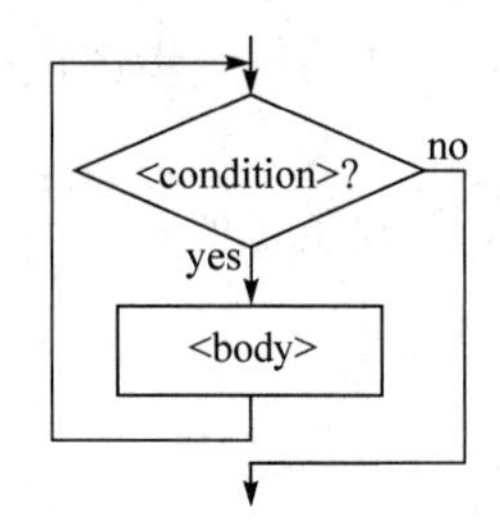

图 4-2　while 循环的流程图

例如，下面的程序可从 1 加到 100，最后 x 应等于 5050。

```
i = 1
x = 0
while i <= 100:              #  循环头
    x += i                   #  循环体
    i += 1                   #  循环体
```

在这组程序代码中，利用 i 来控制 while 循环。首轮时 i 的值是 0，“i <= 100”比较表达式为真，所以进入循环体，循环体最后一行执行 i 加 1 操作，然后程序流程会再回到循环头的表达式；重复以上步骤，直到表达式的结果为假，也就是当 i 大于 100 时，会跳出循环，从整个循环的下一行程序代码继续执行。

这种程序形式被称为重复执行或迭代，迭代与循环可以看成是同义词，即重复执行同样的程序代码，直到某件事为假。

while 语句的简单性让它既强大又危险。因为不那么严格，所以更为通用，它可以做的不只是遍历序列；但它也是错误的一个常见来源。例如，如果在循环体的底部没有增加 i 的值，代码如下：

```
i = 0
while i <= 10 :
    print( i )
```

该程序的输出是什么？这是一个“无限循环”(又称“死循环”)。如果发生了死循环，通常通过按<Ctrl>- C 键退出循环。如果循环非常忙而无法打断，恐怕就要使用“暴力”手段了(如同时按<Ctrl> - <Alt> - <Delete>键)。当然最好是开始就避免编写出无限循环。

4.2.2　程序实例：计算总分与平均分

下面是一个简单的 while 循环语句，功能是从 0 数到 10：

```
i = 0
while i <= 10 :
    print( i )
    i = i + 1
```

这个 while 循环的效果与下面的 for 循环是一样的。

```
for i in range(11):
```

```
    print( i )
```

注意，while 循环要求在循环之前对循环变量(i)初始化，并在循环体底部让 i 增加(i=i+1)，而在 for 循环中，循环变量是自动处理的。

【程序实例 4-5】 计算总分与平均分。

```
#while_score.py
scores = [60, 73, 81, 95, 34]
n = 5                              # 目前是 5，以后将由程序求出列表长度
i = 0
total = 0                          # total 最后将是总分
while i < 5:
    total += scores[i]
    i += 1
avg = total / n                    # avg 是平均分
```

记录：阅读代码，运行结果为____。

这个程序中，假定列表中的数字代表某学生的成绩，运用循环求得总分，然后计算出平均成绩。试想一下，如果忘记在循环体的底部增加 i 的值，会发生什么？

4.3　break 语句与 continue 语句

使用循环语句时，有时在处理到循环的某一轮时，就已经达到目标不必再继续执行，此时可使用 break 语句立即跳出循环。例如，只想确定成绩有无不及格(低于 60 分)的即可。则程序代码如下：

【程序实例 4-6】 for 与 break。

```
#for_break.py
scores = (98, 78, 64, 55, 61, 82)
lower_than_60 = False
for x in scores:
    if x < 60:                     # 只要有一科低于 60 分
        lower_than_60 = True
        break                      # 跳出循环
```

记录：阅读代码，运行结果为____。

break 语句只能跳出一个循环，也就是与 break 语句最靠近的那一层循环。

求出一组数字的总和，但这些数字里有些错误的数据，这时就可以使用 break 语句跳过那些错误的数据。

【程序实例 4-7】 两重循环与 break。

代码如下：

```
# for_break_nested.py
data = [[33, 44, 55], [18381, 99781], [60, 70, 42, 91], [32, 51]]
total = 0
for x in data:
    for y in x:
        if 0 <= y <= 100:            # 判断数据是否正确
            total += y
    else:                            # 错误的数据，全部舍弃
        break
```

记录：阅读代码，运行结果为______________________________________。

有时当循环执行到某个位置时，就不必再继续执行这一轮了，需立即跳回循环头继续执行下一轮，此时可使用 continue 语句。例如，只需计算超过 60 分成绩的平均成绩，也就是说不必处理低于 60 分的成绩。

【程序实例 4-8】 计算超过 60 分成绩的平均成绩。

代码如下：

```
# for_high.py
scores = [60, 73, 81, 95, 34]
n = 0
high_total = 0
for x in scores:
    if x < 60:                       # 低于 60 分
        continue                     # 直接跳到下一轮
    n += 1
    high_total += x
```

记录：阅读代码，运行结果为______________________________________。

上面这段程序代码也可以不使用 continue 语句来实现。下面是一个稍微复杂一点的例子。有一班学生的成绩太差，老师决定给每人加 10 分，但上限是 90 分，而且原本已经大于 90 分的成绩保持不变，程序如下。

【程序实例 4-9】 加分。

代码如下：

```
# score_plus.py
scores = [30, 99, 41, 55, 84]
scores_new = []                          # 存放加分后的成绩
for x in scores:
    if x >= 90:                          # 原始成绩已经大于 90
        scores_new += [x]                # 直接放进去就好了
        continue                         # 下面的程序代码无须执行，继续下一轮即可
    x += 10                              # 加 10 分
```

```
    if x >= 90:                # 超过加分上限
        x = 90
    scores_new += [x]          # 放进去
```

记录：阅读代码，运行结果为____。

4.4　常见循环模式

在程序设计中，循环语句的应用非常广泛，下面介绍一些典型的循环运用的实例。

4.4.1　交互式循环

不定循环的一个常见用途就是编写交互式循环，具体思路是允许用户根据需要重复执行程序的某些部分。下面以对数字求平均值为例来介绍交互式循环的使用。

修改求平均值程序，使其记录有多少个数字参与计算。这时需增加一个累积器(称为 count)来计数，它从 0 开始，每循环一次就加 1。为了允许用户可在任何时间停止，循环中每次迭代时将询问是否有更多的数据要处理。交互式循环的一般模式如下：

```
将 moredata 设为"yes"
当 moredata 为"yes"时
    获取下一个数据项
    处理该项目
    询问用户是否有更多数据要处理
```

将交互式循环模式与累积器相结合，得到这个求平均值的程序算法：

```
初始化 total 为 0.0
将 count 初始化为 0
将 moredata 设为"yes"
当 moredata 为"yes"时
    输入一个数字，x
    将 x 添加到 total
    count 加 1
    询问用户是否有更多数据要处理
输出 total/count
```

【程序实例 4-10】 两个累积器是如何交织在交互式循环的基本结构中的。

代码如下：

```
# average2.py
def main():
    total = 0.0
```

```
    count = 0
    moredata = "yes"
    while moredata[0] == "y":
        x = float(input("输入一个数字>>"))
        total = total + x
        count = count + 1
        moredata = input("还有更多的数据吗(yes or no)? ")

    print("\n 这组数据的平均值是 ", total / count)

main()
```

记录：上面代码的运行结果为________________________________。

该程序使用字符串索引(moredata [0])来查看用户输入的第一个字母。这样可以做出各种各样的响应，如“yes”“y”和“yeah”等，重要的是第一个字母是“y”。

在这个程序版本中，用户不必对数据值进行计数，但是用户几乎肯定会因为不断提示是否有更多数据而感到烦恼。

4.4.2 哨兵循环

哨兵循环是一种常见的编程模式，它是解决求数字平均值问题的较好方案。哨兵循环不断循环处理输入的数据，直到遇到表明迭代结束的特殊值，这个特殊值就是“哨兵”。可以选择任何值作为哨兵，唯一限制是其能与实际数据值区分开来。哨兵不作为数据的一部分进行处理。

设计哨兵循环的一般模式如下：

```
获取第一个数据项
当这个数据项不是哨兵
    处理该项目
    获取下一个数据项
```

这种模式是如何避免处理哨兵的呢？在循环开始之前取得第一项数据：如果第一项就是哨兵，循环将立即终止，不会处理任何数据；否则，处理该项数据，并读取下一项。循环顶部的测试确保下一项不是哨兵并处理它。如果遇到哨兵，则循环终止。

哨兵模式可应用于求数字平均值问题。第一步是选择哨兵。要计算考试成绩的平均值，可以假设没有得分低于 0，用户可以输入负数来表示数据结束(即用某个负数作为“哨兵”)。

【程序示例 4-11】 这个程序结合使用了来自哨兵循环和交互式循环两个程序版本的两个累积器。

代码如下：

```
# average3.py
def main():
```

```
    total = 0.0
    count = 0
    x = float(input("输入一个数字(负数退出)>>"))
    while x >= 0:
        total = total + x
        count = count + 1
        x = float(input("输入一个数字(负数退出)>>"))

    print("\n 这组数据的平均值是", total / count)

main()
```

记录：上面代码的运行结果为____________________________________。

注意，提醒用户数据结束的提示安排在启动读入或者循环体底部效果是相同的。这个程序既提供了交互式循环的易用性，又省去了一直输入"yes"的麻烦。哨兵循环是一种非常方便的解决各种数据处理问题的模式。

这个程序还有个缺陷，即如果输入的第一个数字就是负数，会出现什么问题？应怎么调整？

这个解决方案还存在一个限制，即该程序不能用于对一组既包含负值又包含正值的数字求平均值。为使这个程序更通用，需要一个特殊的哨兵值来尽可能地扩大可能的输入范围。

如果将用户的输入作为字符串获取，那么可以设定一个非数字字符串作为哨兵，用来表示输入结束，而所有其他输入都将被转换为数字并视为数值。一个简单的解决方案是将一个空字符串作为哨兵值，空字符串在 Python 语言中表示为""(引号之间没有空格)。如果用户响应输入时键入空白行(只需输入回车键)，Python 解释器将返回一个空字符串。可以用这个方法来终止输入，伪代码设计如下：

```
initialize total to 0.0
initialize count to 0
input data item as a string, xStr
while xStr is not empty
    convert xStr to a number, x
    add x to total

    add 1 to count
    input next data item as a string, xStr
output total/count
```

【程序实例 4-12】 将字符串转换为数字添加到哨兵循环的处理部分。

代码如下：

```
# average4.py
def main():
```

```
        total = 0.0
        count = 0
        xStr = input("输入一个数字(按回车键退出)>>")
        while xStr != "":
            x = float(xStr)
            total = total + x
            count = count + 1
            xStr = input("输入一个数字(按回车键退出)>>")

        print("\n 这组数据的平均值是 ", total / count)

main()
```

记录: 上面代码的运行结果为____。

这段代码检查并确保输入不是哨兵("")后，通过 float 函数将输入转换成数字。

4.4.3 文件循环

到目前为止，所有求平均值的程序都是互动方式的。试想，如果正在尝试求 87 个数字的平均值，而恰巧在输入接近尾声时发生了打字错误，那么要使用这个程序就需要重新开始了。

处理该问题的一个较好方法是将所有数字先输入到一个文件中，文件中的数据可以在仔细编辑并检查后，再发送给程序，生成报告。这种面向文件的方法常常用于数据处理应用程序中。Python 语言将文件视为一系列行，因此使用 for 循环逐行处理文件尤其容易。这种技术可直接应用于求数字平均值问题。

【程序实例 4-13】 假设数字被输入到一个文件，每行一个数字，用程序计算平均值。首先准备一个文件 test.txt，里面逐行存放数字 32、88、99、22、33 和 55。执行下列程序。

```
# average5.py
def main():
        fileName = input("这些数字在哪个文件里? ")
        infile = open(fileName, 'r')
        total = 0.0
        count = 0
        for line in infile:
            total = total + float(line)
            count = count + 1

        print("\n 这组数据的平均值是", total / count)

main()
```

记录：上面代码的运行结果为________________________________。

在这段代码中，循环变量 line 将文件作为行序列，遍历该文件。每行被转换为一个数字，并加到不断增长的总和中。

readline()方法从文件中获取下一行作为字符串，在文件末尾，readline() 返回一个空字符串，可以用它作为哨兵值。下面是 Python 代码中使用 readline() 的“文件结束循环”的一般模式。

```
line = infile.readline()
while line != "":
    # 处理 line
    line = infile.readline()
```

文件中遇到空行不会导致该循环过早停止，这是因为文本文件中的空白行包含单个换行符(\n)，而"\n"不等于 ""，所以循环将继续。

【程序实例 4-14】 将文件结束哨兵循环应用于求数字平均值问题。还是准备一个文件 test.txt，里面逐行存放数字 32、88、99、22、33 和 55。执行下列程序。

代码如下：

```
# average6.py
def main():
    fileName = input("这些数字在哪个文件里? ")
    infile = open(fileName, 'r')
    total = 0.0
    count = 0
    line = infile.readline()
    while line != "":
        total = total + float(line)
        count = count + 1
        line = infile.readline()

    print("\n 这组数据的平均值是", total / count)

main()
```

记录：上面代码的运行结果为________________________________。

显然这个程序版本不如使用 for 循环那样简洁，这里主要介绍用文件结束循环的形式。

4.4.4　嵌套循环

像其他控制结构一样，循环也可以嵌套。例如，修改基于文件求平均值问题的规格说明。这一次不是每行输入一个数字，而是允许一行包含任何数目的值。如果一行上出现多个值，则以逗号分隔。

在顶层的基本算法是文件处理循环，计算不断增长的总和与计数，其中使用到了文件结束循环。示例代码如下：

```
total = 0.0
count = 0
line = infile.readline()
while line != "":
    # 更新行的总数和计数
    line = infile.readline()

print("\n 这组数据的平均值是", total / count)
```

那么如何更新循环体中的总数和计数呢？由于文件中每个单独的行包含一个或多个由逗号分隔的数字，可以将该行分割成子字符串，每个代表一个数字。然后循环遍历这些子字符串，将每个子字符串转换成一个数字，并将它加到 total 中。对每个数字，还需要让 count 加 1。下面是处理一行的代码片段。

```
for xStr in line.split(","):
    total = total + float(xStr)
    count = count +1
```

注意，此程序段中的 for 循环的迭代由 line 的值控制，即文件处理循环的循环控制变量。

【程序实例 4-15】 将两个循环结合在一起的程序。

代码如下：

```
# average7.py
def main():
    fileName = input("这些数字在哪个文件里? ")
    infile = open(fileName, 'r')
    total = 0.0
    count = 0
    line = infile.readline()
    while line != "":
        # 更新行的总数和计数
        for xStr in line.split(","):
            total = total + float(xStr)
            count = count + 1
        line = infile.readline()
    print("\n 这组数据的平均值是", total / count)

main()
```

记录：上面代码的运行结果为____。

处理一行中数字的循环在文件处理循环内缩进。外层 while 循环对文件的每一行进行一次迭代。在外层循环的每次迭代中，内层 for 循环迭代的次数等于该行中数字的个数。内层循环完成后，外层循环进行下一次迭代，将读入文件的下一行。

这个问题的单个程序段并不复杂，但最终的结果有点复杂。设计嵌套循环算法时，最好一次考虑一个循环：先设计外层循环，而不考虑内层循环的内容；完成后再设计内层循环的内容，忽略外层循环；最后放在一起，注意保留嵌套。如果单个循环是正确的，则嵌套的结果程序就会正常工作。

4.4.5　后测试循环

判断结构(if)以及先测试循环(while)提供了一套完整的控制结构，每个算法都可以用这些结构来表示。原则上掌握了 while 和 if 控制结构，就能写出所有算法。然而对于某些类型问题，替代结构有时更为方便。

编写一个输入算法，该算法需要从用户那里获取一个非负数。如果用户键入错误，则程序会要求重新输入。它不断重新提示，直到用户输入一个有效值。这个过程称为输入验证，精心设计的程序应该尽可能地验证输入。

下面是一个简单的算法：

```
Repeat
    从用户那里得到一个号码
until number is >= 0
```

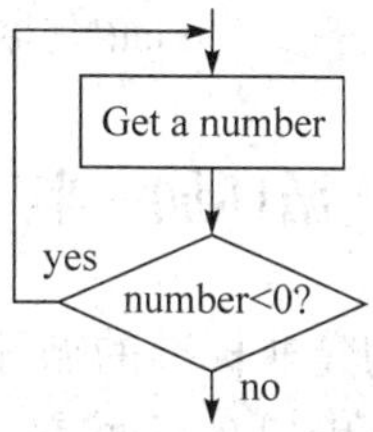

图 4-3　后测试循环的流程图

该算法的思路是循环持续取得输入，直到该值可以接受(有效)。描述该设计的流程图如图 4-3 所示。这是一个“后测试循环”，算法中必须至少执行一次循环体，其条件测试在循环体之后进行。

Python 语言没有直接实现后测试循环的语句，该算法可以用 while 循环来实现，只要预设第一次迭代的循环条件。代码如下：

```
number = -1                              # 以非法值开始进入循环
while number < 0:
    number = float(input("输入一个正数: "))
```

程序迫使循环体至少执行一次，这与交互式循环模式结构类似。

一些程序员喜欢用 break 语句来直接模拟后测试循环，执行 break 语句会导致 Python 解释器立即退出围绕它的循环。通常这样的设计在语法上像是无限循环。下面是用 break 语句实现的相同算法。

```
while True:
    number = float(input("输入一个正数: "))
    if number >= 0:
      break          # 如果数字有效，则退出循环
```

只要循环头中的表达式求值为真，while 循环就会继续。True 始终为真，但是当 x 的值为非负数时，执行 break 语句，循环终止。注意，这里将 break 语句与 if 语句放在同一行上，

如果 if 语句的 body 只包含一个语句，这是合法的。通常单行的 if- break 组合语句用作循环出口。

继续对这个小程序做点改进，让程序发出提示，说明输入无效。在后测试循环的 while 版本中，需要添加一个 if 语句，这样输入有效时不显示警告。

```
number = -1                          # 以非法值开始进入循环
while number < 0:
    number = float(input("输入一个正数: "))
    if number < 0:
        print("您输入的数字不是正数")
```

为 break 添加警告，只要在原有的 if 语句后添加一个 else 子句。代码如下：

```
while True:
    number = float(input("输入一个正数: "))
    if number >= 0:
        break                        # 如果数字有效，则退出循环
    else:
        print("您输入的数字不是正数")
```

4.4.6 循环加一半

构建非标准的循环结构，可以用循环条件为 True 的 while 循环，并用 break 语句来提供循环出口。下面是一个不同风格的提示设计。

```
while True:
    number = float(input("输入一个正数: "))
    if number >= 0: break            # 退出循环
        print("您输入的数字不是正数")
```

这里的循环出口安排在循环体的中间，这称为“循环加一半”。循环加一半是避免在哨兵循环中启动读取的较好方式。下面是用循环加一半来实现哨兵循环的一般模式(见图 4-4)。

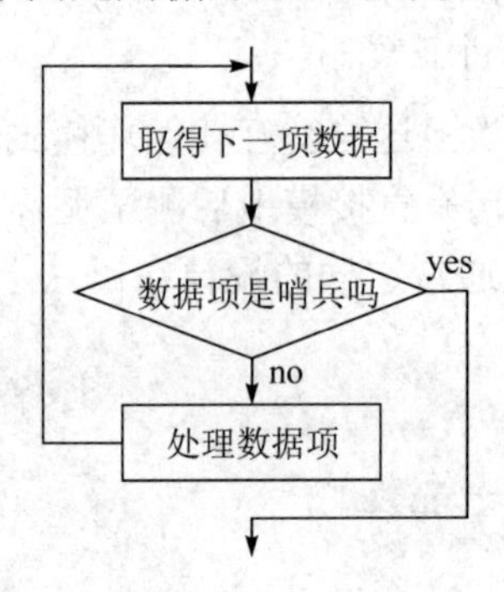

图 4-4 哨兵循环模式的循环加一半实现

该模式的算法描述如下：

当为真时：

```
得到下一个数据项
如果该项目是哨兵：退出(break)
    处理该项目
```

可以看到，这个实现忠实于哨兵循环的第一规则——避免处理哨兵值。注意，应避免在一个循环体中编写多个 break 语句，因为如果有多个循环出口，循环的逻辑容易失控。

4.4.7　循环语句中的 else 子句

for 与 while 语句还能再加上 else 子句。例如，下面的程序会检查列表 numbers 里是否有偶数。

```
numbers = [1, 5, 13, 7, 2, 9]
hasEven = False
for x in numbers:
    if x % 2 == 0:                  # 发现偶数
        hasEven = True
        break                       # 就可以 break 跳出
else:
        hasEven = False
```

当 for 循环正常结束时(即使连一轮也没执行)，就会去执行 else 子句，但若中途以 break 语句跳出循环，就不会执行 else 子句。while 循环也可加上 else 子句，用法相同。

4.5　print 语句

Python 语言对每个语句的语法(形式)和语义(意义)有一套精确的规则。可以使用 Python 语言的内置函数 print 在屏幕上显示信息，所以 print 语句与其他函数调用具有相同的一般形式，即函数名 print，加上括号中列出的参数。

下面是使用模板符号的 print 语句的语法规则。

```
print(<expr>, <expr>, ..., <expr>)
print()
```

这两个模板展示了两种形式的 print 语句。第一个表示 print 语句可以包含函数名 print，后面是带括号的表达式序列，用逗号分隔；模板中的尖括号符号(<>)用于表示由 Python 代码的其他片段填充的“槽”；括号内的 expr 表示一个表达式；省略号(“...”)表示不确定的(表达式)序列，实际编程时不会输入该省略号。第二个版本语句表明，括号内不带表达式也是合法的。

就语义而言，print 语句以文本形式显示信息。所有提供的表达式都从左到右求值，结果值以从左到右的方式显示在输出行上。默认情况下，在显示的值之间放置一个空格字符，示例代码如下：

```
print(3 + 4)
print(3, 4, 3 + 4)
print()
print("The answer is ", 3 + 4)
```

产生的输出如下：

```
7
3  4  7

The answer is 7
```

最后一个语句说明，字符串字面量表达式经常在print语句中用作标记输出，这是一种方便的输出方法。

注意，连续的print语句通常显示在屏幕的不同行上。空print语句(无参数)生成空行输出。在所有提供的表达式打印之后，print函数自动附加某种结束文本。默认情况下，结束文本是表示行结束的特殊标记字符(表示为“\n”)。这里使用命名参数的特殊语法，也称为“关键字”参数。

包含指定结束文本的关键字参数的print语句的模板如下：

```
print(<expr>, <expr>, ..., <expr>, end = "\n")
```

命名参数的关键字是end，它使用“=”符号赋值，类似于变量赋值。注意，在模板中已经显示其默认值，即行末字符。这是一种标准方式，用于显示在未明确指定某个其他值时，关键字参数具有的值。

print语句中的end参数有一个常见用法，即允许多个print语句构建单行输出。示例代码如下：

```
print("The answer is", end = "")
print(3 + 4)
```

产生的单行输出如下：

```
the answer is 7
```

第一个print语句的输出以空格而不是行末字符结束，第二个语句的输出紧跟在空格之后。

在许多使用Python语言的系统上，可以通过简单地单击(或双击)程序文件的图标来运行程序。但这时可能会出现一个可用性问题：程序在新窗口中运行，一旦程序完成运行，窗口就会消失，因此用户无法读取程序运行结果。为此需在程序结束时添加一个输入语句，代码如下，让程序暂停执行，给用户一个读取结果的时机。

```
input("按 <回车>键退出 ")
```

课 后 习 题

1. 判断题

(1) 程序代码通常是顺序执行的，而循环被用于跳过程序的一部分。(   )

(2) 计数循环被设计为迭代特定次数。(　　)

(3) for 语句是一个循环遍历一系列值的确定循环。(　　)

(4) 类似 for 循环的语句称为“控制结构”，因为它们完全控制了程序各部分的执行顺序。(　　)

(5) 程序员经常使用 a 或 b 作为计数循环的循环索引变量。(　　)

(6) 用“流程图”的图形方式可以帮助程序员来思考程序的控制结构。(　　)

(7) Python 语言的 for 循环不能处理 list，但可以处理 tuple 与 str。(　　)

(8) for 循环的“in”跟赋值语句“=”的作用一样，就是建立名称与对象的绑定关系。(　　)

(9) 在“不定循环”或“条件循环”中，一个独立循环保持迭代，直到满足某些条件，但是需要事先确定循环次数。(　　)

(10) 在不定循环中，始终在循环顶部进行条件测试，如果循环条件最初就为假，则循环体立即得到执行。(　　)

(11) 如果发生了死循环，通常通过按 <Ctrl> - C 键退出循环。如果循环非常忙而无法打断，就要使用同时按 <Ctrl> - <Alt> - <Delete> 键这样的“暴力”手段了。当然，最好是开始就避免编写出无限循环语句。(　　)

(12) 在使用循环语句时，当已经达到目标不必再继续执行时，可使用 break 语句立即跳出循环。(　　)

(13) 不定循环不能用来编写交互式循环，即不允许用户根据需要重复程序的某些部分。(　　)

(14) 处理批量数据的较好方法，是将所有数字先输入到文件中，仔细编辑并检查后，再发送给程序，生成报告。(　　)

(15) 对于“后测试循环”，算法中必须至少执行一次循环体，其条件测试在循环体之后进行。(　　)

(16) Python 语言的内置函数 print 可以将处理结果输出到打印机上。(　　)

2. 选择题

(1) 流程图中的(　　)表示程序中的判断。

A. 菱形框　　B. 矩形框　　C. 圆形框　　D. 圆角矩形

(2) 哨兵循环不断循环处理输入的数据，直到遇到表明迭代结束的特殊值，这个特殊值就称为(　　)

A. 终值　　B. 尾值　　C. 哨兵　　D. 条件

(3) 判断和循环这样的控制结构可以(　　)在一起产生复杂的算法。

A. 组合　　B. 嵌套　　C. 连接　　D. 重叠

(4) 模板 for <变量> in range(<表达式>) 描述了(　　)。

A. 一般 for 循环　　B. 赋值语句　　C. 流程图　　D. 计数循环

(5) 用于计算阶乘的模式是(　　)。

A. 累积器　　B. 计数循环　　C. 格子　　D. 输入、处理、输出

(6) 下列选项中，会输出 1、2 和 3 这三个数字的是(　　)。

A.

```
for i in range(3) :
    print(i)
```

B.

```
for i in range(2) :
    print(i + 1)
```

C.

```
a_list = [0, 1, 2]
for i in a_list:
    print(i + 1)
```

D.

```
i = 1
while i < 3:
    print(i)
    i = i + 1
```

(7) 阅读下面的代码：

```
sum = 0
for i in range(100):
    if (i % 10):
        continue
    sum = sum + 1
print(sum)
```

上述程序的执行结果是(　　)。

A. 5050　　B. 4960　　C. 450　　D. 10

(8) 已知 x=10，y=20，z=30；以下语句执行后 x、y 和 z 的值是(　　)。

```
if x < y:
    z = x
    x = y
    y = z
```

A. 10，20，30　　B. 10，20，20　　C. 20，10，10　　D. 20，10，30

(9) 有一个函数关系如下表所示：

x	y
x< 0	x - 1
x = 0	x
x> 0	x + 1

下列程序段中，能正确表示上面关系的是(　　)。

A.

```
y = x + 1
if x >= 0:
    if x == 0:
        y = x
    else:
        y = x – 1
```

B.

```
y = x - 1
if x != 0:
    if x > 0:
        y = x + 1
    else:
        y = x
```

C.

```
if x <= 0:
    if x < 0:
        y = x - 1
    else:
        y = x
else:
    y = x + 1
```

D.

```
y = x
if x <= 0:
    if x < 0:
        y = x - 1
    else:
        y = x + 1
```

(10) 下列语句正确的是(　　)。

A. min = x if x < y else y　　B. max = x > y ? x : y

C. if (x > y) print x　　D. while True : pass

3. 讨论

(1) 解释确定循环、for 循环和计数循环这几个概念之间的关系。

(2) 写出以下程序段的输出结果。

a.
```
for i in range(5):
    print(i * i)
```

b.
```
for d in [3, 1, 4, 1, 5] :
    print(d, end = "")
```

c.
```
for i in range(4):
    print("Hello")
```

d.
```
for i in range(5):
    print(i, 2 ** i)
```

(3) 下面代码的执行结果是什么？

```
print("start")
for i in range(0):
    print("Hello")
print("end")
```

(4) 下面代码的执行结果是什么？

```
print("start")
for i in range(0):
    print("Hello")
print("end")
```

编 程 实 训

1. 实训目的

(1) 熟悉 for 循环与 while 循环的概念。

(2) 理解、编写和使用循环结构，熟悉使用循环的各种模式算法。

(3) 掌握 break 和 continue 语句的运用。

2. 实训内容与步骤

(1) 仔细阅读本章内容，对其中的各个实例进行具体操作实现，从中体会 Python 程序设计过程，提高 Python 编程能力。如果不能顺利完成，则分析原因。

答：____

____

(2) 编写程序。理解和编写 Python 语句，将信息输出到屏幕，为变量赋值，获取通过键盘输入的信息，并执行计数循环。

① 编程计算前 n 个自然数的和，其中 n 的值由用户提供。

② 编程计算前 n 个自然数的立方和，其中 n 的值由用户提供。

③ 编写一个程序，将以千米为单位的距离转换为以英里为单位。1 千米约为 0.62 英里。确保程序打印介绍信息，解释程序的作用。

④ 编写一个交互式 Python 计算器程序。程序应该允许用户键入数学表达式，然后打印表达式的值。加入循环，以便用户可以执行更多计算(如最多 100 个)。

注意：要提前退出，用户可以通过键入一个错误的表达式，或简单地关闭计算器程序运行的窗口，让程序以崩溃方式结束运行。

⑤ 用 while 循环编程，来确定投资在特定利率下翻倍需要多长时间。输入是年利率，输出是投资增加一倍的年数。注意，初始投资金额无关紧要，甚至可以是 1 元。

⑥ 编程对用户输入的一系列数字求和。程序应该首先提示用户有多少数字要求和，然后依次提示用户输入每个数字，并在输入所有数字后打印出总和(提示：在循环体中使用输入语句)。

记录：将编写的上述程序的源代码另外用纸记录下来，并粘贴在下方。

---------------------------------- 程序设计源代码粘贴于此 ----------------------------------

3. 实训总结

____

____

____

____

4. 教师对实训的评价

____

____

第5章 字典与集合

Python 语言提供了丰富的序列类型、内置函数、方法以及语法支持等，可以轻松运用序列形式的容器(数据结构)对象。但数据结构并非只有顺序的形式，还有“映射”形式的数据结构，即“字典”，其元素都是所谓的“键值配对”，实现从键映射到值。

此外，集合也是常见的数据类型，具有严谨的数学定义，可用来存储对象，但只能存放进去一次，也就是记录某对象“在不在”集合里面。集合既非序列，也非映射，自有其一套机制，且与字典相关。

使用列表与字典，几乎可组合出绝大部分所需的数据结构。具体到某种数据类型，本章主要介绍其建立、存与取(写与读)、查找、排序、分类和过滤等操作动作。

5.1 关于杂凑

杂凑(Hashing)是计算机科学中一种对数据的处理方法，即通过某种特定的函数/算法(称为杂凑函数/算法)，将要检索的项与用来检索的索引(称为杂凑或者杂凑值)关联起来，生成一种便于搜索的数据结构(称为杂凑表或散列)。杂凑常被用作信息安全的一种实施方法，即使用由一串数据中经过杂凑算法计算出来的数据指纹，来识别文档与数据是否被篡改。

常见的杂凑算法有 MD5、SHA-1 和 SHA-256 等，可用来计算数据的数字指纹，其应用相当广泛。例如，网站若提供大型文件，可一并附上该文件的杂凑值，下载后便能以杂凑值检查文件是否完整无缺；P2P(Peer-to-Peer)对等网络文件分享(如 BitTorrent、eMule 和 BitComet 等网站)也会使用杂凑技术，借以检验下载的文件片段是否正确；杂凑因具有不可逆的性质，无法从杂凑值逆向推算原先的数据，所以也用于密码加密，当要存储密码时，并非直接存储，而是存储密码的杂凑值，即便被偷了，也无法破解得知密码。

字典(dict)类型含有键值配对，只要是可杂凑的对象(不可变对象都可杂凑)都能作为键。不像列表受限于从 0 起跳的连续整数索引值，字典可使用不连续的大数字作为键，如学生的学号；也可使用字符串作为键，如汽车的车牌、日期时间、人物姓名、水果名等。集合类型则是存储某些对象的数据结构。同样地，可杂凑的对象才能成为集合的元素。

字典类型在其他程序语言里也被称为关联式阵列、杂凑表或映射等，概念相同但细节不同。

5.2 字 典 结 构

与列表(list)存储一个个的对象，并以索引值(从 0 起跳的整数)存取不同，字典存储键值配对，通过键来存取相对应的值。建立字典时可使用大括号“{ }”，里面放进以逗号隔开的键值配对，键与值则以冒号“:”隔开；存取时使用方括号“[ ]”，在方括号内放入键，便可存取相关联的值。交互示例代码如下：

```
>>> d = {}                           # 建立空字典对象
>>> d = {'name':'Amy','age':27}      # 使用大括号建立 dict 对象
>>> d                                # 字典不具顺序性
{'age': 27, 'name': 'Amy'}
>>> d['name']                        # 以方括号存取，类似于 list
'Amy'
>>> d['age'] = 29                    # dict 是可变对象，可指派新值
>>> d['score'] = 77                  # 但若是首次指派不存在的键，
>>> d                                # 便会建立该键值配对的关系
{'age': 29, 'name': 'Amy', 'score': 77}
>>> d['ape']                         # 但若取用时字典无此键，则会发生错误
Traceback (most recent call last):
  File "<stdin>", line 1, in <module>
KeyError: 'ape'                      # 键错误
```

图 5-1 是上述程序代码里的字典对象 d 的示意图，看起来与列表很像，但字典的键不限定于整数。

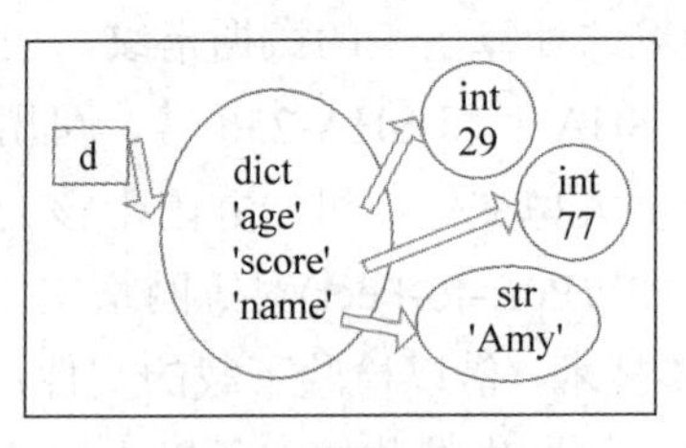

图 5-1 字典示意图

5.2.1 字典的创建

字典是一种映射形式的类型，从“键”映射到“值”。值可以是任意类型的对象，如字符串、整数、列表或另一个字典；键则是不可变对象，如字符串、整数或元组，最常使用的是字符串与整数。若键为字符串，则可使用容易记忆的字符串作为键；若键为整数，则可使用任何范围的整数，不像表的索引值必须从 0 开始计数。交互示例代码如下：

```
>>> d = {'str': [0, 1, 2], (30, 41, 52): {'x': 0, 'y': 1}}
>>> d[(30, 41, 52)]                        # 此键是个 tuple，
{'x': 0, 'y': 1}                           # 其值是个 dict
>>> d = {1504301: 'Amy', 1504305: 'Bob'}
>>> d[1504301]                             # 以学号(很大的整数)作为键
'Amy'
```

除了以大括号包起来的字面值形式，还可以通过内置函数 dict(也是类型 dict 的构造函数)来建立字典对象，其参数的形式很多，非常方便。交互示例代码如下：

```
>>> d = dict(name='Amy', age=40, job='writer')    # 以关键字参数指定键值配对
>>> d                                      # 实际运行结果的顺序，不一定会和此处相同
{'age': 40, 'job': 'writer', 'name': 'Amy'}
>>> keys = ['name', 'age', 'job']          # 含有键的列表对象
>>> values = ['Amy', 40, 'writer']         # 含有值的列表对象
>>> d2 = dict(zip(keys, values))           # 通过内置函数 zip 组合
>>> d2                                     # 虽然其内部的元素与 d 中的相同，但顺序不同
{'job': 'writer', 'age': 40, 'name': 'Amy'}
>>> d3 = dict(d2, name='Amanda')           # 以 d2 为基础，并以关键字参数
>>> d3                                     # 指定键值配对
{'job': 'writer', 'age': 40, 'name': 'Amanda'}
>>> d4 = dict(zip(range(100, 100+3), ('Amy', 'Bob', 'Cathy')))
>>> d4
{100: 'Amy', 101: 'Bob', 102: 'Cathy'}
```

字典支持多种运算符与方法。交互示例代码如下：

```
>>> d = {'age': 29, 'name': 'Amy', 'score': 77}
>>> len(d)                                 # 长度，含有几个键值配对
3
>>> 'age' in d                             # 测试字典有无此键
True
>>> del d['name']                          # 删除此键(以及相对应的键值配对关系)
>>> 'name' in d
False
>>> d['name']                              # 以[]形式取用，若无该键则会发生错误
Traceback (most recent call last):
  File "<stdin>", line 1, in <module>
KeyError: 'name'
>>> d.get('name')                          # 使用方法 get 取用，若无该键则会返回 None
>>> d.get('name', 'Amy')                   # 若无该键就返回指定的缺省值
'Amy'                                      # 注意，字典内仍无该键
```

```
>>> d['name'] = 'Amy'                    # 以[]形式指派键值配对
>>> d.setdefault('job')                  # 使用方法 setdefault 指派，若无该键，
>>> d                                    # 则缺省会指派为 None
{'job': None, 'age': 29, 'score': 77, 'name': 'Amy'}
>>> d.setdefault('city', 'London')       # 加入此键值配对
>>> d.setdefault('city')                 # 已有此键，返回相对应的值
'London'
```

虽然字典是一种映射形式的类型，但提供了各种方法，能把键、值甚至键值配对以符合序列类型的对象返回，这样就能用“迭代”方法逐一处理。示例代码如下：

```
d = {'a': 1, 'b': 2, 'c': 3}             # 类型 dict
for key in d:                            # 放在 for/in 循环里，会提供键的可迭代项
    print(key)
for key in d.keys():                     # 方法 keys()，提供键的可迭代项
    print(key)
for value in d.values():                 # 方法 values()，提供值的可迭代项
    print(value)
for k, v in d.items():                   # 方法 items()，提供键值配对的可迭代项
    print(k, v)
```

字典类型的键值配对并无顺序，就算是同样的程序代码，如果使用不同版本的 Python 软件来执行，或者在另一台计算机上执行，其结果所显示的顺序不一定相同，甚至每次执行的结果都不同。换句话说，字典只提供键映射到值这样的关系而已，并不保证顺序性。

字典类型的操作列于表 5-1。

表 5-1 字 典 操 作

操 作	说明(d 是字典对象，key 是键，value 是值)
dict()	构造函数
fromkeys(seq[, value])	类型方法
len(d)	长度，键值配对的个数
d[key]	返回键 key 对应的值，若键不存在则会引发异常 KeyError
d[key] = value	新增或更新键值配对
del d[key]	删除键(值配对)，若键不存在则会引发异常 KeyError
key in d、key not in d	检查键 key 是否在字典 d 里
d.get(key, default)	返回键 key 对应的值，若无此键则返回 default，default 缺省为 None
d.setdefault(key, default)	若键 key 已存在于字典里，则直接返回对应的值；若不存在，则新增键值配对 key 与 default，default 缺省为 None
d.pop(key, default)	若键 key 已存在于字典里，则返回对应的值，并删除该键；若不存在则返回 default；若键不存在，也没有指定 default，则会引发异常 KeyError
d.popitem()	任意取出某键值配对并删除，若字典已经为空，则会引发异常 KeyError

续表

操　作	说明(d 是字典对象，key 是键，value 是值)
d.update(other)	以可提供键值配对的 other 来更新字典；other 可以是一个字典对象或可迭代项
d.update(key0=value0, key1=value1, ...)	根据参数更新字典，可与 d.update(other)合并使用
d.copy()	浅复制
d.clear()	清除字典所有内容
iter(d)	等同于 iter(d.keys())
keys()	返回键的映射浏览对象
values()	返回值的映射浏览对象
items()	返回键值配对的映射浏览对象

5.2.2 字典的键与值

只要符合抽象类型 Hashable(可散列)的对象，就能作为字典的键，最常用的类型是 str(字符串)与 int(整数)；可变类型如 list、set 和 dict 都无法作为键。注意到整数 1 与浮点数 1.0 的杂凑值相同，但因为类型 float 无法精确地表示大部分的浮点数，并不适合用来作为字典的键，实际中也很少使用。交互示例代码如下：

```
>>> from decimal import Decimal
>>> from fractions import Fraction
>>> d = {1:111, 'a':2, Decimal('3.14'):'pi', Fraction(1, 3):1.3}
>>> d
{'a':2, 1:111, Decimal('3.14'):'pi', Fraction(1, 3):1.3}
>>> hash(1.0), hash(1)
(1, 1)                                  # 杂凑值相同，
>>> d[1.0], d[1]                        # 所以会得到相同的对应值
(111, 111)
```

若键是字符串，那么也能使用构造函数 dict 来建立字典对象，但因为需要以参数的形式传入，所以该键(字符串)必须符合 Python 语言的标识符规则，例如字符串 '123abc' 就无法以此形式建立。交互示例代码如下：

```
>>> dict(foo=1, bar=2, abc123=3)        # 以关键字参数传入键与值
{'foo':1, 'bar':2, 'abc123':3}
>>> dict(foo=1, bar=2, 123abc=3)        # 123abc 不符合标识符规则
  File "<stdin>", line 1
    dict(foo=1, bar=2, 123abc=3)
                         ^
SyntaxError: invalid syntax
>>> d = {'foo':1, 'bar':2, '123abc':3}  # 采用这种形式就没问题了
```

```
{'foo':1, 'bar':2, '123abc':3}
>>> d2 = dict(d, foo=555, abc=999)              # 以先前的字典 d 为基础，
>>> d2                                          # 再以关键字参数新增或更新键值配对
{'foo':555, 'abc':999, 'bar':2, '123abc':3}
>>> k = ['foo', 'bar']; v = [101, 102]          # 使用方法 zip 合并两个列表，
>>> d3 = dict(zip(k, v), abc=999)               # 便可作为键值配对的提供者
>>> d3
{'foo':101, 'abc':999, 'bar':102}
```

另外，也可以用字典类型的方法 fromkeys()来建立列表。该方法不属于某一个实体对象，所以称为类型方法。该方法的第一个参数可以是序列对象(或可迭代项)，参数中的元素被用于设置所创建的字典的键；第二个参数是可选参数，也必须是序列对象(或可迭代项)，参数中的元素被用于设置所创建的字典的值，如果该参数缺少的话，则所创建的字典值均为 None。交互示例代码如下：

```
>>> dict.fromkeys(['a', 'b', 'c'])
{'a':None, 'b':None, 'c':None}
>>> dict.fromkeys(['a', 'b', 'c'], 999)
{'a':999, 'b':999, 'c':999}
>>> dict.fromkeys(range(5), 0)
{0:0, 1:0, 2:0, 3:0, 4:0}
```

5.2.3 字典生成式

用来建立字典对象的字典生成式与列表生成式非常类似，只是语法稍有不同。它使用大括号“{ }”包起来，在 for 的左边必须是“k : v”的形式，提供键值配对；同样地，也能加上 if 语句进行过滤。语法格式及交互示例代码如下：

```
{ 表达式 : 表达式 for 名称 in 可迭代项 }
{ 表达式 : 表达式 for 名称 in 可迭代项 if 表达式 }
>>> {k:k**2 for k in range(5)}                  # 键从 0 到 4，值是键的平方
{0:0, 1:1, 2:4, 3:9, 4:16}
>>> dict([(k, k**2) for k in range(5)])         # 使用列表生成式与构造函数 dict，
{0:0, 1:1, 2:4, 3:9, 4:16}                      # 达到同样的效果
>>> d = {'Amy':90, 'Joe':45, 'Kevin':33}
>>> {k:v for k, v in d.items() if v < 60}       # 仅取出成绩低于 60 的元素
{'Joe':45, 'Kevin':33}
>>> li = ['a', 'b', 'c']
>>> {a: i for i, a in enumerate(li, start=101)}
{'a':101, 'b':102, 'c':103}                     # 为列表 li 的每个元素赋予以 101 为起点的值
>>> dict(enumerate(li, start=1))                # dict()方法所创建的字典与上述的方法不同
```

```
{1:'a', 2:'b', 3:'c'}
>>> dict(zip(li, range(101, 101+len(li)))) # dict()方法和 zip 方法结合起来使用可以快速创建字典
{'a':101, 'b':102, 'c':103}
```

虽然某些字典生成式能使用列表生成式与构造函数 dict 改写，但后者必须先建立列表对象，然后再传入构造函数 dict，效率较低，语法也不简洁。

5.2.4　全局与局部

Python 语言会把名称放在命名空间里，也就是把名称与对象的绑定关系存储在字典里。

【程序实例 5-1】 全局与局部命名空间。

代码如下：

```
# symbol_table.py
a = 1
b = 2
c = 3


def foo(x, y):
    a = 'aaa'
    b = 'bbb'
    print(locals())


print(globals())
print('*' * 10)
foo(80, 91)
```

该实例中名称 a、b、c 和 foo 被放在全局命名空间里。若调用函数 foo，则会进入函数局部范围，名称 x、y、a 和 b 会被放在局部的命名空间里。使用 Python 内置函数 globals 取得含有全局名称(与对象绑定关系)的字典，也称为全局符号表；使用内置函数 locals 取得含有局部名称的字典(局部符号表)。上述程序代码执行后，会输出如下的信息：

```
{'a':1, 'c':3, 'b':2, '_ _builtins_ _':<module 'builtins' (built-in)>, '_ _file_ _':'symbol_table.py', '_ _package_ _':None, '_ _cached_ _':None, '_ _name_ _':'_ _main_ _', 'foo':<function foo at 0x7fe2d8ec>, '_ _ doc_ _':None}
**********
{'a':'aaa', 'y':91, 'b':'bbb', 'x':80}
```

在全局字典里，可看到名称 a、b、c、foo 以及一些其他名称。例如，_ _file_ _指向文件名的字符串，_ _name_ _则是目前所在模块名，而_ _builtins_ _则指向内置模块。也因为有名称，Python 解释器才知道内置的函数、常数和异常的位置。在局部字典里，可看到 x、y、a 和 b，因字典不具有顺序性，所以并不会按照参数的顺序或赋值语句的先后顺序排列名称。

5.2.5 字典应用实例

若需要根据某对象的内容取出相对应的数据或执行不同的程序代码，则往往会使用 if/elif/elif.../else 语句来实现，但代码可能太过冗长；也可以把对象先放进字典，然后直接取用。示例代码如下：

```
x = 'apple'
result = None
if x == 'apple' :                    # 以一连串的 if/elif.../else 语句来做判断
    result = 1
elif x == 'banana' :
    result = 2
elif x == 'grape' :                  # 该执行哪部分的程序代码
    result = 3
else :
    result = -1
```

上述程序代码可改写为：

```
x = 'apple'
d = {'apple':1, 'banana':2, 'grape':3}
result = d.get(x, -1)
```

因为函数也是对象，也可作为值放进字典里，这样一来便可根据键来执行相对应的程序代码。示例代码如下：

```
def f0():pass                        # 准备一些函数
def f1():pass
def f2():pass                        # 作为值放进字典里
d = {'apple':f0, 'banana':f1, 'grape':f2}
x = 'apple'
if x in d:                           # 若有该键，
    d[x]()                           # 则取出对应的值(函数对象)并调用执行
```

若字典的值可杂凑，则可逆转键值配对。不过若值重复，则逆转后将只会剩下一个键值配对。

【程序实例 5-2】 逆转字典的键值配对。

代码如下：

```
# dict_invert.py
# 学生姓名与成绩
d = {'Amy':45, 'Bob':50, 'Cathy':62, 'David':45,
     'Eason':63, 'Fred':78, 'George':72, 'Helen':82,
     'Ivan':100, 'Jason':98, 'Kevin':0, 'Laura':100}
```

```
# 逆转键值配对
d2 = {v:k for k,v in d.items()}
# 逆转后的键为 100，值可能会是 'Laura' 或 'Ivan'，只剩一个
# 试着统计学生成绩区间，0~9 分、10~19 分、...90~99 分、100 分
d3 = {}
for k, v in d.items():              # 迭代所有键值配对
    r = v // 10                     # 成绩落在哪一区间
    if r not in d3:                 # 同一区间可含有多名学生
        d3[r] = []                  # 以列表存储
    d3[r].append(k)                 # 键为 r(区间)，值为列表(含有学生姓名)

print(d3)
```

输出 d3，输出结果如下：

```
{0:['Kevin'], 4:['David', 'Amy'], 5:['Bob'], 6:['Cathy', 'Eason'],
7:['Fred', 'George'], 8:['Helen'], 9:['Jason'], 10:['Ivan', 'Laura']}
```

因为字典不具有顺序性，若需要按照某种排序方式输出或操作字典，则可运用内置函数 sorted 来排序，还可以再传入一个名为 key 的参数，由它来指定排序的依据。

【程序实例 5-3】 排序字典。

代码如下：

```
# dict_sort.py
# 键是学生姓名，值是一个含有三项成绩的 tuple 对象，假设成绩依序是数学、历史、英语
d = {'Amy':(45, 60, 33), 'Bob':(50, 62, 78),
     'Cathy':(62, 98, 87), 'David':(45, 22, 12),
     'Eason':(63, 55, 71), 'Fred':(78, 79, 32)}

for k in sorted(d.keys()):              # 根据键(姓名)排序
    print(k, d[k])

def foo(item):
    return item[1][2]                   # 根据英语成绩来排序
for item in sorted(d.items(), key=foo):
    print(item)

def bar(item):
    return sum(item[1])                 # 根据总分来排序
for item in sorted(d.items(), key=bar):
    print(item)
```

字符串格式化，包括运算符“%”与字符串方法 format，都可以运用字典。

5.3　集 合 类 型

类型集合(set)是一种不具有顺序性的容器类型，同一个对象只能放进去一次。建立集合时，字面值语法是以大括号“{ }”包住想要的一个个元素，或调用内置函数 set，传入可迭代项(提供一个个元素)。元素可以是任何不可变对象，如 int、tuple 和 str。交互示例代码如下：

```
>>> x = {1, 2, 3, 4, 5}                # 以大括号包住集合元素
>>> x
{1, 2, 3, 4, 5}
>>> x2 = set([1, 'a', (3, 4), 5])       # 内置函数 set，传入含有元素的列表
>>> x2
{1, 'a', (3, 4), 5}
>>> x3 = set(range(1, 5+1))            # 内置函数 set，传入含有元素的可迭代项
>>> x4 = {0, 1, [2, 3, 4]}             # list 是可变对象，发生错误
Traceback (most recent call last):
  File "<stdin>", line 1, in <module>
TypeError: unhashable type: 'list'
```

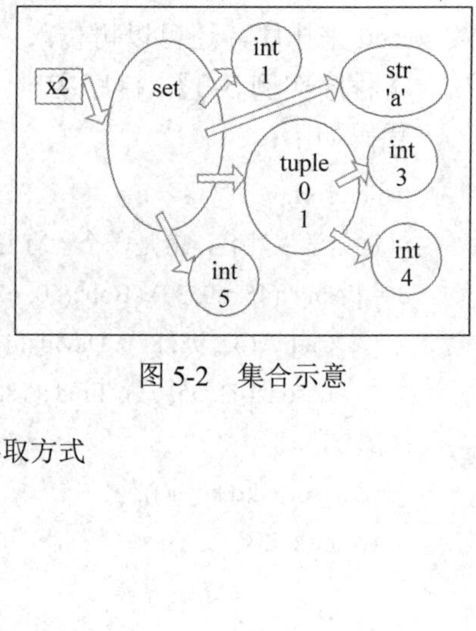

上述程序中，x2 对象的示意如图 5-2 所示。与字典相同，集合内的元素也不具有顺序性，类型 set 仅代表某对象是否存在于该集合内。交互示例代码如下：

图 5-2　集合示意

```
>>>x = {}; type(x)        # {}会建立空字典，不是空集合
<class 'dict'>
>>> x = {1, 2, 3, 4, 5}
>>> x[0]                  # 集合不具有顺序性，不支持索引存取方式
Traceback (most recent call last):
  File "<stdin>", line 1, in <module>
TypeError: 'set' object does not support indexing
>>> len(x)                # 长度，集合内元素的个数
5
>>> 1 in x                # 判断某对象是否存在于集合内
True
>>> x.add(6)              # 加入新元素
>>> x.add(6)              # 加入已有的元素，无作用
>>> x.remove(1)           # 移除某元素
>>> x.remove(7)           # 若该元素不存在于集合内，则会发生错误
Traceback (most recent call last):
  File "<stdin>", line 1, in <module>
```

```
KeyError: 7
>>> x.discard(7)                          # 移除某元素，若不存在则不会发生错误
>>> x
{2, 3, 4, 5, 6}
>>> x & {5, 6, 999}                       # "&"运算符，交集(intersection)
{5, 6}
>>> x | {5, 6, 999}                       # "|"运算符，联集(union)
{2, 3, 4, 5, 6, 999}
>>> x - {5, 6, 999}                       # "-"运算符，差集(difference)
{2, 3, 4}
>>> x ^ {5, 6, 999}                       # "^"运算符，对称差集(symmetric difference)
{2, 3, 4, 999}
```

当需检查两个列表是否含有相同的元素，但不需关注元素的顺序与是否存在重复元素时，可利用类型 set，非常便利。交互示例代码如下：

```
>>> li0 = [0, 1, 2]; li1 = [2, 2, 1, 0, 2, 1]    # 不同的列表
>>> set(li1)                              # 传入内置函数 set，得到不重复元素的集合
{0, 1, 2}
>>> set(li0) == set(li1)                  # 从集合的角度来看是相等的
True
```

集合类型是一种不具有顺序性的容器类型，其元素必须是可杂凑的对象，记录某对象是否在集合里。因为不具有顺序性，所以集合不支持索引与切片的存取方式。

5.3.1　集合的创建

建立集合时，可使用被圆括号“( )”包住并以逗号“,”隔开元素的字面值形式，或者使用类型 set 的构造函数。调用构造函数 set 时，参数是个可迭代项，负责提供一个个的元素，元素必须可杂凑。交互示例代码如下：

```
>>> empty_dict = {}                       # 这是空字典
>>> empty_set = set()                     # 这才是空集合
>>> {'a', 'b', 'c'}                       # 含有三个元素的集合
{'c', 'b', 'a'}                           # 集合不具有顺序性
>>> {(0, 1, 2), 3, 3.14}                  # 元素可以是任何不可变对象
{(0, 1, 2), 3.14, 3}
>>> set('abc')                            # 使用构造函数 set，传入序列对象
{'c', 'b', 'a'}
>>> set([30, 41, 52])                     # 传入列表
{41, 52, 30}
>>> set(range(5))                         # 传入可迭代项
```

```
{0, 1, 2, 3, 4}
>>> s0 = set(range(5))
>>> set(s0)                          # 传入另一个集合对象
{0, 1, 2, 3, 4}
>>> len(s0)                          # 长度
5
>>> 1 in s0                          # 判断里面是否含有某元素
True
```

5.3.2 集合的元素

集合建立后，因为是可变对象，可使用集合专属的方法原地修改其元素。交互示例代码如下：

```
>>> s = {0, 1, 2, 3, 4, 5}
>>> s.add(6)                         # 加入 int 对象 6
>>> s.add(3)                         # 加入已有的元素，无作用
>>> s.remove(0)                      # 移除 0
>>> s
{1, 2, 3, 4, 5, 6}
>>> s.remove(999)                    # 若移除的元素不存在，则会引发异常
Traceback (most recent call last):
  File "<stdin>", line 1, in <module>
KeyError: 999
>>> s.discard(999)                   # 若使用 discard 函数，则元素不存在不会引发异常
>>> s.pop()                          # 随机移除某元素、返回该元素
2
>>> s
{3, 4, 5, 6}
>>> s1 = s.copy()                    # 浅复制
>>> s.clear()                        # 清空集合
>>> s.pop()                          # 若集合为空，则 pop 方法会引发异常
Traceback (most recent call last):
  File "<stdin>", line 1, in <module>
KeyError: 'pop from an empty set'
```

5.3.3 集合的数学运算

集合有严谨的数学定义，Python 语言也提供了相关的运算符和方法以支持集合的数学运算，包括联集、交集、差集、对称差集以及子集合、超集合的判断。交互示例代码如下：

```
>>> s0 = {1, 2, 3, 4}                    # 测试用例集合
>>> s1 = {3, 4, 5, 6, 7}
>>> s2 = {1, 2, 3}
>>> s3 = {91, 92, 93}
>>> s0 == s1, s0 == s0                   # 判断是否含有相同的元素
(False, True)
>>> s2 <= s0, s2.issubset(s0)            # 子集合
(True, True)
>>> s2 < s0, s0 < s0                     # 真子集合
(True, False)
>>> s0 >= s2, s0.issuperset(s2)          # 超集合
(True, True)
>>> s0 > s2, s0 > s0                     # 真超集合
(True, False)
>>> s0 | s1                              # 联集，产生新集合对象
{1, 2, 3, 4, 5, 6, 7}
>>> s0 & s1                              # 交集，产生新集合对象
{3, 4}
>>> s0 - s1                              # 差集，产生新集合对象
{1, 2}
>>> s0 ^ s1                              # 对称差集，产生新集合对象
{1, 2, 5, 6, 7}
>>> s0 & s3, s0.isdisjoint(s3)           # 无交集
(set(), True)
```

同一种集合运算，例如联集，有运算符“|”与方法“union”两种方式可选用，但运算符只能接受集合对象，而方法还可接受可迭代项，例如列表。交互示例代码如下：

```
>>> s0 = {1, 2, 3, 4}
>>> s0 | [3, 4, 5, 6]                    # 运算符只能接受集合对象
Traceback (most recent call last):
  File "<stdin>", line 1, in <module>
TypeError: unsupported operand type(s) for |: 'set' and 'list'
>>> s0.union([3, 4, 5, 6])               # 方法可以接受可迭代项
{1, 2, 3, 4, 5, 6}
>>> set('abc') & 'bcd'
Traceback (most recent call last):
  File "<stdin>", line 1, in <module>
TypeError: unsupported operand type(s) for &: 'set' and 'str'
>>> set('abc').intersection('bcd')
```

```
{'c', 'b'}
```

在使用增强型赋值语句“|=”“&=”“-=”和“^=”时需注意，这只是原地修改的动作，不会产生新集合对象，而是更新(修改)语句左边的集合对象。交互示例代码如下：

```
>>> s0 = {1, 2, 3, 4}
>>> s0 |= {3, 4, 5, 6}              # 只示范“|=”，其余都类似
>>> s0
{1, 2, 3, 4, 5, 6}
```

5.3.4 集合生成式

集合也有集合生成式可用，其语法与列表生成式和字典生成式类似，一般语法形式如下：

```
{ 表达式 for 名称 in 可迭代项 }
{ 表达式 for 名称 in 可迭代项 if 表达式 }
```

示例代码如下：

```
>>> li = ['a', 'bar', 'candy', 'o', 'car']
>>> {len(x) for x in li}
{1, 3, 5}                           # 记录曾出现过的字符串长度
>>> {x for x in li if len(x) == 1}
{'a', 'o'}                          # 只收录长度为 1 的字符串
>>> li = [0, 1, 1, 2, 2, 3, 3, 4, 5, 5, 6]
>>> {x for x in li if li.count(x) == 2}
{1, 2, 3, 5}                        # 选出在原列表出现 2 次的元素
```

5.4 字典与集合的访问接口

本节主要介绍字典与聚合相关的抽象类型以及字典与集合提供的存取接口。

5.4.1 可杂凑项

类型 dict 的“键”可以是任何不可变对象，但这种说法还不够准确，应该说任何“可杂凑项”(Hashable)都可作为字典的键。Python 语言有个抽象类型 Hashable，符合此接口的对象可依照杂凑演算法算出独一无二的杂凑值，只要对象不相同，就会得到不同的杂凑值。Python 语言内置的不可变类型都符合此抽象类型，而内置的可变类型都不符合。调用内置函数 hash 可得到某对象的杂凑值，但实际编程时很少直接使用该值。交互示例代码如下：

```
>>> from collections.abc import *
>>> issubclass(int, Hashable)       # 内置的不可变类型都符合 Hashable 接口
```

```
True
>>> issubclass(tuple, Hashable)
True
>>> issubclass(list, Hashable)          # 内置的可变类型，不符合 Hashable 接口
False                                   # 因为可变对象的内容会改变，其杂凑值不定
>>> issubclass(dict, Hashable)
False
>>> hash(1), hash('abc'), hash((30, 41, 52))
(1, -39521455, 1696699620)              # 不可变对象拥有独一无二的杂凑值
>>> a = 1; b = 'abc'; c = (30, 41, 52)
>>> hash(a), hash(b), hash(c)           # 既然 a==1 为真，内容相同，
(1, -39521455, 1696699620)              # 那么其杂凑值也会相同
>>> hash([0, 1, 2])                     # 不可变对象没有杂凑值
Traceback (most recent call last):
  File "<stdin>", line 1, in <module>
TypeError: unhashable type: 'list'
>>> hash('name'), hash('age'), hash('score')
 (1574142124, 537780116, -23663026)
>>> hash(1), hash('a'), hash((3, 4)), hash(5)
(1, 738615097, 1699342716, 5)
```

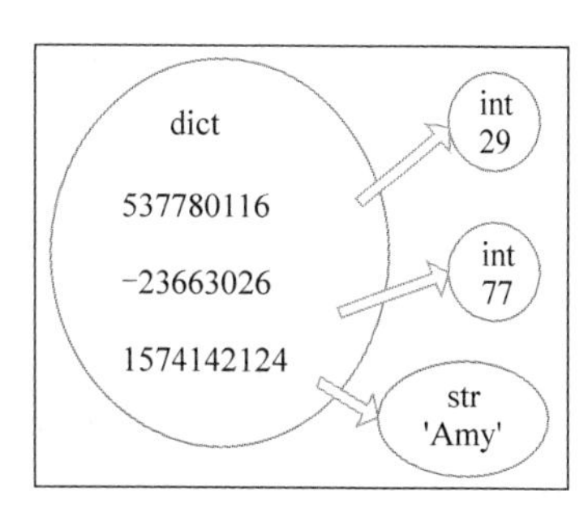

图 5-3　字典示意图

因为不可变对象在其生存周期内内容绝对不变，所以其杂凑值不仅独一无二，且不会改变，因此可作为字典的存储依据。较准确的字典示意图应如图 5-3 所示，字典其实存储的是“对象的杂凑值”与“值(任何对象)”的配对关系。当给定某键时，字典就会计算出该键的杂凑值，然后取出相对应的值。

若对象属于容器类型，那么不仅对象本身必须不可变，而且其内容也必须不可变，才可称为不可变对象。所以 tuple 对象本身虽不可变，但若含有可变对象(如 list)，那么该 tuple 对象就不是不可变对象，也无法作为字典的键。交互示例代码如下：

```
>>> li = [0, 1, 2]                # list 对象，可变
>>> t = (3, 4, li)                # tuple 对象，含有可变对象
 >>> d = {'a': 1, t: 2}           # 无法作为字典的键
Traceback (most recent call last):
  File "<stdin>", line 1, in <module>
TypeError: unhashable type: 'list'
```

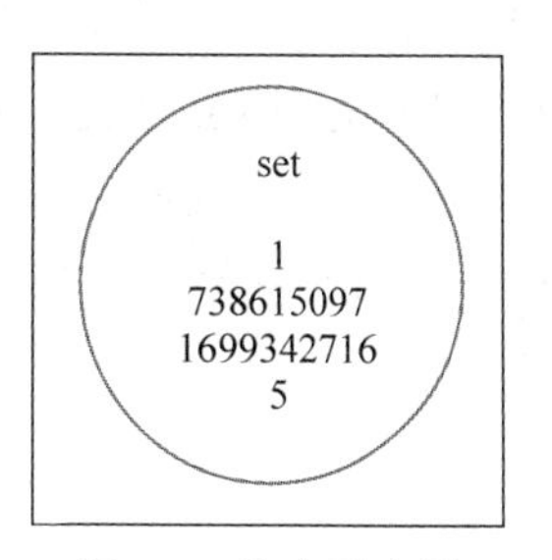

图 5-4　集合示意图

同样的道理，类型 set 也不是直接存储某对象，而是存储杂凑值。当把某对象放进集合时，会先计算出杂凑值再放进去；当要测试某对象是否在集合内时，只要计算出该对象的杂凑值，然后再作检查即可(见图 5-4)。

类型 set 和 dict 功能的实现用到了杂凑演算法。杂凑演算法是一种能够把消息或数据压缩成摘要，使得消息的数据量变小后再将数据的格式固定下来。该方法将数据打乱混合后，重新创建一个杂凑值。如今，杂凑演算法也被用来加密存在资料库中的密码(password)字串，由于杂凑演算法所计算出来的杂凑值具有不可逆(无法逆向演算回原本的数值)的性质，因此可有效地保护密码。

因为杂凑演算法的特性，即给定某内容(对象)就可计算出相对应的杂凑值。若对象不同，就必定会得到不一样的杂凑值，如此一来便能轻松得到字典与集合的功能。注意，不同 Python 语言版本可能会使用不同的杂凑演算法，不同平台的 Python 实现也可能使用不一样的杂凑演算法，所以在执行上述程序时，可能得到跟实例不一样的杂凑值。

5.4.2 映射项

图 5-5 显示了以映射(Mapping)为中心的相关抽象类型，类型 dict 符合抽象类型 MutableMapping(可变映射)定义的接口，而且 dict 也是目前 Python 语言唯一的内置映射类型。类型 set 符合抽象类型 set 定义的接口。

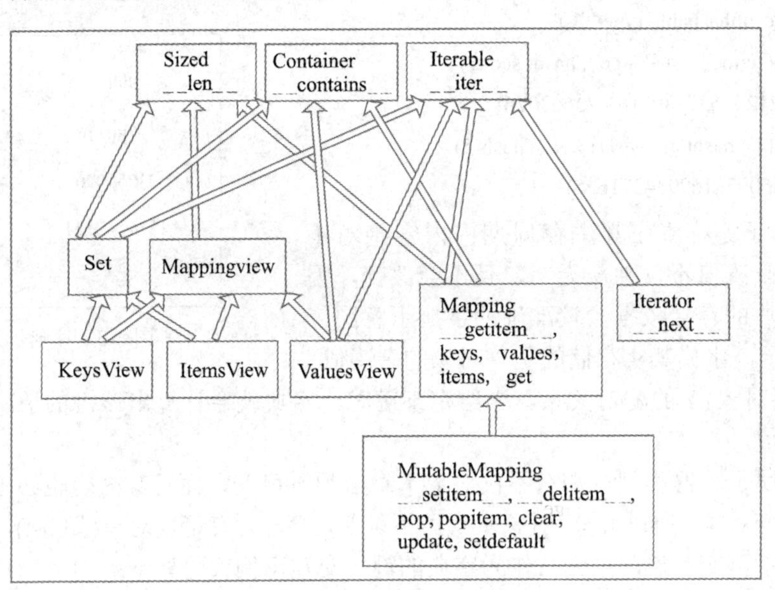

图 5-5 映射相关的抽象类型层级

类型 set 是个容器类型，很自然地继承了抽象类型 Sized 与 Container，所以可使用内置函数 len()计算出长度(含有元素个数)，并可使用运算符“in”检查某对象是否存在于集合之中。因为类型 set 的接口也符合可迭代项接口，所以可使用内置函数 iter()得到迭代器，然后调用 next()函数逐一取出其中的元素。但因为类型 set 不具有顺序性，所以不能确定迭代器会以何种顺序给出元素。交互示例代码如下：

```
>>> x = {2, 'a', (3, 5), 'b', 17}          # 类型 set
>>> len(x)                                  # 长度，元素的个数
5
```

```
>>> 'b' in x                                # 成员关系运算符
True
>>> xit = iter(x)                           # 取得迭代器
>>> next(xit), next(xit)                    # 取出前两个元素
(17, 'a')                                   # 注意，不具有顺序性
>>> [e for e in x if type(e) is int]        # 既然符合 Iterable 接口
[17, 2]                                     # 所以可用于需要迭代协定的地方
```

同样地，类型 dict 也符合可迭代项接口，即抽象类型 Mapping(映射)与 MutableMapping(可变映射)，因为同属于容器类型，也都继承了抽象类型 Sized 与 Container，并拥有许多字典专属的方法。交互示例代码如下：

```
>>> d = {'name': 'Amy', 'age': 40, 'score': 77}
>>> len(d)                                  # 长度，键值配对的个数
3
>>> 'age' in d                              # "in"运算符，某键是否存在
True
>>> d['name']                               # 使用键取出对应的值
'Amy'
>>> d['job'] = 'wrier'                      # 重新指派，新增或更新
>>> d.pop('name')                           # 移除指定键(与其键值配对)
'Amy'
>>> d.pop('abc')                            # 若不存在该键，则会发生错误
Traceback (most recent call last):
  File "<stdin>", line 1, in <module>
KeyError: 'abc'
>>> d.pop('abc', 'default')                 # 指定不存在该键时应返回的缺省值
'default'
>>> d.update({'name': 'John', 'age': 33})   # 传入可提供键值配对的对象，
>>> d                                       # 更新原字典的内容
{'job': 'wrier', 'age': 33, 'name': 'John', 'score': 77}
>>> d2 = d.copy()                           # 浅复制
>>> d.clear()                               # 删除字典的全部内容
```

类型 dict 符合的接口抽象类型 Mapping 也继承了 Iterable，所以也能如类型 list 与 set 一样，通过内置函数 iter 取得能迭代内容的迭代器，再用函数 next 逐一取出。但因为字典含有键与值，较为复杂，所以又提供了能动态浏览字典内容的抽象类型 MappingView(映射浏览)。由图 5-5 可知，当要迭代的字典的键与键值配对时，其接口(KeysView 与 ItemsView)是符合 set 与 MappingView 的可迭代项，因为键与键值配对不具有顺序性，所以继承自抽象类型 set；而 MappingView 则提供动态浏览字典内容的功能，当字典内容改变时，符合 MappingView 接口的对象也能随之反映；至于字典的值，因为有可能重复(因为不同键可映射到同样的值)，

所以其接口(ValuesView)较为特殊，并不继承自 set，其除了继承自 MappingView 来动态反映字典内容外，还继承自 Container 与 Iterable。

换句话说，当用迭代方式操作字典时，做法是调用相对应的方法，得到能迭代键、值或键值配对的可迭代项即可。同时因为这些可迭代项符合 MappingView 接口，所以还提供了动态浏览字典内容的特色功能，一旦字典内容改变，也会随之反映出来。交互示例代码如下：

```
>>> d = {'a': 1, 'b': 2, 'c': 3}
>>> keys = d.keys()                        # 使用方法 keys 与 values 取得
>>> values = d.values()                    # 键与值的映射浏览对象,
>>> list(zip(keys, values))                # 其顺序互相对应
[('a', 1), ('c', 3), ('b', 2)]
>>> del d['a']                             # 动态删除某键(值配对)
>>> list(keys)                             # 也会随之反映出来
['c', 'b']
>>> keys & {'a', 'b'}                      # 因为也是个集合，所以可做集合的运算
{'b'}
```

不过，若在迭代过程中对字典进行了修改操作，如删除、新增或更新，就可能影响字典内键值配对的顺序，连带影响迭代的结果，甚至可能出错；反之，只要不作修改，方法 keys()、values()和 items()返回的映射浏览对象就能一致反映出正确的字典内容与顺序。交互示例代码如下：

```
>>> d = {'a': 1, 'b': 2, 'c': 3}
>>> list(d.keys())                         # 虽然不知道字典内键值配对的存放顺序,
['a', 'c', 'b']
>>> list(d.values())                       # 但 keys()、values()和 items()返回的映射浏览对象
[1, 3, 2]                                  # 仍会呈现出一致的顺序,
>>> list(d.items())                        # 只要不去修改原字典
[('a', 1), ('c', 3), ('b', 2)]
>>> dict(zip(d.keys(), d.values()))        # 因此这一行程序代码才能产生出
{'a': 1, 'c': 3, 'b': 2}                   # 与原字典相同内容的新字典对象
>>> pairs = zip(d.values(), d.keys())      # 这么做可颠倒键与值
>>> list(pairs) [(1, 'a'), (3, 'c'), (2, 'b')]
>>> di = dict(zip(d.values(), d.keys()))   # 若字典的值都不相同且有杂凑值
>>> di                                     # 便可得到颠倒键值关系的字典
{1: 'a', 2: 'b', 3: 'c'}
```

至此，读者应该能够了解字典与集合的基本用法与概念，明白其与列表有何不同，并且知道相关的抽象类型与接口。

课 后 习 题

1. 判断题

(1) 杂凑是指通过某种杂凑函数/算法把要检索的项与用来检索的索引关联起来。(　　)

(2) 通过杂凑函数/算法将要检索的项与用来检索的索引(称为杂凑或杂凑值)关联起来，生成一种便于搜索的数据结构，就称为散列，即杂凑表。(　　)

(3) 网站若提供大型文件，可一并附上该文件的杂凑值，下载后便能以杂凑值检查文件是否完整无缺。(　　)

(4) 字典类型含有键值配对，只要是可变的对象都能作为键。(　　)

(5) 字典和列表一样，受限于连续整数索引值，不能使用不连续的大数字作为键。(　　)

(6) 字典是一种映射形式的类型，从“键”映射到“值”，但其值只能是数值类型的对象。(　　)

(7) 集合类型是存储某些对象的数据结构，可杂凑的对象方能成为集合的元素。(　　)

(8) 对于字典来说，把“名称”放在命名空间里，就是指“把名称与对象的绑定关系存储在字典里”。(　　)

2. 选择题

(1) 数学家使用下标，计算机程序员使用(　　)。

A. 切片　　B. 索引　　C. Python　　D. 咖啡因

(2) 以下(　　)不是 Python 语言中的内置序列操作。

A. 排序　　B. 连接　　C. 切片　　D. 重复

(3) 将单个数据项添加到列表末尾的方法是(　　)。

A. extend　　B. add　　C. plus　　D. append

(4) 以下(　　)不是 Python 列表方法。

A. index　　B. insert　　C. get　　D. pop

(5) 以下(　　)不是 Python 列表的特点。

A. 它是一个对象　　B. 它是一个序列

C. 它可以容纳对象　　D. 它是不可变的

(6) 以下表达式(　　)可正确地测试 x 是偶数。

A. x % 2 == 0　　B. even(x)　　C. not add(x)　　D. x % 2 == x

(7) (　　)关键字参数用于将键函数传入 sort 方法。

A. reverse　　B. reversed　　C. cmp　　D. key

(8) 用来建立字典的字典生成式使用(　　)将字典对象包起来。

A. 方括号“[ ]”　　B. 大括号“{ }”

C. 双引号“" "”　　D. 尖括号“< >”

(9) 集合(set)是一种(　　)的容器类型，同一个对象只能放进去一次。

A. 字符型　　B. 倒序性　　C. 不具顺序性　　D. 顺序性

(10) 建立集合时，可使用被(　　)包住并以逗号“,”隔开元素的字面值形式。

A. 圆括号“( )”　　　　B. 大括号“{ }”

C. 双引号“" "”　　　　D. 尖括号“< >”

3. 讨论

(1) 给定初始化语句

s1 = [2, 1, 4, 3]

s2 = ['C', 'a', 'b']

显示以下每个序列表达式求值的结果。

a. s1 + s2 ____________________

b. 3 * s1+ 2 * s2 ____________________

c. s1[1] ____________________

d. s1[1 :3] ____________________

e. s1 + s2[-1] ____________________

(2) 给定上一个问题相同的初始化语句，执行以下每个语句后，显示 s1 和 s2 的值。独立地处理每个部分(即假定 s1 和 s2 每次从其初始值开始)。

a. s1.remove(2) ____________________

b. s1.sort() ____________________

c. s1.append([s2.index('b')]) ____________________

d. s2.pop(s1.pop(2)) ____________________

e. s2.insert(s1[0], 'd') ____________________

编 程 实 训

1. 实训目的

(1) 了解使用列表(数组)来表示相关数据的集合。

(2) 熟悉用于操作 Python 列表的函数和方法。

(3) 能够编程用列表管理信息集合。

(4) 能够编程利用列表和类来构造复杂数据。

2. 实训内容与步骤

(1) 仔细阅读本章的内容，并对其中的各个实例进行具体操作实现，从中体会 Python 程序设计，提高 Python 编程能力。如果不能顺利完成，则分析原因。

答：____________________

____

(2) 编写程序。

① 建立字典，键是代表月份的整数 1～12，值是该月的英文(January、February 等)。假设字典名为“d”，那么 d[9]应得到'September'。

② 字典里含有公司名与股票价值，建立新字典，仅包含价值超过 100 的项目。分别运用 for 循环与字典生成式来实现。

```
stock = {
```

'Apple': 655.95, 'IBM': 202.13, 'HP': 45.51, 'Facebook': 12.11,
'Intel': 40.51, 'Atmel': 10.23, 'Amazon': 305.35, 'Google': 535.81
}

③ 大多数语言没有 Python 语言所具有的灵活的内置列表(数组)操作。试为以下每个 Python 操作编写一个算法，并在适当的函数中写出来，测试所编号的算法。例如，作为一个函数，reverse(myList)应该和 myList.reverse()一样。当然，不能使用相应的 Python 方法来实现函数。

a) count(myList, x)　(类似 myList.count(x))
b) isin(myList, x)　(类似 x in myList)
c) index(myList, x)　(类似 myList.index(x))
d) reverse(myList)　(类似 myList.reverse())
e) sort(myList)　(类似 myList.sort())

④ 编写并测试一个函数 shuffle(myList)，它随机打乱一个列表的顺序，像扑克牌洗牌那样。

⑤ 编写并测试一个函数 innerProd(x, y)，它计算两个(相同长度)列表的内积。x 和 y 的内积计算公式如下：

$$\sum_{i=0}^{n-1} x_i y_i$$

⑥ 编写并测试一个函数 removeDuplicates(somelist)，从列表中删除重复值。

记录：将编写的上述程序的源代码另外用纸记录下来，并粘贴在下方。

------------------------------------ 程序设计源代码粘贴于此 ------------------------------------

3. 实训总结

____

____

____

4. 教师对实训的评价

____

____

第6章 序列与迭代

Python 语言的序列类型包括列表、元组、字符串和文件等，存取这些抽象类型时，核心的概念就是迭代，即一个接着一个地逐一操作。这种形式的数据不胜枚举，所以 Python 语言提供了充分的支持。以列表为中心，围绕着许多相关类型、内置函数、方法和列表生成式等，以方便处理程序里序列形式的数据。事实上，顺序和条件判断，再加上迭代(重复)的执行形式，就组成了基本的程序流程。

6.1 类型与对象

类型、对象和名称(标识符)之间具有一定的关系。类型主要包括整数(int)、浮点数(float)、列表(list)和字符串(str)等，函数(function)和模块(module)也都是类型。示例代码如下：

```
>>> a = 22; b = 4+5j; c = 'hi'; d = (169, 44)
>>> e = ['Amy', a, d]
>>> def sq(x): return x * x
...
>>> import math
```

这里的 a、b、c、d、e、sq 和 math 都是名称，分别指向某种对象；而对象必定属于某种类型，规定了该对象的接口与用法。使用内置函数 type 可查询某对象的类型，type()执行后会显示信息<class 'XXX'>。交互示例代码如下：

```
>>> type(a); type(c); type(e)          # 查询对象的类型
<class 'int'>
<class 'str'>
<class 'list'>
>>> type(sq); type(math)               # 模块与函数也是对象，
<class 'function'>                     # 也有类型
<class 'module'>
```

6.1.1 类型即对象

“类型(type)”在程序里也是以对象形式存在的。在使用 type()函数得到代表类型的对象后，可以比较判断两个对象的类型是否相同。有些基本类型只须直接输入其名称便可得到代表该类型的对象，有些类型则被放在某个模块内。交互示例代码如下：

```
>>> it = type(a)                 # 类型是对象，也能命名
>>> it
<class 'int'>
>>> type(a) is type(99)          # 比较类型是否为同一个
True
>>> int, float, complex          # 基本的类型，直接取用
(<type 'int'>, <type 'float'>, <type 'complex'>)
>>> tuple, list, str (<class 'tuple'>, <class 'list'>, <class 'str'>)
>>> type(e) is list              # 直接取用类型作判断 True
>>> import types                 # 有些类型被放在模块内
>>> type(sq) is types.FunctionType
True
>>> type(math) is types.ModuleType
True
```

整数对象的类型是 int，类型既然是对象，那么它也有类型，类型对象的类型是 type。交互示例代码如下：

```
>>> a = 3                        # 名称 a 指向 int 对象，值为 3
>>> type(a)                      # 其类型是 int
<class 'int'>
>>> at = type(a)                 # 名称 at 指向 type 对象
>>> type(at)                     # 其类型是 type
<class 'type'>
```

表 6-1 列出了 Python 语言的部分类型。

表 6-1　代表类型的对象及其位置(部分)

类　型	位　置
bool	内置名称 bool
int	内置名称 int
long (2.x)	内置名称 long
complex	内置名称 complex
list	内置名称 list
tuple	内置名称 tuple
str	内置名称 str
函数	模块内，types.FunctionType
模块	模块内，types.ModuleType
内置函数	模块内，types.BuiltinFunctionType

续表

类　型	位　置
内置方法	模块内，types.BuiltinMethodType
Decimal	模块内，decimal.Decimal
Fraction	模块内，fractions.Fraction
dict	内置名称 dict
slice	内置名称 slice
dict	内置名称 dict
set	内置名称 set

每个对象的类型都有其独特的性质，例如 int 对象不可变，list 对象是可变的容器，函数对象可被调用。在需要区分的时候，可称呼某类型建立的对象为“实体”，以避免混淆。使用内置函数 instance 可判断对象是否为某类型的实体。交互示例代码如下：

```
>>> callable(sq), callable(math)          # sq 是函数，可被调用
(True, False)
>>> callable(list), callable(int)         # list、int 不仅是类型的名称，也可被调用
(True, True)
>>> isinstance(sq, types.FunctionType)    # sq 是函数类型的实体
True
>>> isinstance(d, tuple)                  # d 是 tuple 类型的实体
True
```

6.1.2 命名空间

名称会指向对象，命名空间是名称存在的地方，模块、函数、类型和实体(对象)都具备命名空间的功能。示例代码如下：

```
import math
pi = math.pi
c = complex(3, 4)
def circle(r)
    area = pi * r * r
    return area
```

在上述代码中，全局范围的命名空间里含有名称 math、pi 和 c。其中，math 是个模块，pi 与 c 都是对象，都具有命名空间的功能。例如，math 里的 sqrt、floor 和 trunc 都指向函数，c 对象里面的 real 与 imag 则指向浮点数。

函数具有命名空间的功能，但上述程序只“定义”了函数 circle 但尚未调用，也就是说，此时尚未产生 circle 的局部命名空间，更别提名称 r 是否存在了。只有调用函数才会建立出局部(函数)范围的命名空间，里面会存放 r 和 area。一旦函数结束(返回)，该局部(函数)范围的命名空间也会消失，这里说的是“名称”消失了，所以在函数之外将无法使用函数

内的名称 r 或 area，不过函数返回的对象若还有名称指向它，就仍会继续存活。

当在程序里取用某名称时，如果该名称位于函数内，则会先到局部(函数)范围命名空间寻找；若找不到，则会去全局范围命名空间寻找；若再找不到，则会去存放内置名称命名空间(由模块_ _builtins_ _提供)寻找(见图 6-1)。在局(函数)范围部与全局之间还有一个“外围函数”的范围。

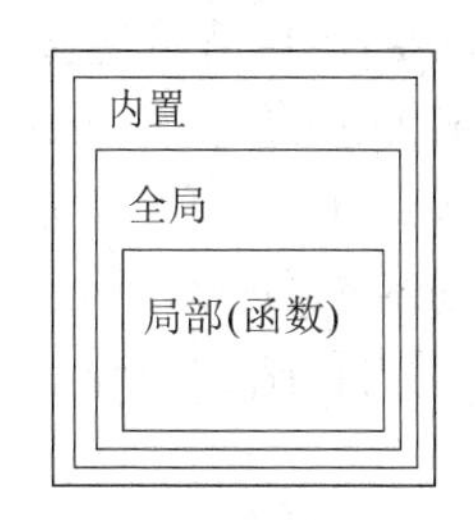

图 6-1　搜寻名称时的顺序规则

6.2　抽象数据类型

一个对象看似只有一个类型，例如 3 是 int，[0, 1, 2]是 list，但实际情况却更为复杂。例如 list、tuple 和 str 都是序列类型，那么序列的类型是什么样的呢？

6.2.1　序列的概念

序列是个抽象类型，不能产生对象；list、tuple 和 str 都是实际类型，可产生出对象。类型为 list(或 tuple、str)的对象符合序列定义的操作接口。

有些类型拥有相同的接口。例如，list 拥有“长度”的概念，而 tuple 和 str 也有，但 int 和 float 没有。可把这部分的接口提取出来，放在抽象类型里，让 list、tuple 和 str 遵循并符合此抽象类型的描述。图 6-2 是与序列相关的抽象类型层级。

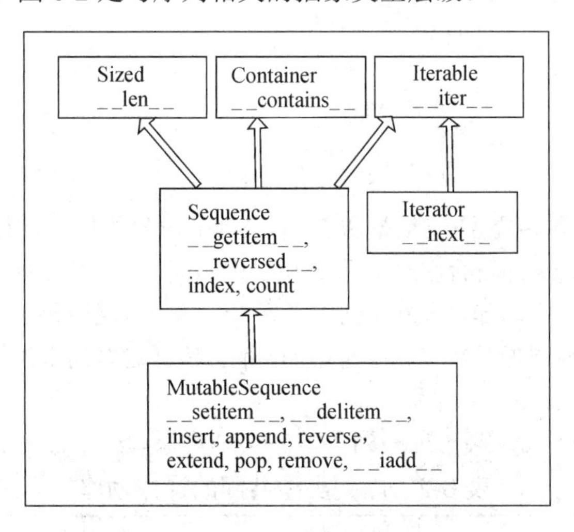

图 6-2　序列相关的抽象类型层级

由图 6-2 可知，“长度或大小”的概念由抽象类型 Sized 定义，所以符合此接口的类型对象必须具有方法_ _len_ _，从其名称前后有两个下画线便可知，这是个具有特定意义、预先规定好名称的方法，会被运算符或内置函数调用。抽象类型 Container 定义了“某对象是否在里面”的概念，由_ _contains_ _负责。Sequence(序列)抽象类型“继承”了 Sized 与

Container，也就是说符合其定义的接口；其更进一步地定义了“取出元素”(__getitem__)和“某元素的索引”(index)等接口。而 MutableSequence(可变序列)抽象类型又再以 Sequence 为基础，加入可修改内容的接口，如“移除”和“附加”等。这些抽象类型被放在模块 collections.abc 里，可以使用内置函数 isinstance 得知实体对象是否符合某类型(与抽象类型)，而使用内置函数 issubclass 可得知类型与类型之间的继承关系(包括抽象类型)。

6.2.2 迭代器

抽象类型可迭代项(Iterable)定义了“建立迭代器(Iterator)”的接口，而 Iterator 定义了“逐步取出下一个元素”的接口。下面是个简单的实例。

```
>>> li = [30, 41, 52]                # list 对象，也是可迭代项
>>> lit = iter(li)                   # 以内置函数 iter 取得迭代器
>>> lit                              # 名称 lit 指向这个迭代器
<list_iterator object at 0x00BD6C90>
>>> next(lit)                        # 以内置函数 next 可取得下一个元素
30
>>> next(lit)
41
>>> next(lit)
52
>>> next(lit)                        # 没有下一个了，发生错误
Traceback (most recent call last):
  File "<stdin>", line 1, in <module>
StopIteration
```

6.2.3 共同接口

Python 语言运用各种类型(包括抽象类型)来规范对象的接口，根据类型定义出一套存取方式，list、tuple 和 str 都符合序列抽象类型，list 还符合可变序列抽象类型。表 6-2 列出了这些类型都支持的操作动作，表 6-3 列出了可变的操作动作。除了 list、tuple 和 str 之外，还有其他类型继承自序列抽象类型。字符串 str 除了具有这里列出的操作动作，还具有很多跟“文本”相关的方法。

在表 6-2 里，s 与 t 代表某一种序列类型的实体对象，i、j 与 k 都是整数。

表 6-2 序列类型共同的操作动作

操作动作	结果
x in s、x not in s	测试 s 是否含有 x，返回 True 或 False
s is t、s is not t	测试 s 与 t 是否为同一个对象，返回 True 或 False
s < t (<、<=、>、>=、!=、==)	根据比较运算的结果返回 True 或 False

续表

操作动作	结　果
s + t	连接 s 与 t
s * n、n * s	s 浅复制 n 次，然后连接起来
s[i]	s 的第 i 个元素，索引值从 0 起跳
s[i:j]	s 里从第 i 个到第 j 个(不含)元素
s[i:j:k]	s 里从第 i 个到第 j 个(不含)元素，每次跳 k 个
len(s)	s 的长度(元素的个数)
min(s)	s 里最小的元素
max(s)	s 里最大的元素
s.index(x)、s.index(x[, i[, j]])	s 里 x 第一次出现的索引值；以 i、j 指定搜寻索引界限
s.count(x)	s 里 x 出现的次数

在表 6-3 里，s 代表可变序列类型的实体对象，t 是可迭代项。

表 6-3　可变序列类型共同的操作动作

操作动作	结　果
s[i] = x	把 s 的第 i 个元素置换为 x
del s[i]	删除 s 里第 i 个元素
s[i:j] = t	把 s 里从第 i 个到第 j 个(不含)元素置换为 t 的内容
del s[i:j]	删除 s 里从第 i 个到第 j 个(不含)元素，等同于 s[i:j] = []
s[i:j:k] = t	把 s[i:j:k]的元素置换为 t 的内容
del s[i:j:k]	删除 s 里 s[i:j:k]所代表的元素
s.append(x)	将 x 加到 s 的末端，等同于 s[len(s):len(s)] = [x]
s.extend(t)	把 t 的内容物附加到 s 的末端，等同于 s[len(s):len(s)] = t
s.clear()	删除 s 里的所有元素，等同于 del s[:]
s.copy()	浅复制 s，3.x 版才有，等同于 s[:]
s.insert(i, x)	把 x 插入索引值 i 的位置，等同于 s[i:i] = [x]
s.pop([i])	拿出索引值为 i 的元素，并移除该元素
s.remove(x)	删除 s 里的 x，等同于 del s[s.index(x)]
s.reverse()	原地逆转 s 里的元素

6.3 元素的访问

序列类型是一种容器(数据结构)，里面的内容称为元素，本节主要介绍序列元素的存取方式。

6.3.1 序列元素索引

一般以方括号“[ ]”的索引方式来指定需存取的序列元素，通常索引值从 0 开始计数，所以长度为 n 的序列，有效合法的索引值是 0 到 n−1。交互示例代码如下：

```
>>> li = [30, 41, 52, 63, 74, 85]
>>> li[0]                              # 取得索引值为 0 的对象
30
>>> li[5], li[len(li) - 1]             # 使用内置函数 len 获取长度
(85, 85)
>>> li[99]                             # 超过了，发生错误
Traceback (most recent call last):
  File "<stdin>", line 1, in <module>
IndexError: list index out of range    # 索引错误：列表索引值超过界限
>>> s = 'hello python'                 # 字符串也能使用索引
>>> s[0], s[6]
('h', 'p')
>>> s[0], s[6], s[len(s) - 1]
('h', 'p', 'n')
```

任何序列类型，例如 list、tuple 和 str 等都可以使用索引存取方式。索引值也可以是负数，如果是 −i(假设 i 为正数)，会被当作“长度 − i”。假设序列对象 s 长度是 n，那么 s[-i] 将等同于 s[len(s) − i]。负索引值从 −1(最后的元素)到 −n(最前面的元素)。交互示例代码如下：

```
>>> li = [30, 41, 52, 63, 74, 85]              # 长度是 6
>>> li[-1], li[len(li) - 1]                    # 此处[-1]等同于[6 − 1]
(85, 85)                                       # 以[-1]存取最后的元素，比 len()方便
>>> li[-2], li[-5], li[-6], li[-len(li)]
(74, 41, 30, 30)
>>> li[0], li[-0]                              # 注意，-0 还是 0，不是 6 − 0
(30, 30)
>>> li[-7]                                     # 超过了，发生错误
Traceback (most recent call last):
  File "<stdin>", line 1, in <module>
IndexError: list index out of range
```

如果是可变序列类型，如 list，可以使用赋值语句修改其内容，即让该索引值转而指向新对象。交互示例代码如下：

```
>>> li = [30, 41, 52, 63, 74, 85]
>>> li[0] = 'Amy'                              # 修改第 0 个
>>> li[len(li) - 1] = ('a', 'b', 'c')
```

```
>>> li ['Amy', 41, 52, 63, 74, ('a', 'b', 'c')]
>>> li2 = ['a', 'b', 'c']
>>> li[-1] = li2                    # 指向新对象，是个列表
>>> li ['Amy', 41, 52, 63, 74, ['a', 'b', 'c']]
>>> li2[0] = 'abc'                  # 修改 li2
>>> li                              # li[-1]也变了
['Amy', 41, 52, 63, 74, ['abc', 'b', 'c']]
>>> li[-1] is li2                   # 因为两者都指向同一个对象
True
```

如果是可变序列类型，例如 list，可以使用 del 语句删除元素。交互示例代码如下：

```
>>> li = [30, 41, 52, 63, 74, 85]
>>> del li[0]                       # 删除第 0 个元素
>>> li [41, 52, 63, 74, 85]
>>> del li[-1]                      # 删除最后一个元素
>>> li [41, 52, 63, 74]
```

“删除元素”的意思是移除掉该列表的某索引值以及指向对象的绑定关系。

6.3.2 序列切片

除了索引，Python 语言还提供了切片方式来存取序列类型，基本语法格式是 s[i : j]，i 代表起始索引值，j 代表结束索引值(不包含)，切片的结果是新的序列对象。交互示例代码如下：

```
>>> li = [30, 41, 52, 63, 74, 85]
>>> li[0:3]                         # 从 0 到 3(不包含)
[30, 41, 52]                        # 新的列表对象
>>> li[2:]                          # 没指定 j，缺省为长度 len(li)
[52, 63, 74, 85]
>>> li[:4]                          # 没指定 i，缺省为 0
[30, 41, 52, 63]
>>> li[5:3]                         # i 大于 j
[]                                  # 得到空列表
>>> li[99:3]                        # i 若大于长度，会被视为长度
[] >>> li[3:99]                     # j 若大于长度，会被视为长度
[63, 74, 85] >>> li[:]              # i 与 j 都没指定，等同于[0:len(li)]，
[30, 41, 52, 63, 74, 85]            # 等同于复制 li
>>> first, rest = li[0], li[1:]     # 取出第 0 个与其他元素
>>> first, rest (30, [41, 52, 63, 74, 85])
>>> first, *rest = li               # “星号序列指派”取出第 0 个与其他元素
```

切片也能使用负数，规则与索引相同。交互示例代码如下：

```
>>> li = [30, 41, 52, 63, 74, 85]          # 长度是 6
>>> li[-4:-2]                              # 等同于 li[len(li)-4:len(li)-2]
[52, 63]                                   # 也就是 li[2:4]
>>> li[-2:]                                # 没指定 j，缺省为长度 len(li)
[74, 85]
>>> li[:-3]                                # 没指定 i，缺省为 0
[30, 41, 52]
>>> rest, last = li[:-1], li[-1]           # 取出最后一个与其他元素
>>> rest, last ([30, 41, 52, 63, 74], 85)
>>> *rest, last = li                       # "星号序列指派"取出最后一个与其他元素
```

以上切片的索引值默认每次跳 1 步，例如 li[2 : 5] 会取出 2、3、4，但也能自行指定每次跳的步数，语法是 s[i : j : k]，其中 k 可正可负，但不可为 0。交互示例代码如下：

```
>>> li = [30, 41, 52, 63, 74, 85]          # 长度是 6
>>> li[1 : 5 : 2]                          # 索引值 1、3
[41, 63]
>>> li[-1 : 1 : -2]                        # k 为负数，从尾巴往开头跳，
[85, 63]                                   # 索引值 5、3
>>> li[:: -1]                              # 得到逆转后的列表
[85, 74, 63, 52, 41, 30]
>>> li[:: -2]                              # 从尾部往开头跳，一次跳两步
[85, 63, 41]
>>> a, b, c = li[1 : 4]                    # 拿出三个元素，指派给名称 a、b、c
>>> a, b, c (41, 52, 63)
>>> a, *b = li[1 :: 2]                     # 星号序列指派，3.x 版才有
>>> a                                      # 第一个指派给 a
41
>>> b                                      # 其余的放进列表指派给 b
[63, 85]
```

如果是可变序列类型，例如 list，那么就能使用指派语句(assignment)修改其元素，就是把切片指定的地方置换成赋值语句右边的内容。交互示例代码如下：

```
>>> li = [30, 41, 52, 63, 74, 85]
>>> li[0 : 2] = 'a', 'b'                   # 赋值语句左边是列表切片，
>>> li                                     # 右边可以是任何序列类型
['a', 'b', 52, 63, 74, 85]
>>> li[1 : 3] = 'x', 'y', 'z'              # 右边数量比左边多，
>>> li                                     # 会把切片指定的地方置换成右边的内容
['a', 'x', 'y', 'z', 63, 74, 85]
```

```
>>> li[0 : 2] = 9999                # 右边必须是个可迭代项
Traceback (most recent call last):
  File "<stdin>", line 1, in <module>
TypeError: can only assign an iterable
>>> li[0 : 2] = []                  # 若右边是空的，
>>> li                              # 等同于删除左边切片指定的元素
['y', 'z', 63, 74, 85]
>>> li[1 : -1] = []                 # 留下前后两个元素，中间的全部删除
>>> li ['y', 85]
```

如果是可变序列类型，例如 list，那么就可以使用 del 语句删除元素。交互示例代码如下：

```
>>> li = [30, 41, 52, 63, 74, 85]
>>> del li[0 : 3]                   # 删除索引值 0、1、2 的元素
>>> li [63, 74, 85]
>>> li = [30, 41, 52, 63, 74, 85]
>>> del li[-1 : -3]                 # 想要删除最后两个元素
>>> li                              # 错了，[-1:-3]会是[]
[30, 41, 52, 63, 74, 85]
>>> del li[-3 : -1]                 # [-3:-1]才是最后两个元素
>>> li [30, 41, 52, 85]
>>> del li[:: 2]                    # 删除奇数位置的元素
>>> li [41, 85]
>>> del li[:]                       # 删除所有元素
>>> li                              # 变成空列表了
[]
>>> del li                          # 删除名称 li、连带移除与指向对象的绑定关系
>>> li
Traceback (most recent call last):
  File "<stdin>", line 1, in <module>
NameError: name 'li' is not defined
```

6.3.3　对象的比较

可以使用运算符“is”或“is not”来判断是否为同一个对象，可以使用运算符“==”或“!=”来比较两个对象内容是否相同。交互示例代码如下：

```
>>> li = [3, 4, 5, 6]
>>> li2 = li[:]               # 复制 t，新的对象指派给名称 t2
>>> li == li2, li is li2      # t 与 t2 内容相同，但非同一对象
(True, False)
```

语句“x in s”可用来检查序列 s 里是否有个元素与 x 相等，运算符“not in”则功能相反。交互示例代码如下：

```
>>> li = [['a', 'b'], ('x', 9, (3, 4)), 5, 6]
>>> 5 in li                          # 有
True
>>> 3 not in li                      # 没有
True
>>> not 3 in li                      # 等同于“not (3 in li)”
True                                 # 因为运算符 in 优先顺序较高
>>> ['a', 'b'] in li                 # ['a', 'b']是个 list
True
>>> ('a', 'b') in li                 # 内容看似雷同，但这是个 tuple
False
>>> ['a', 'b'] == ('a', 'b')         # 判断规则就是“==”
False
>>> (3, 4) in li                     # li 并没有(3, 4)
False
>>> ('x', 9, (3, 4)) in li
True
```

6.3.4 序列的运算符“+”与“*”

在序列类型中，“+”代表连接，即把两个序列对象连接在一起，建立新的序列。交互示例代码如下：

```
>>> li = [0, 1, 2]; t = (3, 4, 5, 6); s = 'Hello'
>>> li + [30, 41, 52]                # 连接两个列表
[0, 1, 2, 30, 41, 52]
>>> t + ('a', 'b', 'c')              # 连接两个 tuple
(3, 4, 5, 6, 'a', 'b', 'c')
>>> s + ' Python, ' + 'how are you?'   # 连接好几个字符串
'hello Python, how are you?'
>>> li + t                           # 连接不同类型，出错
Traceback (most recent call last):
  File "<stdin>", line 1, in <module>
TypeError: can only concatenate list (not "tuple") to list
>>> li + list(t)                     # 内置函数 list 转换类型
[0, 1, 2, 3, 4, 5, 6]
>>> tuple(li) + t                    # 内置函数 tuple 转换类型
(0, 1, 2, 3, 4, 5, 6)
```

由于会产生新的对象，若需要频繁使用“+”运算，或许会带来效能低下的问题，可考虑改用可变对象或别的方法来达成同样的功能。

“*”代表复制，须注意别名现象。

对于增强型赋值语句“+=”和“*=”，若是不可变对象，那就一定是由右边表达式建立新对象，再指派给左边名称；若是可变对象，则会是原地修改。交互示例代码如下：

```
>>> li = li2 = [0, 1, 2]              # 可变
>>> li += [98, 99]                    # 原地修改
>>> li == li2, li is li2              # li 与 li2 是同一个列表对象
(True, True)
>>> t = t2 = (3, 4, 5)                # 不可变
>>> t += ('a', 'b')                   # t 指向新的 tuple 对象
>>> t == t2, t is t2
(False, False)
```

6.3.5　序列类型的方法

除了运算符与内置函数，序列类型还具有许多方法。

下面介绍不可变的方法 index()与 count()。给定参数后，s.index(x)可找出 x 在 s 里第一次出现的索引值，而 s.count(x)则返回在 s 里 x 出现的次数。交互示例代码如下：

```
>>> li = [3, 'a', 3, 'hi', 7, (10, 7), 3]
>>> li.index(3)                       # 找出 'a' 的索引值
0
>>> li.index(3, 1)                    # 也可以指定从哪个索引值开始找
2
>>> li.index(3, 3, len(li))           # 也可以再指定找到哪个索引值(不含)为止
6
>>> li.count(3)                       # 计算 3 出现的次数
3
>>> li.count(4)                       # 4 在 li 里出现 0 次
0
>>> li.index(4)                       # 不含这个元素，会发生错误
Traceback (most recent call last):
  File "<stdin>", line 1, in <module>
ValucError: 4 is not in list          # 值错误：4 不在列表里
```

若是可变的序列类型，例如 list，还有许多更简便的方法可用，这些方法会直接操作修改 list 对象，但不会建立新的 list 对象。交互示例代码如下：

```
>>> li = []
>>> li.append(3)                      # append 会把参数当作元素加入
>>> li.append(('a', 'b'))             # 参数是个 tuple
```

```
>>> li
[3, ('a', 'b')]
>>> li.extend(('a', 'b'))               # extend 是把参数的内容当作元素加入
>>> li
[3, ('a', 'b'), 'a', 'b']
>>> li.insert(2, 'XXX')                 # 在索引值 2 的地方插入'XXX'
>>> li
[3, ('a', 'b'), 'XXX', 'a', 'b']
>>> li.remove('XXX')                    # 删除等于 'XXX' 的元素，只会删除靠前的一个
>>> li
[3, ('a', 'b'), 'a', 'b']
>>> li.pop(2)                           # 取出索引值为 2 的元素，并移除
'a'
>>> li.pop()                            # 取出最后一个元素，并移除
'b'
>>> li.reverse()                        # 原地逆转 li 里的元素
[('a', 'b'), 3]
>>> li = [9, 1, 4, 6, 2]
>>> li.sort()                           # 原地排序
>>> li
[1, 2, 4, 6, 9]
>>> li2 = li.copy()                     # 浅复制
>>> li.clear()                          # 清空，等同于 del li[:]
>>> li
[]
```

6.3.6 浅复制与深复制

深复制和浅复制只针对 Object 和 Array 这样的引用数据类型，两者的复制机制如图 6-3 所示。

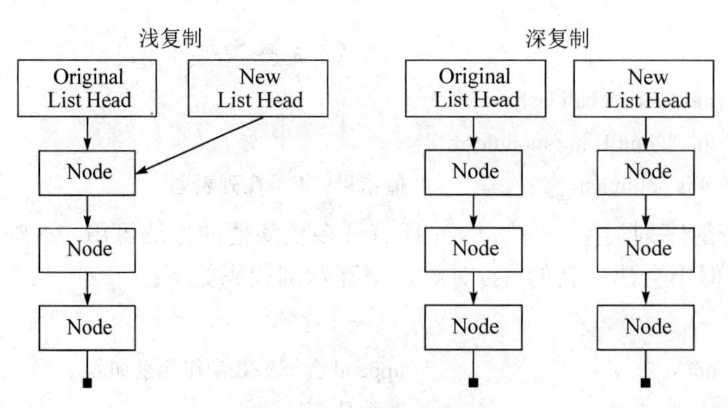

图 6-3 深复制与浅复制

浅复制只赋值指向某个对象的指针，而不赋值对象本身，新旧对象还是共享同一块内存；深复制会另外创造一个一模一样的对象，新对象跟原对象不共享内存，修改新对象不会修改原对象。

6.4　迭代的概念

迭代是一种抽象概念，意思就是“一个接着一个处理”或“从容器中一个接着一个取出元素”，当使用循环来处理一组项目时，使用的就是迭代。

所谓协议指的是一套沟通标准，交流双方都必须遵循这套标准，才能正常对话。迭代协议也是这个意思，即一方提供元素，另一方则接收元素，双方采用同一套标准做法。下面程序代码会逐一输出 list 里的元素。

```
li = [30, 41, 52]
for x in li:                          # 以 for 循环迭代列表
    print(x)
```

此例中的 list 对象与 for 循环分别代表迭代协议中的双方，list 对象以符合迭代协议的方式提供元素，而 for 循环也通过符合迭代协议的接口接收并处理。

与迭代协定相关的接口有两个，即 Iterable(可迭代项)与 Iterator(迭代器)。Iterable 的__iter__方法(对应到内置函数 iter)会返回迭代器；而 Iterator 的__next__方法(对应到内置函数 next)，每次调用会返回下一个元素，直到尽头，到时会发出错误告知调用方。

例如，list 类型继承自 Sequence 抽象类型，而 Sequence 也继承了 Iteratable 抽象类型，所以 list 对象也是可迭代项，调用方法 iter 的话便可得到能够迭代 list 内容元素的迭代器。交互示例代码如下：

```
>>> li = [30, 41, 52]                        # list 对象，也是可迭代项
>>> itb = iter(li)                           # 得到迭代器
>>> itb                                      # 没错，是个能迭代 list 的迭代器
<list_iterator object at 0x00BED810>
>>> type(itb)                                # 它的类型是 list_iterator
<class 'list_iterator'>
>>> import collections.abc
>>> issubclass(type(itb), collections.abc.Iterator)
True                                         # list_iterator 符合 Iterator 接口
>>> issubclass(list, collections.abc.Iterable)
True                                         # list 符合 Iterable 接口
>>> next(itb)                                # 调用函数 next 可取出下一个元素
30
>>> next(itb)
```

```
41
>>> next(itb)
52
>>> next(itb)                          # 没有了，发生错误
Traceback (most recent call last):
  File "<stdin>", line 1, in <module>
StopIteration                          # 异常 StopIteration(停止迭代)
```

当迭代器耗尽时，若再调用 next 函数则会引发异常 StopIteration，而调用方/接收方接收到异常 StopIteration，便会停止迭代。

【程序实例 6-1】 使用 while 循环模拟 for 循环迭代列表。

代码如下：

```
li = [30, 41, 52]
itb = iter(li)
while True:
    try:                       # 把会引发异常的程序代码放在 try 语句里面
        x = next(itb)          # 取出下一个元素
        print(x)               # 输出
    except StopIteration:      # 若有此异常
        break                  # 跳出 while 循环
```

程序分析：

执行上面程序代码进入循环后，首次调用函数 next(itb)会取出 30，然后输出，接着输出 41 与 52，之后再调用 next(itb)函数时会引发异常 StopIteration。因为该段程序代码被包在 try 语句之内，所以程序流程会直接执行后面的 except 子句，并比对有无列出相同的异常，若有就进入该 except 子句内继续执行。此例会以 break 中断循环；若无就继续跳到外层的调用方，更外一层的调用方是 Python 解释器，而它的处理方式是终止程序。

使用内置函数 sum 可以计算出序列对象的元素总和，但其实它能接受的参数不只是序列类型，也可以是可迭代项，不过 sum 的参数内容不能是字符串。下面是一个使用循环与迭代协议编写的与序列类型相关的实例程序。

【程序实例 6-2】 能对数字求和，并可连接字符串的内置函数 sum。

代码如下：

```
# my_sum.py
def my_sum(iterable, start=0):
    result = start
    for x in iterable:             # iterable 应是个可迭代项
        result += x
    return result
```

有了 sum()这个函数，在需要连接字符串时，可传入含字符串的序列，例如“('a', 'b', 'def', 'g')”，作为参数 iterable，至于参数 start 则可传入空字符串“' '”作为起始值。虽然内置函

数 sum 有“+”的功能，但并没有“*”的功能。函数 product 可计算乘积，用法与 sum 函数类似。

【程序实例 6-3】 计算乘积。

代码如下：

```
# product.py
def product(iterable, start=1):
    result = start
    for x in iterable:                    # 程序代码跟之前几乎一样
        result *= x                       # 只有 start 缺省值与此处不同
    return result
```

有了 product 函数，就可改写阶乘函数，使之变得更简单。

【程序实例 6-4】 阶乘。

代码如下：

```
# my_factorial.py
def my_factorial(n):
    return product(range(2, n+1))         # 2 * 3 * 4 * ... * n
```

sum 函数的功能是求和，但有时需要的是“累加”，若有个列表[a, b, c, ...]，那么它的累加和是[a, a+b, a+b+c, ...]。调用函数 cumulative_sum(range(10+1))，可得到列表[0, 1, 3, 6, 10, 15, 21, 28, 36, 45, 55]。

【程序实例 6-5】 累加。

代码如下：

```
# cumulative_sum.py
def cumulative_sum(iterable, start=0):
    result = []
    acc = start                           # 记录上次的和
    for x in iterable:
        acc += x                          # 加上这次的数值
        result.append(acc)                # 放进去
    return result
```

函数 unique 可选出至少出现过一次的元素，等同于删除重复的元素，例如 unique([1, 2, 1, 3, 2, 5, 5, 6, 1]) 会得到列表[1, 2, 3, 5, 6]。

6.5　列表生成式

列表是一种用途非常广泛的数据结构。列表内可以放入任何类型的对象，例如，能使用列表表达班级成绩、个人资料和温度变化历程等一连串的数据。列表也可以稍作变化，在列表内放入列表，进而可表达树状或其他形式的非线性数据。元组(tuple)也具备上述特性，但 list 支持“可变”操作动作，更有弹性。

因为列表如此重要，所以 Python 语言提供了称为列表生成式的语法，其作用等同于结合 for 与 if 语句来建立新列表，可使用短短一行代码实现一个较为复杂的功能，让程序代码更简洁有力。其语法格式如下：

```
[表达式 for 名称 in 可迭代项]
[表达式 for 名称 in 可迭代项 if 表达式]
```

例如，把一个华氏温度列表转换成摄氏温度列表。华氏温度 32 度等于摄氏温度 0 度(冰点)，华氏温度 212 度等于摄氏温度 100 度(沸点)。如果使用 for 循环的话，程序代码如下：

```
def ftoc(ft):                              # 参数是含有华氏温度的列表(或可迭代项)
    ct = []                                # 存储转换后的摄氏温度
    for x in ft:
        ct.append((x - 32) * 5 / 9)        # 转换
    return ct
```

但同样的功能，只需要一行列表生成式便可实现。

【程序实例 6-6】 华氏温度转换为摄氏温度。

代码如下：

```
# ft_to_ct.py
ft = [32, 212, 10, 55, 78, 110, 178]       # ft 是一个华氏温度列表
ct = [(x - 32) * 5 / 9 for x in ft]        # 转成摄氏温度，并且建立新列表，指派给 ct
```

列表生成式是个表达式，使用方括号“[ ]”包起来，其结果会是个新列表。方括号里面可分为前后两部分：后面部分“for x in ft”的功能与 for 循环的头一样，即通过不断地迭代 ft 列表(或可迭代项)，把元素指派给名称 x，此例中 x 会指向代表华氏温度的整数对象；前面部分的表达式“(x − 32) *5/9”用来转换计算，算出摄氏温度，作为新列表的元素。

如此一来，冗长的程序代码缩减为一行。使用 for 循环编写的程序，基本都可以转换成列表生成式。再举几个简单例子，交互示例代码如下：

```
>>> li = [32, 55, -68, 10, -3, 44, 12, 0]          # 含有整数的列表
>>> [x*2 for x in range(10)]                       # 2 倍
[0, 2, 4, 6, 8, 10, 12, 14, 16, 18]
>>> li2 = [abs(x) for x in li]                     # 绝对值
>>> li2 [32, 55, 68, 10, 3, 44, 12, 0]
>>> from math import sqrt
>>> scores = [11, 23, 64, 100, 91, 60, 55, 44]     # 成绩
>>> [int(sqrt(x) * 10) for x in scores]            # 调整成绩，求平方根后再乘以 10
[33, 47, 80, 100, 95, 77, 74, 66]
```

列表里也不一定是数字，可以是任何类型的对象。列表生成式的作用就是元素逐一处理后，再放进新的列表。在下面的例子中，若已知原列表的内容结构，便可运用“序列指

派”(第 2 章)，把列表元素(是个 tuple)的内容一次指派给多个名称。交互示例代码如下：

```
>>> li = [(30, 41, 65), (60, 70, 80), (95, 78, 65)]    # 某班级每人的成绩
>>> [sum(x) / len(x) for x in li]                      # 算出每人的平均分数
[45.333333333333336, 70.0, 79.33333333333333]
>>> [(x+y+z) / 3 for x, y, z in li]                    # 使用序列指派
[45.333333333333336, 70.0, 79.33333333333333]
```

使用列表生成式新建立的列表，其元素也可以是任何类型的对象。交互示例代码如下：

```
>>> li = ['apple', 'cake', 'candy', 'lollipop']        # 元素是 str
>>> [(x, len(x)) for x in li]                          # 新的元素是 tuple
[('apple', 5), ('cake', 4), ('candy', 5), ('lollipop', 8)]
>>> [[x, len(x)] for x in li]                          # 新的元素是 list
[['apple', 5], ['cake', 4], ['candy', 5], ['lollipop', 8]]
```

原列表里可能有些不需要处理的元素。例如，在下面的实例中，原列表的每个元素都是一个 tuple，每个 tuple 内含三项成绩，还含有学生姓名与学号，但姓名与学号并不需要处理，不过仍要放进新建立的列表里，新列表的元素类型仍是 tuple，含有学生姓名、学号和平均分数。交互示例代码如下：

```
>>> li = [('Amy', 684001, 30, 41, 65),                 # 把 list 拆解成多行，
('John', 684002, 60, 70, 80),                          # 此处可不缩排，因为
('Zoe', 684003, 95, 78, 65)]                           # 解释器知道还在输入 list 中
>>> [(x, y, int((z0+z1+z2)/3)) for x,y,z0,z1,z2 in li]
[('Amy', 684001, 45), ('John', 684002, 70), ('Zoe', 684003, 79)]
```

循环内可以再有一个循环，而列表生成式里也可以有两个 for / in。例如，下面例子先使用双重循环输出九九乘法表，然后再改写成列表生成式。

【程序实例 6-7】 九九乘法表。

代码如下：

```
# 9x9m.py
# 九九乘法表
result = []
for x in range(2, 9+1):
    for y in range(1, 9+1):
        result.append(str(x) + '*' + str(y) + '=' + str(x*y))
result = [str(x)+'*'+str(y)+'='+str(x*y) for x in range(2, 9+1)
    for y in range(1, 9+1)]
```

下面双重循环可得到有序组合，结果会是['b.png', 'b.bmp', 'c.png', 'c.bmp']；也可以使用列表生成式改写，迭代生成两个列表，再使用 if 语句进行过滤。

【程序实例 6-8】 有序组合。

代码如下：

```
# comb.py
li0 = ['a', 'b', 'c']
li1 = ['.jpg', '.png', '.bmp']
result = []
for x in li0:
    if x != 'a':                          # 除了'a'以外的
        for y in li1:
            if y != '.jpg':               # 除了'.jpg'以外的
                result.append(x + y)
result = [x+y for x in li0 if x != 'a' for y in li1 if y != '.jpg']
```

循环不但可以是双重的，也可以形成更多重的嵌套结构；列表生成式内也可以有多个 for / in，只不过很少出现需要多于双重循环的情况。

因为列表生成式是“表达式”，其运算结果是个列表，所以可放在任何需要列表的地方，如放在列表里、放在 for 循环头里，只不过是否适当，要视情况而定。交互示例代码如下：

```
li = [[x * 2 for x in range(6)], [x * 2 + 1 for x in range(6)]]
for x in [y for x in li for y in x if y < 10]:
    print(x)
```

课 后 习 题

1. 判断题

(1) Python 语言为序列提供了充分的支持，存取包括列表、元组、字符串和文件这样的序列类型时，核心的概念就是迭代。(　　)

(2) 所谓的深复制和浅复制可以针对 Python 语言的各种数据类型。(　　)

(3) 浅复制只赋值指向某个对象的指针，而不赋值对象本身。(　　)

(4) 深复制会创造一个镜像对象，新对象跟原对象各项指标相反。(　　)

(5) 循序、条件判断再加上迭代(重复)的执行形式，组成了基本的程序流程。(　　)

(6) 在序列类型中，“+”代表复制，“*”代表连接。(　　)

(7) 与 list、tuple 和 str 一样，序列也是实际类型，可产生出对象。(　　)

(8) 抽象类型可迭代项(Iterable)定义了“建立迭代器(Iterator)”的接口，而 Iterator 定义了“逐步取出下一个元素”的接口。(　　)

(9) Python 语言运用各种类型(不包括抽象类型)来规范对象的接口，根据类型定义出一套存取方式。(　　)

(10) “删除元素”的意思是移除掉该列表的某索引值以及指向对象的绑定关系。(　　)

(11) 除了索引，Python 语言还提供了切片方式来存取序列类型，其结果是新的序列对象。(　　)

2. 选择题

(1) 迭代是一种抽象概念，意思就是(　　)。

A. 一个接着一个处理　　B. 一个加上另一个
C. 一个排除另一个　　D. 元素之间没有关系

(2) 列表是一种用途非常广泛的数据结构，Python 语言提供了称为列表生成式的语法，其作用等同于(　　)。

A. 通过序列来建立新的数据结构　　B. 运用切片来建立新的数据结构
C. 结合 for 与 if 来建立新串列　　D. 结合 case 与 if 来建立新串列

(3) 对象必定属于某种类型，可以使用内置函数(　　)查出某对象的类型。

A. dir　　B. type　　C. dir　　D. list

(4) 在局部范围、全局范围以及其之间的“外围”函数；范围内，当在程序里取用某名称时，可寻找的位置如下。这些位置的寻找顺序是(　　)。

① 局部(函数)范围命名空间　　② 全局范围命名空间
③ 存放内置名称命名空间(由模块_ _builtins_ _提供)
④ 在局部与全局之间的“外围函数”范围

A. ①②③④　　B. ①②④③　　C. ④③②①　　D. ①④②③

(5) 序列类型是一种容器(数据结构)，里面的内容称为(　　)。

A. 元素　　B. 成员　　C. 单元　　D. 数据

(6) 索引存取方式中，以(　　)的索引方式来指定想存取的元素。

A. 花括号“{ }”　B. 圆括号“( )”　C. 方括号“[ ]”　D. 双引号“" "”

(7) 有一些运算符可以用来判断是否为同一个对象，但下列(　　)不是这样的运算符。

A. is　　B. not is　　C. is not　　D. not in

3. 讨论

(1) 给定初始化语句：

```
>>> a = 22; b = 4+5j; c = 'hi'; d = (169, 44)
>>> e = ['Amy', a, d]
>>> def sq(x): return x * x
...
>>> import math
```

这里的 a、b、c、d、e、sq 和 math 都是名称，分别指向某种对象。请写出以下每个内置函数 type 查出的对象类型。

A. type(a) ____________________
B. type(c) ____________________
C. type(e) ____________________
D. type(sq) ____________________
E. type(math) ____________________

(2) 以方括号“[ ]”的索引方式来指定想存取的元素。

给定初始化语句：

```
>>> li = [30, 41, 52, 63, 74, 85]
```

写出表达式执行结果。

A. li[0] ______________________

B. li[5], li[len(li)-1] ______________________

C. li[99] ______________________

(3) 字符串也能使用索引。

给定初始化语句：

```
>>> s = 'hello python'
```

写出表达式执行结果。

A. s[0], s[6] ______________________

B. s[0], s[6], s[len(s)-1] ______________________

(4) 除了索引，Python 语言还提供了切片方式来存取序列类型，切片的结果是新的序列对象。

给定初始化语句。

```
>>> li = [30, 41, 52, 63, 74, 85]
```

写出表达式执行结果。

A. li[0:3] ______________________

B. li[2:] ______________________

C. li[:4] ______________________

D. li[5:3] ______________________

E. li[99:3] ______________________

F. li[3:99] ______________________

G. li[:] ______________________

编 程 实 训

1. 实训目的

(1) 了解类型与对象的基本概念，理解“类型也是对象”。

(2) 了解什么是抽象类型。

(3) 了解元素存取中索引和切片的概念，掌握切片的运用。

(4) 了解序列类型的方法。

2. 实训内容与步骤

(1) 仔细阅读本章的内容，对其中的各个实例进行具体操作实现，从中体会 Python 程序设计，提高 Python 编程能力。如果不能顺利完成，则分析原因。

答：______________________

____

(2) 编写程序。

① 首字母缩略词是一个单词，是提取短语中所有单词的第一个字母形成的。例如，

RAM 是短语“random access memory”的缩写。编写一个程序，允许用户键入一个短语，然后输出该短语的首字母缩略词。注意，首字母缩略词应该全部为大写，即使短语中的单词没有大写。

② 编写一个程序，计算用户输入的句子中的单词数。

③ 编写一个程序，计算用户输入的句子中的平均单词长度。

④ 编写本书程序实例 1-1(chaos.py)程序的改进版本，允许用户输入两个初始值和迭代次数，然后打印一个格式良好的表格，来显示这些值随时间的变化情况。例如，如果初始值为 0.25 和 0.26(10 次迭代)，表格格式可如下所示。

```
index    0.25         0.26
-----------------------------
1        0.731250     0.750360
2        0.766441     0.730547
3        0.698135     0.767707
4        0.821896     0.695499
5        0.570894     0.825942
6        0.955399     0.560671
7        0.166187     0.960644
8        0.540418     0.147447
9        0.968629     0.490255
10       0.118509     0.974630
```

记录：将编写的上述程序的源代码另外用纸记录下来，并粘贴在下方。

------------------------------------ 程序设计源代码粘贴于此 ------------------------------------

3. 实训总结

____

____

____

____

4. 教师对实训的评价

____

____

第7章　函　　数

计算机科学家尼克劳斯·沃思是好几种程序设计语言(如Pascal、Modula等)的主设计师，他早在1976年撰写了《算法 + 数据结构 = 程序》一书，从书名中就可以清楚地看出，程序的基本要素是数据与操作。Python语言提供了各种结构的数据类型，包括序列与映射，而另一方面，函数正是把算法包装起来予以抽象化的非常重要的机制。函数类型有内置函数、对象的方法以及用户自定义函数。函数包含的主题有定义、调用、参数、返回、递归和高阶函数，还包括递归、装饰器和函数式程序设计等内容。

Python语言提供的工具大都与迭代相关，很多人都较为熟悉迭代而不善于使用递归。但若问题本质是递归，却采用迭代思维来思考，就会编写出难懂的程序，而且容易产生bug。其实只要理解了递归的机制，就能轻松运用递归的程序结构。

7.1　函数的定义

一般一个程序只能执行一次，例如，计算列表元素(如成绩)的总和。但若有多个列表，如何让同一段程序代码应用到所有这些列表呢？这就需要一种抽象化机制来包装程序代码，在有需要时可以随时调用它，这个机制叫作函数(function)。

定义函数的语法格式如下：

```
def <函数名>(<形参>):
    <函数体(body)>
```

函数名是标识符，形参即形式参数，是一个名称(标识符)的序列(可能为空)。形参与函数中使用的所有变量一样，只能在函数体内访问，它与在程序其他地方的同名变量不同。

def语句的作用是定义函数，当Python解释器执行def语句时，会建立类型为function(函数)的对象，并指定给名称。使用保留字def开头，后面接着函数名称，然后以括号包住参数，加上冒号后，便开始缩排以便编写函数的主体。从“def”到“:”的程序代码叫作函数头，而后面的程序代码称为函数体，函数结束时可使用“return语句”将结果返回给调用方。

【程序实例7-1】 编写传入含有成绩的列表，计算出成绩总分之后并返回的函数。

代码如下：

```
def my_sum(numbers):              # 函数头，函数名称与参数
    total = 0                     # 负责存储总分，这是一个“局部”名称
```

```
    for x in numbers:                # 以 for 循环算总分
        total += x
    return total                     # 以 return 语句返回总分
```

函数定义完成后，最基本的使用方式是“调用”即把适当的对象传给它作为参数，然后等待接收函数返回的对象。函数调用属于表达式，调用时先写出函数名称，在后面跟着的括号“( )”内传入适当的参数(实参，即实际参数)来执行程序代码。示例代码如下：

```
scores0 = [60, 73, 81, 95, 34]
scores1 = [10, 20, 30, 40, 50, 60]
total0 = my_sum(scores0)             # 调用函数，并把返回对象赋值给名称
total1 = my_sum(scores1)             # 把程序代码写成函数后，便可一再地运用
```

下面定义一个能计算 list(或 tuple、str)对象长度的函数，代码如下：

```
def my_len(seq):                     # seq 可以是列表、数组或字符串
    n = 0
    for x in seq:
        n += 1                       # 有几个元素便加几次 1
    return n                         # 返回长度
```

函数定义与函数调用是两个独立的概念，分别代表不同的动作，如果只执行 def 语句，仅会建立函数对象，并不会执行函数体内的程序代码。

关于 Python 函数需要注意以下几点。

(1) 函数是一种子程序。使用函数可以减少代码重复，可用于组织或模块化程序。函数一旦被定义，就可以在程序中的不同位置被多次调用。参数是函数中可更改的部分，函数定义中出现的参数称为形参，函数调用中出现的表达式称为实参。

(2) Python 语言对函数的调用一般分为四步：

第一步，调用程序在调用点暂停执行。

第二步，实参将其值赋给形参。

第三步，执行函数体。

第四步，控制返回到函数被调用之后的点，函数返回的值作为表达式结果。

(3) 变量的作用域是程序可以引用它的区域。函数定义中的形参和其他变量是函数的局部变量。

(4) 函数可以通过返回值将信息传递回调用者。在 Python 语言中，函数可以返回多个值。有返回值的函数通常应该从表达式内部调用，没有显式返回值的函数会返回特殊对象 None。

(5) Python 语言按值传递参数。如果传递的值是可变对象，则对象所做的更改对调用者可见。

函数是构建复杂程序的重要工具，如果程序只包含一个函数，通常就是 main 函数。Python 语言还预先编写了函数和方法，包括内置的 Python 函数(如函数 print、abs)、来自 Python 标准库的函数和方法(如函数 math.sqrt)等。

函数可以看成是一个“子程序”，其基本思想是写一个语句序列，并给这个序列取一个名字，然后可以通过引用函数名称，在程序中的任何位置执行这些指令。

创建函数的程序部分称为“函数定义”。当函数随后在程序中使用时，称该函数定义被“调用”。单个函数定义可以在程序的多个不同位置被调用。

例如，编写一个程序，打印歌曲“Happy Birthday to you”的歌词，歌词如下：

Happy birthday to you!

Happy birthday to you!

Happy birthday, dear <insert-name>.

Happy birthday to you!

解决这个问题的一个简单方法是使用四个print语句。下面以交互式会话创建一个程序，实现对小明(xiaoming)唱歌曲“Happy Birthday to you”的功能。

```
>>> def main():
    print("Happy birthday to you! ")
    print("Happy birthday to you! ")
    print("Happy birthday, dear xiaoming. ")
    print("Happy birthday to you! ")
```

可以运行这个程序，得到歌词。

也可以引入一个函数，来打印第一、第二和第四行歌词，代码如下：

```
>>> def happy():
    print("Happy birthday to you! ")
```

这里定义了一个名为 happy 的函数，调用它会使 Python 解释器打印一行歌词。

下面代码使用 happy 函数来为 xiaoming 打印歌词。

```
>>> def singXM():
    happy()
    happy()
    print("Happy birthday, dear xiaoming. ")
    happy()
```

这个版本的程序简短得多。试运行这个程序。

假设今天也是小芳(xiaofang)的生日，同样也可以为小芳编写一个名为 singXF 的函数。现在写一个主程序，送给小明和小芳。

```
>>> def main():
    singXM()
    print()
    singXF()
```

两个函数调用之间的 print 函数用于在输出的歌词之间留出空行。运行这个最终程序。

singXM 和 singXF 这两个函数几乎相同，唯一区别是第三个 print 语句结束时的姓名。因此可以通过使用“参数”将这两个函数合并在一起。下面代码是改写后名称为 sing 的通用函数：

```
>>> def sing(person):
```

```
    happy()
    happy()
    print("Happy Birthday, dear", person + ".")
    happy()
```

此函数用到了名为 person 的参数。参数是在调用函数时初始化的变量。如果需要为浩浩(haohao)打印歌词，则只需要在调用函数时提供名称作为参数。代码如下：

```
>>> sing("haohao")
```

【程序实例 7-2】 作为模块文件的完整程序。

代码如下：

```
# happy.py
def happy():
    print("Happy Birthday to you! ")


def sing(person):
    happy()
    happy()
    print("Happy birthday, dear", person + ".")
    happy()


def main():
    sing("xiaoming")
    print()
    sing("xiaofang")
    print()
    sing("haohao")


main()
```

函数作为一种减少代码重复的机制，可以缩短和简化程序。在实践中，即使函数实际上让程序更长，人们也会经常使用，这就是使用函数的另一个原因：让程序模块化。由于设计的算法越来越复杂，因此理解程序也越来越难。处理这种复杂性问题的一种方法是将算法分解成更小的子程序，让每个子程序自身都有意义。

7.2　函数的参数

一个函数本身就是一个子程序。在一个函数内部使用的变量是该函数的“局部”变量。函数要访问另一个函数中的变量，唯一方法是将该变量作为参数传入。

调用函数时“传入参数”这个动作跟“赋值”几乎一模一样，换句话说，所谓传入参数，就是调用方把某个对象赋值给参数的名称。注意，如果参数是个可变对象，那么函数接收到该参数后，也可以改变该对象。

下面是程序实例 7-2 中的部分代码。

```
sing("xiaoming")
print()
sing("xiaofang")
```

当 Python 解释器遇到函数 sing("xiaoming")时，main 函数暂停执行。在这里，Python 解释器查找 sing 函数的定义，并且看到它具有单个形参 person。形参被赋予实参的值，其功能如下面的语句：

```
person = "xiaoming"
```

在这里，Python 解释器开始执行 sing 函数的函数体。第一个语句是 happy 函数调用，Python 解释器暂停执行 sing 函数并将控制传递给被调用的函数。happy 的函数体包含一个 print 语句。这个语句被执行后，返回到它离开的地方。

继续以这种方式执行，Python 解释器又执行两次 happy 函数，完成了函数 sing 的执行。当 Python 解释器执行到函数 sing 的末尾时，控制返回到 main 函数，并在函数调用之后紧接着继续执行。函数执行完成时，会回收局部函数变量占用的内存，不再保留局部变量。

下一个要执行的语句是 main 函数中的不带参数的 print 语句，这将在输出中形成空行。然后 Python 解释器调用另一个 sing 函数，控制转移到函数定义，这次形参是“xiaofang”。

最后，针对 xiaofang 执行 sing 的函数体，并且在函数调用结束之后控制返回主函数 main，并到达代码片段的底部。

通常，当函数定义具有多个参数时，实参按位置与形参匹配。第一个实参分配给第一个形参，第二个实参分配给第二个形参，以此类推。可以利用关键字参数修改此匹配模式，这些参数通过名称进行匹配(如调用 print 函数中的 end = "")。

7.2.1 位置参数与关键字参数

Python 语言提供了丰富灵活的方式来指定形参与实参之间的配对关系，主要方式有：① 以“位置”与“关键字”来指定；② 预先记录参数的缺省值；③ 使用 tuple 与 dict 参数来收集额外多余的位置参数与关键字参数。传入参数时，必须让每个形式参数都有值(指向某对象)，否则将发生错误。

虽然调用函数在传入参数时可使用位置参数与关键字参数，但 Python 语言底层的处理机制其实只有位置参数，每个形参都必须对应到某个实参，也就是函数的参数名称必须指向某对象，若参数个数太多或太少，都会发生错误。

函数定义后，Python 解释器就知道有几个形参，以及从左到右的排列顺序；在调用函数、传入实参时，Python 解释器会先从左到右取出位置参数，逐一放到对应形参的位置上，然后再处理关键字参数，比对关键字与形参名称，放置在相对应的位置。交互示例代码如下：

```
>>> def f(x, y, z): print(x, y, z)        # 3 个形参，从左到右分别是 x、y、z
>>> f(1, 2, 3)                            # 实参是 3 个位置参数
1 2 3
>>> f(1, 2, z=3)                          # 2 个位置参数，分别摆放到 x、y 对应的位置，
1 2 3                                     # 1 个关键字参数，摆放到 z 对应的位置
>>> f(x=1, y=2, z=3)                      # 3 个关键字参数，比对后分别摆放到 x、y、z 对应的位置
1 2 3
>>> f(z=3, x=1, y=2)                      # 关键字参数会比对名称，不管顺序，
1 2 3                                     # 但这种写法容易搞混，不建议
>>> f(1, 2, 3, 4)                         # 4 个位置参数，太多
Traceback (most recent call last):
  File "<stdin>", line 1, in <module>
TypeError: f() takes 3 positional arguments but 4 were given
>>> f(1, x=11, y=2, z=3)                  # x 参数有两个值，太多
Traceback (most recent call last):
  File "<stdin>", line 1, in <module>
TypeError: f() got multiple values for argument 'x'
>>> f(1, 2)                               # 2 个位置参数，数量不足
Traceback (most recent call last):
  File "<stdin>", line 1, in <module>
TypeError: f() missing 1 required positional argument: 'z'
>>> f(y=2, z=3)                           # 2 个关键字参数，数量不足
Traceback (most recent call last):
  File "<stdin>", line 1, in <module>
TypeError: f() missing 1 required positional argument: 'x'
>>> f(y=2, z=3, 1)                        # 关键字参数之后不能有位置参数
  File "<stdin>", line 1
SyntaxError: non-keyword arg after keyword arg
```

定义函数时可为参数指定缺省值，函数对象会记录缺省值(对象)，当调用方没有为某个形参指定实参时，便由缺省值提供。当然，参数个数也不能太多或太少。交互示例代码如下：

```
>>> def f(x, y=2, z): print(x, y, z)      # 缺省值参数之后不能有非缺省值参数
   File "<stdin>", line 1
SyntaxError: non-default argument follows default argument
>>> def f(x, y=2, z=3): print(x, y, z)
>>> f(1)                                  # 1 个位置参数，摆放到 x 对应的位置，
1 2 3                                     # y 与 z 由缺省值提供
>>> f(1, 22)                              # 2 个位置参数，摆放到 x、y，
1 22 3                                    # z 由缺省值提供
```

```
>>> f(x=1)                      # 1 个关键字参数，摆放到 x，
1 2 3                           # y 与 z 由缺省值提供
>>> f(x=1, z=33)                # 2 个关键字参数，摆放到 x、z
1 2 33                          # y 由缺省值提供
>>> f(y=22)                     # 1 个关键字参数，摆放到 y，z 由缺省值提供，但仍缺少 x
```

7.2.2 形参与“*”和“**”

在需要传入的参数个数不确定时，可在定义函数时，在某形参名称之前加上星号“*”或双星号“**”。若加上星号“*”时，该形参缺省为空的 tuple 对象，额外的位置参数都会被放进此 tuple；而若加上双星号“**”，该形参缺省为空的 dict 对象，额外的关键字参数都会被放进此 dict。

形参星号“*”用法的一般语法格式是：

```
def f(pos1, pos2, ..., posN, *t)
```

其中 pos1、pos2 到 posN 都是形参的名称。同样地，实参会被逐一对应放置，若有额外的实参，通通会被放进 tuple 对象 t 里。示例代码如下：

```
>>> def f(p1, p2, p3, *t): print(p1, p2, p3, t)
...
>>> f(1, 2)                     # 参数不够
>>> f(1, 2, 3, 4, 5)            # 额外的位置参数被放进星号参数 t
>>> f(1, 2, 3)                  # 参数刚刚好，t 缺省为空 tuple 对象
>>> f(p1=1, p2=2, p3=3, 4)      # 以关键字参数指定，但关键字参数之后不能有位置参数
```

7.2.3 实参与“*”和“**”

形参可以加上星号和双星号，在调用函数时，实参也能加上“*”和“**”。加上“*”的实参必须是可迭代项，它提供的元素会成为位置参数；而加上“**”的实参必须是映射对象(如字典)，它负责提供关键字参数。交互示例代码如下：

```
>>> def f(p1, p2, p3, p4, p5):  # 5 个参数
        print(p1, p2, p3, p4, p5)

>>> f(11, 22, 33, *range(2))    # 3 个位置参数，range(2)是可迭代项
11 22 33 0 1                    # 加上星号解开，提供 2 个位置参数
>>> f(11, 22, 33, range(2))     # 注意，这会是 4 个参数、3 个整数对象与 1 个可迭代项
>>> f(*range(2), 11, 22, 33)    # 出错，星号加实参之后只能接关键字参数
>>> m = {'k1': 'a', 'k2': 'b'}  # 映射对象
>>> def f(p1, p2, p3, k1, k2):  # 5 个参数
        print(p1, p2, p3)
```

```
        print(k1, k2)

>>> f(1, 2, 3, **m)                    # 3 个位置参数，其余由 m 提供
1 2 3                                  # 加上双星号解开 m，传入 k1 与 k2
a b
>>> m = {'k1': 'a', 'k2': 'b', 'k3': 'c'}
>>> f(1, 2, 3, **m)                    # 如果 m 里的东西太多，则出错
```

注意，“*”和“**”出现在形参(函数定义)时，代表的是“收集”额外的参数；而出现在实参(函数调用)时，则具有“解开”的意义。如果两种情况互相结合，变化更多了，但传入参数的基本机制仍相同。交互示例代码如下：

```
>>> def f(p1, p2, p3, *t): print(p1, p2, p3, t)


>>> f(11, 22, 33, *range(2))           # 总共 5 个位置参数
11 22 33 (0, 1)                        # 0、1 进入 t
>>> f(11, 22, *range(2))               # 总共 4 个位置参数
11 22 0 (1,)                           # 1 进入 t
>>> def f(p1, p2, p3, *t, k1, k2, **d):
        print(p1, p2, p3, t)
        print(k1, k2)
        print(d)


>>> it = range(3)
>>> m = {'k1': 'a', 'k2': 'b', 'k3': 'c'}
>>> f(11, 22, *it, **m)                # p1、p2、p3 得到 11、22、0
11 22 0 (1, 2)                         # it 剩下的元素 1、2，进入 t
a b                                    # m 有 k1 与 k2
{'k3': 'c'}                            # m 剩下的元素 k3，进入 d
```

由此可见，函数参数的功能很强大，语法也很复杂，但只要记住基本规则，再记住其中比较好用、常用的那几种类型就够了。在编写函数制定形参时，可参考 Python 内置函数的形参相关内容。

7.3　函数的返回值

事实上，函数的基本思想和概念是从数学中借用而来的。函数可以看作是输入变量和输出变量之间的关系。在数学上，函数实际上是一个产生结果的表达式。在 Python 语言中，参数传递提供了一种初始化函数中变量的机制。从某种意义上说，参数是函数的输入。一个函

数可以调用多次，并通过更改输入参数获得不同的结果。通常还可以从函数中获取信息。

Python 函数可看作一种新的命令形式，被调用来执行命令。例如，从 math 库中调用 sqrt 函数的代码如下：

```
discRt = math.sqrt(b * b – 4 * a * c)
```

这里 b * b – 4 * a * c 的值是 math.sqrt 函数的实参。由于函数调用发生在赋值语句的右侧，这意味着它是一个表达式。math.sqrt 函数生成一个值，然后将该值赋给变量 discRt。技术上，可以说 sqrt 返回其参数的平方根。

返回值的函数非常容易编写。下面代码段是一个函数的 Python 实现，其功能是返回其参数的平方。

```
def square(x):
    return x ** 2
```

在这个例子中，Python 函数的主体由一个 return 语句组成。当 Python 解释器遇到 return 语句时，它立即退出当前函数，并将控制返回到函数被调用之后的点。此外，return 语句中提供的值作为表达式结果发送回调用者。本质上，这只是为前面提到的四步函数调用过程添加了一个小细节：函数的返回值用作表达式的结果。其效果就是，可以在代码中任何可以合法使用表达式的地方使用 square 函数。下面是一些交互示例：

```
>>> square(3)
9
>>> print(square(4))
16
>>> x = 5
>>> y = square(x)
>>> print(y)
25
>>> print(square(x) + square(3))
34
```

程序中函数定义的顺序并不重要，只要确保在程序实际运行函数之前定义该函数即可。例如，如果让 main 函数在顶部定义同样能工作，因为直到模块的最后一行才会发生 main() 调用，而这时所有函数已被定义。

回到 Happy Birthday 程序。最初的程序版本使用了几个包含 print 语句的函数。也可以不让辅助函数执行打印，而是简单地让它们返回值(在这个例子中是字符串)，然后由 main 函数打印。下面是这个改进版本的程序。

【程序实例 7-3】 改进的 Happy Birthday 程序。

代码如下：

```
# happy2.py
def happy():
    return "Happy Birthday to you!\n"
```

```
def verseFor(person):
    lyrics=happy()*2+"Happy birthday, dear"+person+".\n"+happy()
    return lyrics

def main():
    for person in ["xiaoming", "xiaofang", "haohao"] :
        print(verseFor(person))

main()
```

注意，所有的打印都在一个地方(main 函数中)进行，而 happy 和 verseFor 函数只负责创建和返回适当的字符串。利用函数返回值的功能精简了程序，让整个句子建立在单个字符串表达式上。请仔细查看并理解这行代码。

这个版本的程序比原来的更加灵活，这是因为打印不再分散在多个函数之中。例如，可以轻松地修改程序，将结果写入文件而不是屏幕上。需要做的只是打开一个文件进行写入，并在 print 语句中添加一个“file =”参数，而不需要修改其他函数。下面是修改后的完整代码。

```
def main():
    outf = open("Happy_Birthday.txt", "W")
    for person in ["xiaoming", "xiaofang", "haohao"] :
        print(verseFor(person), file = outf)
    outf.close()
```

通常是让函数返回值，而不是将信息打印到屏幕上，这样调用者就可以选择是打印信息还是将它用于其他用途。

有时一个函数需要返回多个值，这可以通过在 return 语句中简单地列出多个表达式来完成。下面是一个计算两个数字的和与差的函数。

```
def sumDiff(x, y):
    sum = x + y
    diff = x – y
    return sum, diff
```

这个 return 语句返回两个值。调用这个函数时，可将它放在一个同时赋值语句中，代码如下：

```
num1, num2 = input("Please enter two numbers(num1, num2) ").split(", ")
s, d = sumDiff(float(num1), float(num2))
print("The Sum is ", s, " and the difference is ", d)
```

与参数的匹配一样，从函数返回多个值时，它们也是根据位置赋给变量的。在这个例子中，变量 s 将获得 return 语句列出的第一个值(sum)，变量 d 将获得第二个值(diff)。

从技术上讲，Python 语言中的所有函数都返回一个值，而不管函数实际上是否包含

return 语句。没有 return 语句的函数总是返回一个特殊对象，表示为 None。这个对象通常用作变量的一种默认值，表示它当前没有指向任何有用的对象。

调用函数进入函数体，便会逐一执行其内部的程序代码，若执行到末端便会结束，回到调用方。另外，通常会使用 return 语句把执行结果(对象)返回给调用方；一个函数内的 return 语句可以有多个。若 return 后面没有代码，或者根本没有 return 语句，那么函数结束时会返回 None。虽然 return 语句只能返回一个对象，但可返回 tuple 对象，所以可以把许多个对象放在 tuple 里，然后返回。

例如，之前计算总分与求平均成绩的程序代码，改写后的函数如下：

```
def total_avg(scores, initial=0):
    n = 0
    total = initial
    for x in scores:                    # 以 for 循环计算总分
        total += x
        n += 1                          # 也顺便得知长度
    return (total, total / n)           # 返回含有总分与平均成绩的数组
```

这里建立数组的括号“( )”通常可省略，所以 return 语句可改写为“return total, total / n”。

7.4 函数的生命周期与作用域

程序代码一旦产生某名称后，就可一直使用，直到程序结束。但使用“del 语句”可以删除名称，并连带删除该名称与指向对象之间的绑定关系。

```
>>> a = 3                # 名称 a 指向 int 对象 3
>>> a += 1               # 名称 a 转而指向新的 int 对象 4，对象 3 变成垃圾
>>> del a                # 使用 del 语句删除名称 a，也删除与对象之间的绑定关系
```

“对象”的作用域(又称可视范围)实际上是“名称”的作用域，决定了在程序的什么地方能够访问该名称，进而存取该名称指向的对象；这取决于该名称定义(第一次赋值)的位置。如果名称定义在程序文件的最外层，如下面例子中的 a、b、foo、x、y，那么一旦定义后，任何地方都访问到这些名称，也能存取名称指向的对象，简称“全局变量”；而如果定义在函数内的名称(包括参数)，如下面例子中的 n 与 m，只拥有“局部”作用域，那么只有在该函数内才可访问这些名称，简称“局部变量”。示例代码如下：

```
a, b = 3, 4              # 名称 a 与 b 拥有全局作用域
def foo(n):              # 名称 foo 拥有全局作用域
    m = 5                # n 与 m，局部作用域
    return n + m + a     # 在函数里都可存取
x = foo(b)               # 任何地方都可存取全局变量 b，
y = a + n                # 这一行会发生错误，因为此处看不到 n
```

如果在函数内定义的局部变量与全局变量相同时，那么在函数内调用该名称时，实际存取的是局部变量(指向的对象)，而非全局变量(指向的对象)，也就是说同名的局部变量会屏蔽全局变量。示例代码如下：

```
a = 10                    # 全局变量 a
def foo(n):
    a = 100               # 产生局部变量 a，而不是给全局变量 a 赋值新对象
    return n + a          # a 是局部变量 a
x = foo(5)                # x 会是 105，不是 15
```

在函数(局部)里虽然可以自由调用全局变量，但只能读、不能写。一旦在函数里把某全局变量放在赋值语句的左边，就会产生新的局部变量，而不是把新对象赋值给全局变量。为了把新对象赋值给全局变量，办法是使用“global 语句”。示例代码如下：

```
a = 10                    # 全局变量 a
def foo(n):
    global a              # 以 global 语句宣告 a 是个全局变量
    a = 100               # 全局变量 a 转而指向新对象 100
    return n + a
x = foo(5)                # x 会是 105
y = a                     # y 会是 100
```

7.4.1　第一次指定名称

为了读者更好地理解函数的定义与调用，下面进一步介绍作用域与命名空间的概念，这也有助于理解递归与高阶函数的概念。

作用域分为内置、全局和局部三种。在 Python 程序里，名称的作用域取决于它“第一次指定”的位置。无须实际执行，只看程序代码就能判断出某名称的作用域，这种机制被称为静态范围；同样地，当给出某名称(想存取它指向的对象)时，只看程序代码就能得知存取到的会是哪个范围里的名称。示例代码如下：

```
li = [0, 1, 2, 3, 4]      # 第一次指定名称 li 于全局范围，指向列表对象
a = 3                     # 第一次指定名称 a，指向整数对象 3
a = len(li)               # 名称 a 位于全局范围，在全局范围内没有名称 len，
                          # 到内置范围去找，找到了内置函数 len
b = sum(li)               # 第一次指定名称 b，名称 sum 位于内置范围，li 在全局
def foo_1(a, b):          # 第一次指定名称 foo_1，指向新建立的函数对象，
    d = a + b - c         # a、b、c 都是在局部(函数)范围内第一次指定，
    return d              # 局部名称 a 与 b，掩盖住全局名称 a 与 b
def foo_2(a, b):          # 第一次指定名称 foo_2，指向新建立的函数对象，
    def bar(x):           # 在局部(函数)范围内也可有 def 语句，名称 bar
        return x ** 2     # 位于 foo_2 的局部范围内，不在全局范围
```

```
    len = a * b + bar(c)      # 在局部范围内第一次指定名称 len，掩盖住内置函数 len
    return len
c = 5
m = foo_1(a, b)               # 在全局范围找到名称 foo_1，是个函数
n = foo_2(a, b+2+len(li))     # 在内置范围找到名称 len
# bar(3)                      # 若执行会发生“找不到名称 bar”的错误
```

规则整理如下：

(1) 名称第一次指定的位置，决定了该名称位于哪个范围。

(2) 名称的定义过程，也就是以名称找出指向对象的过程，会依照局部、全局和内置范围的顺序。

(3) 若不同范围内的名称同名，那么在函数内，局部名称会掩盖住全局名称或内置名称；在全局范围内，全局名称会掩盖住内置名称。

(4) 函数的局部范围各自独立，所以函数 A 与函数 B 的参数即使同名，也不会起冲突。

7.4.2 同名问题

因为在函数内第一次指定某名称时就会在局部范围内产生该名称，并会掩盖住同名的全局名称(如果有的话)，所以当需要在函数里重新指定某全局名称时，必须使用 global 语句来声明。示例代码如下：

```
y = 3                         # 全局名称 y
def f(x):
    y = x ** 2                # 这是局部名称 y
    print(y)                  # 输出局部名称 y，值是 9
f(3)
print(y)                      # 输出全局名称 y，值是 3
y = 3
def f(x):
    global y                  # 以 global 宣告 y 是个全局名称
    y = x ** 2                # 重新指定
    print(y)                  # 输出全局名称 y，值是 9
f(3)
print(y)                      # 输出全局名称 y，值是 9
```

虽然在函数里的局部名称可由 global 语句声明位于全局范围，但是需在函数调用后才建立全局名称的绑定关系，因此并不推荐这种写法。示例代码如下：

```
# 此时尚无全局名称 y
def foo(x):
    global y                  # 宣告 y 为全局名称
    y = x                     # 此时才指定
```

```
# print(y)                # 若执行这一行会出现错误“全局名称 y 尚未定义”
foo(3)                    # 必须调用此函数，然后 y 才绑定某对象
print(y)                  # 输出全局名称 y，值为 3
```

7.4.3 del 语句

顾名思义，del 语句的作用就是删除名称，连带地也会删除名称与其对象之间的绑定关系，若该对象已无名称指向它，便成为垃圾等待回收。del 语句在全局范围内会删除全局名称，而在局部范围内会删除局部名称。示例代码如下：

```
y = 999
del y                     # 删除全局名称 y
x = 3
def foo():
    global x              # 声明 x 为全局名称
    del x                 # 删除
foo()
print(x)                  # 错误，找不到 x
```

注意，若在函数内有 del 语句，且名称未以 global 声明，该名称将会被视为局部名称，连带影响其他的程序语句。示例代码如下：

```
x = 3
def foo():
    print(x)              # 若无下面的 del x，这一行会输出 3，
    del x                 # 若有 del x，x 被视为局部名称，上一行就会出错
foo()
```

应该尽量避免在局部范围内存取全局名称，这么做能提高程序的可维护性和可读性。

7.5 函数的递归

Python 语言强调迭代，而不推荐递归形式，其提供的功能与具有的特色多半属于迭代，建议尽量以迭代形式实现程序。但是有些问题本质上就属于递归，难以用迭代形式表达，例如，深度与形状不定的数据结构、文件系统的目录结构、快速排序法等。

可以递归的形式来使用函数，即函数可以以直接或间接的方式自己调用自己。以阶乘为例，给定一整数 n，阶乘的数学记号为“n!”，若根据下面的定义，会自然地写出迭代形式的程序。

```
n! = 1 * 2 * 3 * ... * (n-1) * n
```

0! = 1

但若定义如下，那么便会得到递归形式的程序。

n! = n * (n-1)!　　　　如果 n 大于或等于 2

n! = 1　　　　如果 n 等于 1 或 0

【程序代码 7-4】 阶乘。

代码如下：

```
# fact.py
def fact_i(n):                # 迭代形式
    result = 1
    for i in range(1, n+1):
        result *= i
    return result
####
def fact_r(n):                # 递归形式
    if n == 1 or n == 0:
        return 1
    else:
        return n * fact_r(n-1)
```

函数 fact_r 运用递归的概念来计算 n!。根据定义，如果 n 大于或等于 2，就再次调用 fact_r，直到传入(n-1)计算出(n-1)!，得到返回值后再乘上 n，便得到 n!。只要每次调用 fact_r 时，都传入较小的数值，那么最终 n 会等于 1 或 0，就不会再递归调用，而是直接返回 1。

7.5.1 递归的概念

递归方式编写函数的基本概念如下：

(1) 每次递归调用，都必须趋近终止条件。

(2) 抵达终止条件时，就不再递归调用。

以阶乘函数 fact_r 为例，fact_r(n)递归调用 fact_r(n-1)，n 会越来越小，直到满足终止条件，也就是当 n 等于 1 或 0 时，便不再递归调用。

【程序实例 7-5】 计算两个数的最大公因数，练习以递归形式实现函数。

代码如下：

```
# gcd.py
def gcd_i(a, b):              # 迭代形式
    while b:
        a, b = b, a%b
    return a
####
def gcd_r(a, b):              # 递归形式
```

```
    if b == 0:                    # 终止条件
        return a
    else:
        return gcd_r(b, a%b)      # 递归调用
```

7.5.2　实例：汉诺塔

汉诺塔(又称河内塔)是著名的递归问题。有三根柱子，其中一根柱子从下到上按照大小顺序叠了 64 个圆盘，要求把所有圆盘依原来顺序搬移到另一根柱子。搬移圆盘时的规则是：

(1) 一次只能搬移一个圆盘。

(2) 圆盘必须从某柱子移动到另一根柱子，不可放在别的地方。

(3) 小圆盘必须位于大圆盘之上，即大圆盘不可叠在小圆盘之上。

若搬移一次花费一秒钟，那么最少需花多少时间才能搬完 64 个圆盘？

先考虑 3 个圆盘的情况，如图 7-1，把三根柱子分别标示为 A、B 和 C，假定计划把圆盘从 A 搬移到 C，圆盘从下到上编号依次为 0、1 和 2。搬移圆盘的步骤如下：(1) 2 从 A 搬到 C；(2) 1 从 A 搬到 B；(3) 2 从 C 搬到 B；(4) 0 从 A 搬到 C；(5) 2 从 B 搬到 A；(6) 1 从 B 搬到 C；(7) 2 从 A 搬到 C。但这种描述不够简洁，其实因为搬移时必须遵守既定规则，所以无须标示搬移哪个圆盘，直接表示为下面的形式即可：

A→C、A→B、C→B、A→C、B→A、B→C、A→C

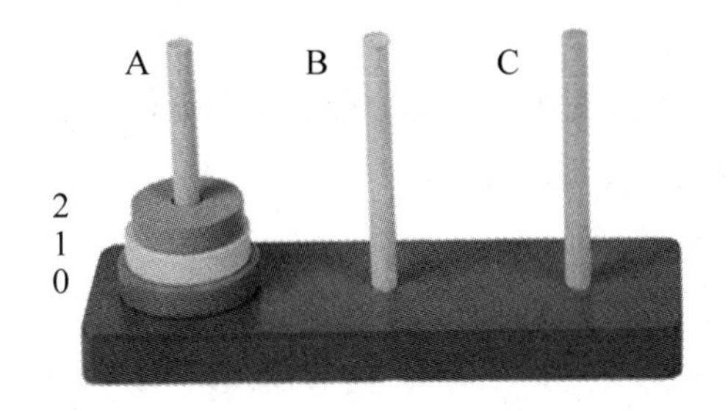

图 7-1　三个圆盘的汉诺塔

搬移 3 个圆盘需要移动 7 次，需花费 7 秒钟。那么搬移 4 个圆盘呢？若以迭代方式思考，很难想象。但若以递归方式思考，当想要把 4 个圆盘从 A 搬到 C 时，步骤是：把上三个圆盘从 A 搬到 B，把最下面第四个圆盘从 A 搬到 C，再把上三个圆盘从 B 搬到 C，如此即可。所以搬 4 个圆盘的次数是“搬 3 个圆盘的次数”+“搬 1 个圆盘的次数”+“搬 3 个圆盘的次数”，7+1+7 等于 15。分析如下：

(1) 搬 1 个圆盘的次数：0 + 1 + 0 等于 2**1 − 1 等于 1；

(2) 搬 2 个圆盘的次数：1 + 1 + 1 等于 2**2 − 1 等于 3；

(3) 搬 3 个圆盘的次数：3 + 1 + 3 等于 2**3 − 1 等于 7；

(4) 搬 4 个圆盘的次数：7 + 1 + 7 等于 2**4 − 1 等于 15；

(5) 搬 n 个圆盘的次数：2**(n-1) − 1 + 1 + 2**(n-1) − 1 等于 2**n − 1；

(6) 搬 64 个圆盘的次数：2**63 − 1 + 1 + 2**63 − 1 等于 2**64 − 1。

所以若搬一次需花一秒钟，那么想搬移 64 个圆盘需花费大约 5849.42 亿年！

下面编写函数 hanoi(n)，参数 n 代表需搬运圆盘的个数，返回含有搬移步骤的列表。例如调用 hanoi(3)，搬移 3 个圆盘的步骤是 [('A', 'C'), ('A', 'B'), ('C', 'B'), ('A', 'C'), ('B', 'A'), ('B', 'C'), ('A', 'C')]，每个元素是个 tuple，代表一个搬运步骤，如 ('A', 'C') 代表从柱子 A 把最上面的圆盘搬到柱子 C。

【程序实例 7-6】 汉诺塔。

代码如下：

```
# Hanoi.py
def hanoi(n):
    steps = []                          # 含有搬移步骤的列表
                                        # pfrom 是起始柱子，pto 是目标柱子，pbuf 是缓冲柱子
    def sub(n, pfrom, pto, pbuf):
        if n == 1:                      # 终止条件
            steps.append((pfrom, pto))  # 从 pfrom 搬到 pto，搬 1 个
        else:                           # 递归调用
            sub(n-1, pfrom, pbuf, pto)  # 从 pfrom 搬到 pbuf，搬 n-1 个
            steps.append((pfrom, pto))  # 从 pfrom 搬到 pto，搬 1 个
            sub(n-1, pbuf, pto, pfrom)  # 从 pbuf 搬到 pto，搬 n-1 个
    sub(n, 'A', 'C', 'B')
    return steps
```

搬移步骤返回后，还可以编写测试函数，照着步骤进行搬移，检查是否正确。代码如下：

```
def simulate_hanoi(n, pfrom, pto, pbuf, steps):
    # 一开始时，pfrom 里有 n 个圆盘
    pillars = {pfrom: list(range(n)), pto: [], pbuf: []}
    for s in steps:                             # 按照步骤进行搬移
        disk = pillars[s[0]].pop()              # 拿出圆盘
        pillars[s[1]].append(disk)              # 放进柱子
    if (pillars[pfrom] == [] and
        pillars[pbuf] == [] and
        pillars[pto] == list(range(n))):        # 最后圆盘应该都搬到 pto 里
        return True
    else:
        return False
```

其中，字典 pillars 中键是代表柱子的 pfrom、pto 和 pbuf，值则是含有圆盘的列表，以 for 循环迭代搬移步骤 steps，按照步骤搬移，每个步骤会从某列表(含有圆盘)的尾端拿出圆盘并放进别的列表的尾端，刚好能以列表方法 pop 与 append 代表。搬移结束后，检查各柱子里是否含有适当的圆盘。

课 后 习 题

1. 判断题

(1) 程序员很少定义自己的函数。(　　)

(2) 函数只能在程序中的一个位置调用。(　　)

(3) 信息可以通过参数传递到函数中。(　　)

(4) 每个 Python 函数都返回某些值。(　　)

(5) 在 Python 语言中，某些参数按引用传递。(　　)

(6) 在 Python 语言中，函数只能返回一个值。(　　)

(7) Python 函数永远不能修改参数。(　　)

(8) 使用函数的一个原因是减少代码重复。(　　)

(9) 函数中定义的变量是该函数的局部变量。(　　)

(10) 如果定义新的函数使程序更长，那么这是一个坏主意。(　　)

2. 选择题

(1) 程序中使用函数的部分称为(　　)。

A. 用户　B. 调用者　C. 被调用者　D. 语句

(2) Python 函数定义的开头是(　　)。

A. def　B. define　C. function　D. defun

(3) 函数可以将输出发送回程序，使用(　　)。

A. return　B. print　C. assignment　D. SASE

(4) 正式且实际的参数匹配是按(　　)。

A. 名称　B. 位置　C. ID　D. 兴趣

(5) 以下(　　)不是函数调用过程中的一个步骤。

A. 调用程序挂起　B. 形参被赋予实参的值

C. 函数的主体执行　D. 控制返回到调用函数之前的点

(6) 在 Python 语言中，实际的参数被(　　)传递给函数。

A. 按值　B. 按引用　C. 随机　D. 按联网

(7) 以下(　　)不是使用函数的原因。

A. 减少代码重复　B. 使程序更模块化

C. 使程序更好解释　D. 展示智力优势

(8) 如果一个函数返回一个值，它通常应该在(　　)中调用。

A. 表达式　B. 不同的程序　C. main　D. 手机

(9) 没有 return 语句的函数返回(　　)。

A. 无　B. 其参数　C. 其变量　D. None

(10) 函数可以修改实参的值，如果它是(　　)。

A. 可变的　B. 列表　C. 按引用传递的　D. 变量

3. 讨论

(1) 用自己的话来描述在程序中定义函数的两个动机。

(2) 计算机程序可以看成是指令序列，即计算机有条不紊地执行一个指令，然后移动到下一个指令。包含函数的程序是否适合这个模型？并解释原因。

(3) 参数是定义函数的一个重要概念。

a. 参数的目的是什么？

b. 形参和实参之间有什么区别？

c. 参数与普通变量在哪些方面类似，哪些方面不同？

(4) 函数可以被认为是其他程序中的子程序。与任何其他程序一样，函数具有输入和输出，可以与 main 程序通信。

a. 程序如何提供“输入”到一个函数？

b. 函数如何为程序提供“输出”？

(5) 阅读下面这个非常简单的函数。

```
def cube(x):
    answer = x * x * x
    return answer
```

a. 这个函数做什么？

b. 说明程序如何使用此函数打印 y3 的值，假设 y 是一个变量。

c. 下面是使用这个函数的程序的一个片段：

```
    answer = 4
    result = cube(3)
    print(answer, result)
```

这个片段的输出是 427。解释为什么输出不是 2727，虽然 cube 似乎将 answer 的值改成了 27。

编 程 实 训

1. 实训目的

(1) 了解什么是 Python 语言的函数，程序员为什么要将程序分成多组合作的函数。

(2) 能够在 Python 语言中定义新的函数。

(3) 理解 Python 语言中函数调用和参数传递的细节。

(4) 利用函数来编程，以减少代码重复并增加程序的模块性。

2. 实训内容与步骤

(1) 仔细阅读本章内容，对其中的各个实例进行具体操作实现，从中体会 Python 程序设计，提高 Python 编程能力。如果不能顺利完成，则分析原因。

答：____

____

(2) 编写程序。

① 编写一个程序来打印歌曲“old MacDollald”的歌词。编写的程序应该打印五种不

同动物的歌词，类似于下面的例子。

Old MacDonald had a farm, Ee-igh, Ee-igh, Oh!

And on that farm he had a cow, Ee-igh, Ee-igh, Oh!

With a moo, moo here and a moo, moo there.

Here a moo, there a moo, everywhere a moo, moo.

old MacDonald had a farm, Ee-igh, Ee-igh, Oh!

② 编写一个函数，给定三边的长度作为参数，计算三角形面积。

③ 列表中有一堆数字，如[9, 5, 5, -4, 7, 6, 4, 1, -2, 0, 10, 9, 7]，编写程序，找出其中只出现过一次的数字。

④ 编写函数，参数是个列表，里面都是整数，返回列表的元素是原本的元素加上索引值后的整数。例如，传入[8, 4, 1, 7]，返回[8+0, 4+1, 1+2, 7+3]，也就是 [8, 5, 3, 10]。

⑤ 列表中每一个元素都是一条个人数据。例如[('John', 40, 174, 65), ('Amy', 28, 165, 44), ('Jessie', 32, 158, 45)]。个人数据的顺序是姓名、年龄、身高和体重。使用内置函数 sorted，按照年龄排序。

⑥ 若列表中的元素是长度为 1 的字符串，而且可重复出现，如['a', 'z', 'a', 'c', 'd', 'e', 'f', 'm', 'f', 'c', 'c']。请编写函数，传入此种列表，返回列表元素(tuple)含有的字符串与出现次数，并按照出现次数多寡排序，以此例而言是[('c', 3), ('a', 2), ('f', 2), ('z', 1), ('d', 1), ('e', 1), ('m', 1)]。

⑦ 编写函数，两个正整数参数 x 与 y，返回 x % y 的运算结果，但不能使用“%”运算符。分别以迭代与递归方式编写。

⑧ 编写函数，参数是一个整数，功能是输出相同数目的“.”，如传入 3 就应该打印出“...”。分别以迭代与递归方式编写。

⑨ 回文数是种对称的数字，如 11、101、151、484 和 10201，每个位数按相反顺序重新排列后，结果会跟原来的数字一样。编写函数判断参数(正整数)是否为回文数。另外，计算 n 位数中有几个回文数。例如 2 位数中有 9 个回文数，3 位数中有 90 个，4 位数中有 90 个。

⑩ 数学函数 f 的定义如下，试编写函数计算：

$$f(n)\begin{cases} n & n \leqslant 2 \\ f(n-1)+2f(n-2)+3f(n-3) & n > 3 \end{cases}$$

记录：将编写的上述程序的源代码另外用纸记录下来，并粘贴在下方。

---------------------------------- 程序设计源代码粘贴于此 ----------------------------------

3. 实训总结

____

____

____

4. 教师对实训的评价

____

____

第8章 模　块

当软件项目越来越大，软件越来越复杂时，就需要由团队来开发，这样就不能把所有程序代码都放在单一源文件里，而需要通过某种规则与机制，分散放在许多文件中，这时，自然会产生许多需求，例如管理软件程序代码、划分权责、便于重复使用等。实际上，每种程序语言都有一套机制来管理程序，如函数库、程序库、模块、包、类库和软件开发框架等，目的就是程序代码重复使用。在 Python 语言中，这样的机制叫模块(module)与包(package，又称套件)。模块用来组织程序的架构。目前，各种与包相关的文件、工具和标准制定，都由 Python 包委员会(PyPA)团体负责，产品包括 Python 包使用者手册等，有兴趣深入了解的读者，可以浏览 PyPA 的网站。

模块机制将程序代码按照功能进行分割，分别放在不同的模块文件里，以避免名称冲突。但这还不够，因为之前介绍的模块，其中的名称所指向的对象都是函数、类、整数和列表等，而有时情况更为复杂，需要拥有模块嵌套机制，这种能够“含有子模块的模块”就是包。

与过去不同，现在学习程序设计时，通常需要集中大部分精力在程序库上，熟悉其框架与用法，根据开发的程序软件领域，挑选适合的程序库或开发框架。

8.1 模块的概念

一般程序语言不会单独存在，而由丰富的程序库对其进行扩展和支撑，如数学运算、网络连接、3D 绘图、音频处理和机器人控制等。如果没有适当的程序库，开发人员在开发时就要辛苦地编写底层程序，而不能专注于真正想要开发的上层软件功能。

当 Python 程序日渐庞大时，需要将程序代码根据功能特色适当分割，供不同领域的开发者选择与使用。Python 语言的模块可以是 Python 语言，也可以是 C(或其他)语言的程序代码。

8.1.1 模块：独立的.py 文件

在程序开发过程中，为了编写可维护的代码，开发人员会把函数分组，并分别放到不同的文件里，这样每个文件包含的代码就相对较少。在 Python 语言中，一个独立的.py 文件就是一个模块。

模块编写完毕后，就可以在其他程序代码段中引用(程序复用)。在编写程序的时候既可以引用 Python 内置的模块，也可以自定义模块，还可以使用来自第三方开发者的模块。

使用模块可以避免函数名和变量名的冲突。相同名字的函数和变量可以分别存在于不同的模块中，因此，编写模块时不必考虑名字会与其他模块冲突。但是模块名要遵循 Python 变量命名规范，并注意名字不要与内置函数名字冲突。

8.1.2　包：按目录组织模块

一些较大规模的程序设计工作通常是由团队合作完成的。为了避免团队合作中可能造成的模块名冲突，Python 语言又引入了按目录来组织模块的方法，即使用包(Package)来组织模块。

例如，abc.py 文件就是一个名字叫 abc 的模块，xyz.py 文件就是一个名字叫 xyz 的模块。现在假设 abc 和 xyz 这两个模块名字与其他模块冲突了，这时就可以通过包来组织模块，避免冲突。方法是选择一个顶层包名，比如 mycompany，按照目录存放模块(见图 8-1)。

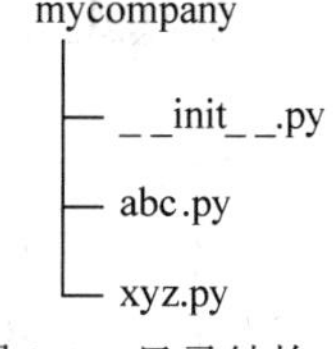

图 8-1　目录结构(1)

引入包以后，只要顶层包的名字不与别人冲突，那所有模块就都不会与别人冲突。现在，abc.py 模块的名字就变成了 mycompany.abc，xyz.py 的模块名变成了 mycompany.xyz。

每一个包目录下面都必须存在一个_ _init_ _.py 文件，否则 Python 解释器会把这个目录当成普通目录。_ _init_ _.py 可以是空文件，也可以有 Python 代码，因为_ _init_ _.py 本身就是一个模块，而它的模块名就是 mycompany。

类似地，可以由多级目录组成多级层次的包结构(见图 8-2)。文件 www.py 的模块名就是 mycompany.web.www，两个文件 utils.py 的模块名分别是 mycompany.utils 和 mycompany.web.utils。

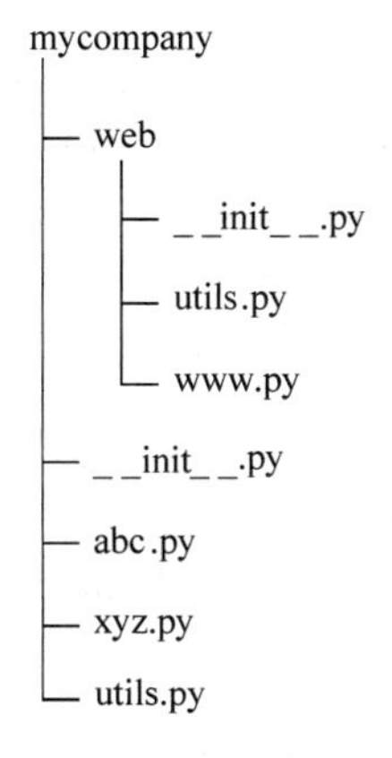

图 8-2　目录结构(2)

自己创建模块时，要注意命名不能和 Python 语言自带的模块名称冲突。例如，系统自带了 sys 模块，自己创建的模块就不可命名为 sys.py，否则将无法导入系统自带的 sys 模块。

8.2 模块的使用

一个 Python 程序可以由一个或多个模块组成，不管是语句(def、for 和赋值等语句)还是表达式(运算符、函数调用和列表生成式等)，都必须放在模块里。Python 解释器执行时，也是以模块为执行单位。当使用别的模块文件里定义的函数、类型和常数时，须以语句 import 来导入，基本语法格式如下：

import 模块名

8.2.1 模块的读入

下面以两个文件为例，一个是主程序文件，另一个是模块文件，主程序文件会读入模块文件并使用里面定义的对象。

【程序实例 8-1】 主程序文件。

代码如下

```
# myhello.py
a = 26
b = 16

import mymath                              # 读入模块

def main():
    print('Hello Python')
    print('pi is ' + str(mymath.pi))          # 使用
    print('gcd(%d, %d) is %d' % (a, b, mymath.gcd(a, b)))
    print('factorial(%d) is %d' % (6, mymath.factorial(6)))
    print('Bye Python')


if __name__ == '__main__':
    print('%s as main program' % __name__)
    print('mymath.__name__ is %s ' % mymath.__name__)
    main()
```

【程序实例 8-2】 模块文件。

代码如下：

```
# mymath.py
pi = 3.14
```

```
def gcd(a, b):
    while b:
        a, b = b, a%b
    return a


def factorial(n):
    result = 1
    for i in range(1, n+1):
        result *= i
    return result


if __name__ == '__main__':
    print('%s as main program' % __name__)
```

不管是哪一个文件，对 Python 解释器来说都是模块。主程序文件是整个程序的入口，所以也称为主模块文件。每个模块都有个名为“__name__”的属性项，存放着代表模块名的字符串，主模块的__name__会是'__main__'，而其他模块的__name__是该模块文件的主文件名。在命令行输入指令“python myhello.py”。

运行结果：

```
$ python myhello.py
__main__ as main program
mymath.__name__ is mymath
Hello Python
pi is 3.14
gcd(26, 16) is 2
factorial(6) is 720
Bye Python
```

程序分析：

命令中的 myhello.py 是主程序文件，Python 解释器为它建立模块(也是对象)，其命名空间成为全局命名空间，串联的内置命名空间成为当前环境，在此环境里执行语句，所以之后的赋值语句与 def 语句，会在当前环境里产生名称 a、b 和 main 并指向相对应的对象。

执行语句“import mymath”时，解释器先寻找名为 mymath 的模块文件(扩展名不一定是 .py)，找到后载入并初始化，同样建立模块对象，此模块的命名空间成为 mymath.py 程序代码的全局命名空间，在此环境里面执行 mymath.py 的语句，所以在全局范围里建立的名称 pi、gcd 和 factorial 被放进全局命名空间里，也就是该模块的命名空间；该模块的__name__是 'mymath'，而不是 '__main__'，所以 mymath.py 的 if 语句为假，不会进入执行。

成功载入模块后，回到 myhello.py 的语句“import mymath”，此语句因处于全局范围，所以在全局命名空间里产生名称 mymath，指向刚刚载入的模块对象。

然后，因为主模块的__name__是'__main__'，所以if语句为真，进入执行状态，执行print语句输出一些信息，接着调用函数main，通过名称mymath(指向模块对象)存取该模块的属性项，也就是该模块命名空间里的各个名称与其指向的对象，于是便能调用mymath.pi指向的int对象，调用mymath.gcd与mymath.factorial指向的函数对象。

若下达指令“python mymath.py”，流程同上，Python解释器把mymath.py当作主程序文件建立模块对象，并把它的属性项__name__设为'__main__'，它的命名空间成为全局命名空间，在此环境下执行程序语句，建立对象并指派给名称pi、gcd和factorial，然后执行if语句为真，输出如下信息后程序运行结束。

```
$ python mymath.py
__main__ as main program
```

8.2.2 自定义程序模块

下面的例子有两个文件，一个是主程序文件，另一个是模块文件，把这两个文件放在同一个目录里。模块文件(mymath.py)里有浮点数pi、函数gcd(计算两个整数的最大公因数)和函数factorial(阶乘)。

【程序实例8-3】 模块文件。

代码如下：

```
# mymath.py
pi = 3.14

def gcd(a, b):                    # 最大公约数
    while b:
        a, b = b, a%b
    return a

def factorial(n):                 # n阶乘等于1 * 2 * 3 * … * n
    result = 1
    for i in range(1, n+1):
        result *= i
    return result
```

在主程序文件(myhello.py)里使用“import mymath”读入模块，不要加扩展名.py。读入后，名称mymath指向刚刚读入的模块。模块在Python语言里也是个对象，类型是module。

【程序实例8-4】 主程序文件。

代码如下：

```
# myhello.py
import mymath
```

```
print('---Hello Python---')
print('pi is ' + str(mymath.pi))
print('gcd of 24 and 16 is ' + str(mymath.gcd(24, 16)))
print('factorial of 6 is ' + str(mymath.factorial(6)))
print('---Bye Python---')
```

程序分析：

在 myhello.py 里使用“import mymath”的作用就如执行 mymath.py 一样，只不过执行后得到的名称，会被放入模块对象里。因为 Python 模块对象有命名空间的功能，也就是说可存放名称；读入后，可以使用“模块名.名称”的语法存取模块里的名称(及其所指向的对象)。

8.2.3　标准程序库

除了 Python 语言的实例，Python 语言的模块也可以使用其他语言来开发。例如，CPython 的标准程序库模块就采用了 C 语言实例。

在模块 keyword 里，列表 kwlist 里包含 Python 语言的保留字，而函数 iskeyword 可判定某字符串是否为保留字。交互示例代码如下：

```
>>> import keyword                      # 读入模块 keyword
>>> keyword.kwlist                      # 含有所有保留字的列表
['False', 'None', 'True', 'and', 'as', 'assert', 'break', 'class', 'continue', 'def', 'del', 'elif', 'else', 'except', 'finally', 'for', 'from', 'global', 'if', 'import', 'in', 'is', 'lambda', 'nonlocal', 'not' , 'or', 'pass', 'raise', 'return', 'try', 'while', 'with', 'yield']
>>> len(keyword.kwlist)                 # 有 33 个保留字
33
>>> keyword.iskeyword('import')         # import 是保留字
True
>>> keyword.iskeyword('a')              # a 不是保留字
False
```

有个模块含有 Python 语言全部的内置名称，包括函数、常数和异常等，而且已缺省读入，名称是_ _builtins_ _，调用内置函数 dir 可列出模块内容。交互示例代码如下：

```
>>> _ _builtins_ _
<module 'builtins' (built-in)>
>>> dir(_ _builtins_ _)                 # 使用内置函数 dir 可列出模块内容
['ArithmeticError', 'AssertionError', 'AttributeError', 'BaseException
... 省略 ...
visionError', '_', '_ _build_class_ _', '_ _debug_ _', '_ _doc_ _', '_ _impor
... 省略 ...
, 'property', 'quit', 'range', 'repr', 'reversed', 'round', 'set', 'se tattr', 'slice', 'sorted', 'staticmethod', 'str', 'sum',
```

```
'super', 'tup le', 'type', 'vars', 'zip']
```

模块 math 里包含各种常用的数学函数，如 sqrt(x) 计算平方根、pow(x, y)计算 x 的 y 次方、log10(x)求出 x 的对数(底为 10)、sin(x)与 tan(x)等三角函数以及 pi 与 e 等数学常数。交互示例代码如下：

```
>>> import math
>>> math.pi, math.e                          # 数学常数 pi 与 e
(3.141592653589793, 2.718281828459045)
>>> math.factorial(6)                        # 阶乘
720
>>> math.log10(1000), math.log10(99)         # 对数(底 10)
(3.0, 1.99563519459755)
>>> math.log(math.e), math.log(1)            # 自然对数
(1.0, 0.0)
>>> math.log(32, 2), math.log(1024, 2)       # 对数(底 2)
(5.0, 10.0)
>>> math.sqrt(9), math.sqrt(2)               # 平方根
(3.0, 1.4142135623730951)
>>> math.sin(math.radians(90))               # 三角函数
1.0
```

模块 random 跟随机数相关，提供多种产生随机数的函数。交互示例代码如下：

```
>>> import random
>>> random.seed()                            # 读入模块时也会自动初始化
>>> random.random()                          # 从 0 到 1(不含)随机选出随机数(浮点数)
0.7700810990667997
>>> random.randint(1, 7)                     # 从 1 到 6 随机选出随机数(整数)
3                                            # 模拟骰子
>>> random.uniform(0.1, 0.5)                 # 从 0.1 到 0.5 随机选出随机数(浮点数)
0.24932535276146434
>>> li = [2, 99, 132, 44, 0.1]
>>> random.choice(li)                        # 从列表 li 中随机选出一个元素
99
>>> random.shuffle(li)                       # 打乱 li 的内容
>>> li
[2, 44, 0.1, 99, 132]
>>> random.choice(range(2, 20, 2))           # 从指定的范围内随机选出一个
12
```

不过 Python 语言的模块 random 提供的是虚拟随机数(或称伪随机数)，不可用于密码、加密和安全等方面。若了解这种随机数的机制与规则，便能得知将要产生的随机数。当执

行上面的程序代码时，却得到与此处举例不同的随机数值，这是因为“random.seed()”在缺省情况下会以系统时间作为随机数种子进行初始化，既然种子不同，那么后续得到的随机数也会不同，但若每次都给定相同的种子，就会得到相同的随机数。交互示例代码如下：

```
>>> import random
>>> random.seed(333)                # 输入某个东西作为种子
>>> random.random()
0.5548354562432166                  # 读者应该也会得到此随机数值，
>>> random.random()
0.3531347454768303                  # 如果使用与作者相同的 Python 实例的话
```

8.2.4　顺序搜索模块

当读入模块时，Python 解释器会到模块搜寻路径(sys.path)逐一寻找。在启动 Python 解释器时，会从多个设定来源组成这个列表，来源包括：当前目录、环境变数 PYTHONPATH、标准程序库目录、.pth 档的内容和第三方程序库安装目录 site-packages。

注意，Python 解释器会“按照顺序”逐一寻找，所以若两个模块同名但放在不同的路径下，那么只会载入先找到的模块。

8.3　使用内置模块

Python 语言内置了许多非常有用的模块，无须额外安装和配置即可直接使用。

【程序实例 8-5】 用内置 sys 模块编写一个 hello 模块。

代码如下：

```
# hello.py
#!/usr/bin/env python3
# -*- coding: utf-8 -*-

' 一个测试模块 '

__author__ = 'Michael Liao'

import sys

def test():
    args = sys.argv
    if len(args)==1:
        print('Hello, world!')
```

```
    elif len(args)==2:
        print('Hello, %s!' % args[1])
    else:
        print('Too many arguments!')

if __name__=='__main__':
    test()
```

程序分析：

第1行和第2行是标准注释。第1行注释可以让这个hello.py文件直接在Unix/Linux/Mac上运行，第2行注释表示.py文件本身使用标准UTF-8编码。

第4行是一个字符串，表示模块的文档注释，任何模块代码的第一个字符串都被视为模块的文档注释。

第6行使用__author__变量把作者姓名写进去，这样在公开源代码后读者就知道该模块的开发者了。

以上就是Python模块的标准文件模板，当然也可以全部删掉不写，但是按标准做通常是有益的。后面就是真正的代码部分。

使用sys模块的第一步，就是导入该模块，代码如下：

```
import sys
```

sys模块导入后，就有了变量sys指向该模块，利用这个变量可以访问sys模块的所有功能。

8.4 读入模块：import 与 from

使用语句import读入模块时，Python解释器会到模块搜寻路径里去寻找。模块搜寻路径被放在sys.path这个列表里。交互示例代码如下：

```
>>> import sys              # 这是 Windows 版的 CPython
>>> sys.path                # 空字符串“''”代表目前路径
['', 'C:\\WINDOWS\\system32\\python34.zip', 'C:\\Python34\\DLLs', 'C:\
\Python34\\lib', 'C:\\Python34', 'C:\\Python34\\lib\\site-packages']
```

Python语言的模块会以不同的文件格式出现。例如，在Windows上可能会是DLL文档，在Linux上可能是.so文档，在JVM上可能是Java类型文档。所以Python模块的扩展名不一定是.py，有些模块甚至已经直接与Python解释器合并在一起。因此以语句import读入模块时，模块名称不要加.py后缀。

以“import mymath”为例，Python解释器会到模块搜寻路径去寻找。首先到“''”去寻找mymath.py，空字符串代表目前路径，也就是主程序文件所在的路径。因为已完成开发的模块通常需要反复读入，为了加速执行速度，Python解释器会先对模块进行编译，转成字节码，然后才读入，所以会产生新目录__pycache__来存放。下次执行程序读入模块时，若原始模块文档的日期时间比已编译模块文件还新，便会重新编译再载入，否则就直接从__pycache__目录中载入已编译模块文档，加快执行速度。

找到模块文件后就可执行其内容，并建立模块对象，之后在执行 import 语句的范围里产生名称，并指向该模块对象。所以若是在函数(局部)范围里执行 import，模块的名称也只会存在于局部范围(命名空间)里，外界无法存取该名称。示例代码如下：

```
def main():
    import sys              # 指向模块的名称 sys，存在于函数的局部范围内
    print(sys.path)
main()                      # 可正常执行
print(sys.path)             # 错误，找不到名称 sys
```

总而言之，所谓读入模块，就是要求 Python 解释器去执行另一个 Python 程序文件，建立对象、指派名称并把名称放在模块的命名空间里；然后得到模块对象并给予名称；开发人员便可通过该名称来使用模块，存取模块里的内容。

语句 import 还有很多变化形式，各有适用的情景。

8.4.1　import/as 语句

当模块名很长时，如 Python 标准程序库里的模块 random，若每次都要输入“random”，则比较麻烦。在 import 语句后加上 as 子句，便可定义简短的新名称。语法格式如下：

```
import 模块名 as 短名称
```

示例代码如下：

```
import random as r              # 读入模块 random，指派给名称 r

print(r.randint(1, 6))          # 从 1 到 6(骰子)中随机挑一个
print(r.choice(['a', 'b', 'c']))  # 从列表中随机挑出一个
ri = r.randint                  # 也可以建立新名称 ri
print(ri(1, 6))                 # 从 1 到 6(骰子)中随机挑一个
```

8.4.2　from/import 语句

在只需要使用模块里少数几个函数时，可使用 from/import 语句直接读入属性项(名称与指向的对象)。语法格式如下：

```
from 模块名 import 名称
from 模块名 import 名称 as 短名称
```

示例代码如下：

```
from random import randint      # 产生名称 randint，指向模块 random
print(randint(1, 6))            # 里的函数 randint
```

```
from random import randint as ri          # 短名称
ri print(ri(1, 6))

# print(random.randint(1, 6))             # 若执行会出错，因为找不到名称
random import random                      # 产生名称 random，指向模块对象
print(random.randint(1, 6))               # ok

print(ri is randint)                      # True，不同名称指向同一个对象(函数)
print(ri is random.randint)               # True
```

虽然上面实例看起来会读入模块 random 好几次，但实际上 Python 解释器只会载入一次并记着，供后续的读入语句(不管是 import 语句还是 from 语句)使用。此实例的重点在于，当执行“from random import randint”时，虽然模块 random 已被读入，但在程序里只建立了名称 randint 指向 random.randint，并没有指向模块 random 的名称，所以无法使用。

模块是 Python 程序的基本单位。“from 模块名 import 名称”看起来只读入了某个名称，但实际上，模块会被整个载入，然后才根据 from/import 语句产生名称指向相对应的对象。

8.4.3 import *的妙用

from/import 还可使用星号“*”，代表读入该模块内全部的属性项(名称与指向的对象)。其作用跟明确指定名称是一样的，只不过现在由 Python 解释器代劳，读入模块内全部的名称。语法格式如下：

```
from 模块名 import *
```

示例代码如下：

```
from random import *                      # 读入全部
print(randint(1, 6))                      # 直接使用
print(choice(['a', 'b', 'c']))
print(random())                           # 名称 random 指向函数对象
print(random.randint(1, 6))               # 出错，random 并非模块
```

因为“import *”会读入全部的名称，容易与程序内的名称冲突。特别是当需要读入多个模块时，不同模块可能使用相同的名称，更容易发生冲突，难以管理。示例代码如下：

```
choice = [1, 2, 3, 4, 5, 6]               # 名称 choice、指向 list 对象
from random import *                      # 读入，模块 random 里也有 choice(函数)
print(choice(['a', 'b', 'c']))            # 现在名称 choice 指向函数了
```

一般建议是把 import 语句放在最外层，即放在程序文件最前面，这样一看便知用了哪些模块。

编写模块时，可运用两种方式控制“import *”会读入哪些名称。第一种方式是在名称前冠上下画线“_”，这种名称不会被“import *”读入。

【程序实例 8-7】 名称前冠上下画线“_”。

代码如下：

```
# mymath2.py
_x = 'xxx'                    # 有下画线“_”
_y = 3                        # 有下画线“_”
pi = 3.14
def gcd(a, b): pass
def factorial(n): pass
    def _z(): pass            # 有下画线“_”
```

那么，当主程序文件以“import *”读入时，主程序里只会有名称 pi、gcd 和 factorial。注意，载入模块后，模块对象里仍有_x、_y、_z 这些名称，同样会指向相对应的对象，只不过主程序里并未读入罢了。所以若主程序文件以“import mymath2”读入，则仍然能以“mymath2._ x”存取；若以“from mymath2 import _x”读入，则仍然能以“_x”存取。换句话说，Python 模块并没有“私有”名称这回事，但根据良好惯例，使用方不该使用这些名称(与指向的对象)。

第二种方式是在模块文件里以名为_ _all_ _的列表，明确列出可被“import *”读入的名称。

【程序实例 8-7】 _ _all_ _的列表。

代码如下：

```
# mymath3.py
_ _all_ _ = ['pi', 'gcd', 'factorial']    # 以_ _all_ _ 列表指定
x = 'xxx'
y = 3
pi = 3.14
def gcd(a, b): pass
def factorial(n): pass
def z(): pass
```

当主程序文件以“import *”读入时，就只会读入_ _all_ _里的名称 pi、gcd 和 factorial。同样地，模块里还是有 x、y 和 z，只不过不会被“import *”读入罢了，仍然能以其他语句，如“import mymath3”和“from mymath import x”读入。

8.4.4　内置函数 dir()

内置函数 dir()的参数是对象，返回该对象的属性项。因此若传入模块对象，就会返回该模块内的名称。示例代码如下：

```
>>> import sys
>>> dir(sys)                  # 传入模块 sys
... 省略 ...
```

```
>>> dir(len)                    # 传入内置函数 len
... 省略 ...

>>> dir()                       # 若无参数，则列出当前命名空间里的名称
... 省略 ...
```

8.5 第三方模块

所谓"第三方"，通常指的是间接关系。Python 语言拥有极为丰富的模块，除了标准程序库里的模块，还有很多第三方模块可供使用，为此必须制定一套标准，开发方与使用方大家共同遵守，才能轻松分享、发布和使用模块。

以智能手机的 App 为例，开发者须根据一定的格式与架构，把他的 App 包装成独立的软件套件，并上架到软件商店，如 iOS 的 App Store 与 Android 的 Google Play，以便用户通过各种形式下载与安装。

Python 语言也有建立、包装、发布、下载和安装 / 移除软件包的机制，统称为包管理系统。所有在 Python 环境中应用的第三方模块，如 Pillow、MySQL 驱动程序、Web 框架 Flask 和科学计算 Numpy 等，基本上都会注册在 Python 官方的 pypi.python.org 网站上，用户只要找到对应的模块名字，即可通过 Python 包管理工具 pip 下载和安装。

课后习题

1. 判断题

(1) 由于存储技术的发展，如今的程序语言通常都是单独大程序运行。(　　)

(2) 如果没有适当的程序库做支撑，如数学运算、网络连接、3D 绘图、音频处理和机器人控制等，开发人员就不能专注于真正想要开发的上层软件功能。(　　)

(3) Python 语言的模块可以是 Python 语言，也可以是 C(或其他)语言的程序代码。(　　)

(4) 在程序开发过程中，为了编写可维护的代码，把很多函数分组，分别放到不同的文件里，一个独立的 .py 文件就是一个模块。(　　)

(5) 模块编写完毕后可以在其他地方引用(程序复用)，但是不能引用来自第三方的模块。(　　)

(6) 编写模块时无需避免函数名和变量名的冲突。(　　)

(7) Python 语言引入了按目录来组织模块的方法，称为包。(　　)

(8) 每一个包目录下面都必须存在一个_ _init_ _.py 文件，否则 Python 解释器会把这个目录当成普通目录。(　　)

(9) _ _init_ _.py 本身就是一个模块，不可以是空文件。(　　)

(10) 当需要使用别的模块文件里定义的函数、类型和常数时，须以语句 import 来读入。(　　)

(11) Python 语言内置了许多非常有用的模块，无需额外安装和配置即可直接使用。(　　)

2. 选择题

(1) 在 Python 语言中，程序代码重复使用，这样的机制叫(　　)与包，它被用来组织程序的架构。

A. 模块　　B. 小程序　　C. 微程序　　D. 线程

(2) 如今的程序语言通常不能单独存在，必须要有丰富的(　　)在背后支撑，如数学运算、网络连接、3D 绘图、音频处理和机器人控制等。

A. 进程组　　B. 线程组　　C. 程序库　　D. 数据库

(3) 在 Python 语言中，一个独立的.py 文件称为一个(　　)。

A. 进程　　B. 模块　　C. 线程　　D. 程序

(4) 一些较大规模的程序设计工作通常是团队合作的成果，为了避免合作中可能造成的模块名冲突，Python 语言引入了按目录来组织模块的方法，称为(　　)。

A. File　　B. DIR　　C. Path　　D. Package

(5) 自己创建模块时，要注意命名不能和 Python 语言自带的模块名称冲突，如(　　)。

A. sys.py　　B. abc.py　　C. a123.py　　D. Anfang.py

(6) 一个 Python 程序可由好几个模块组成，当想使用别的模块文件里定义的函数、类型和常数时，须以语句(　　)来读入。

A. append　　B. import　　C. Open　　D. add

(7) 对 Python 解释器来说，主程序文件是整个程序的入口，每个模块都有个名为“(　　)”的属性项，存放着代表模块名的字符串。

A. name　　B. __first__　　C. __begin__　　D. __name__

(8) Python 语言的模块不一定是 Python 语言的实例，也可以使用其他语言来开发。例如，(　　)的标准程序库模块采用 C 语言实例。

A. C　　B. C++　　C. CPython　　D. C#

(9) 在 Python 语言中，模块(　　)math 里含有各种常用的数学函数，如 sqrt(x)计算平方根、pow(x, y)计算 x 的 y 次方、log10(x)求出 x 的对数(底为 10)、sin(x)与 tan(x)等三角函数以及 pi 与 e 等数学常数。

A. math　　B. main　　C. function　　D. mathematics

(10) 读入模块时，Python 语言会到模块搜寻路径，包括当前目录、环境变数 PYTHONPATH、标准程序库目录、.pth 档的内容和第三方程序库安装目录 site-packages，“(　　)”寻找。

A. 按照逆序　　B. 按照顺序　　C. 随机　　D. 重复

(11) Python 语言的模块会以不同的文件格式出现，其扩展名不一定是 .py，在以语句(　　)import 读入时，其后面跟着的模块名不要加 .py。

A. append　　B. input　　C. add　　D. import

(12) Python 语言有建立、包装、发布、下载和安装/移除软件包的机制，统称为(　　)管理系统。

A. 数据库　　B. 程序　　C. 包　　D. 模块

3. 讨论

(1) 删除 Python 包中的__init__.py 后试着读入，会产生什么错误信息？

(2) 解释“from xyz import abc”与“from .import abc”有何不同。

(3) 建立模块文件，开启 Python 解释器，尝试在互动模式读入该模块文件。

(4) 是否有只能使用 import 而不能使用 from 的情况。

(5) 含有__main__.py 文档的目录可被视为一个程序。若该目录以 ZIP 格式压缩成为一个文档，是否也可被视为一个程序。

编程实训

1. 实训目的

(1) 理解模块的概念以及如何用它们来简化编程。

(2) 了解内置模块的调用方法和在程序设计中的应用方法。

(3) 了解第三方模块的调用方法和在程序设计中的应用方法。

(4) 了解 Python 内置模块与第三方模块的区别。

2. 实训内容与步骤

仔细阅读本章内容，对其中的各个实例进行具体操作实现，从中体会 Python 程序设计，提高 Python 编程能力。如果不能顺利完成，则分析原因。

答：____

____

3. 实训总结

____

____

____

____

4. 教师对实训的评价

____

____

第 9 章　字符串与文件

程序的输入和输出通常都涉及字符串处理，Python 语言提供了一些在数字和字符串间执行转换操作的运算符。字符串是字符序列，而列表可以包含任何类型的值，因此可以用内置的序列操作来处理字符串和列表。字符串格式化方法 format()可以将参数字符串按照指定的格式进行输出。

除了以上内容，本章还介绍了文本、字节和文件，这些都是数据处理的基础知识。文件接口不只是针对硬盘里的文件，还包括各种计算机外部设备的文件存取以及网络文件传输。几乎任何内容都以文件的形式存放在文件系统里，包括硬盘、键盘、USB 和 I/O 接口等。

9.1　字符串的概念

除了 list(列表)与 tuple(元组)以外，基本的序列类型还有 str(字符串)。str 是容器，也是不可变类型，含有一个个字节，如同把字节串接起来，所以称为字符串(string)。Python 语言中没有字符(character)类型，需要时可使用含有一个字节的字符串。

str 是以抽象的字节为元素的 Unicode 字符串，而不是以固定数目的二进制位为单位，这些字节数据的数据类型是 bytes。

9.1.1　字符串数据类型

在程序中，文本由字符串数据类型表示，视为一个字符序列。可以用引号将一些字符括起来形成字符串字面量。Python 语言还允许字符串由单引号(')分隔，在使用时一定要配对。字符串也可以保存在变量中。下面的交互示例说明了字符串字面量的两种形式。

```
>>> str1 = "Hello"
>>> str2 = 'spam'
>>> print(str1, str2)
Hello spam
>>> type(str1)
<class 'str' >
>>> type(str2)
<class 'str' >
```

input 函数可返回用户键入的任何字符串对象，这意味着如果希望得到的是一个字符串，就可以使用其“原始(未转换)”形式的输入。交互示例代码如下：

```
>>> firstName = input("请输入你的名字: ")
请输入你的名字: xiaoming
>>> print("Hello", firstName)
Hello xiaoming
```

这里用变量保存用户名字，然后用该变量将名字打印出来。

字符串是一个字符序列。为访问组成字符串的单个字符，在 Python 语言中可以通过“索引”操作来完成。可以认为字符串中的位置是从 0 开始，从左到右进行编号的。图 9-1 是字符串"Hello Bob"的编号说明。

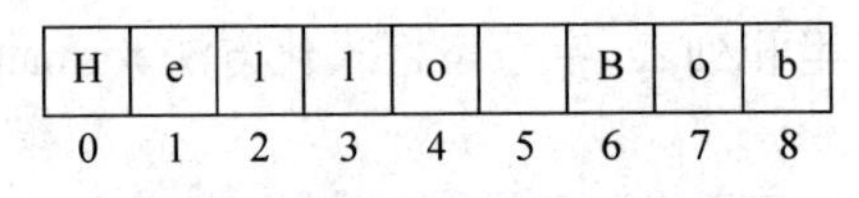

图 9-1　字符串"Hello Bob"的索引

在字符串表达式中，索引用于访问字符串中的特定字符的位置，其一般形式是<string>[<expr>]，其中表达式的值确定了从字符串中选择的字符。交互示例代码如下：

```
>>> greet = "Hello Bob"
>>> greet[0]
'H'
>>> print(greet[0], greet[2], greet[4])
H l o
>>> x = 8
>>> print(greet[x-2])
B
```

在 n 个字符的字符串中，因为索引从 0 开始，所以最后一个字符的位置是 n−1。注意，字符串对象与实际打印输出之间的差异：在交互中，Python shell 通过将字符串的值放在单引号中来显示值，表示当前看的是一个字符串对象；实际打印字符串时，不会在字符序列周围添加引号，只是得到包含在字符串中的文本。

可以使用负索引，即从字符串的右端开始索引，这对于获取字符串的最后一个字符特别方便。交互示例代码如下：

```
>>> greet[-1]
'b'
>>> greet[-3]
'B'
```

如果需要索引返回包含在较大字符串中多个字符的字符串，可以从字符串中访问连续的字符序列或子字符串，这是通过切片操作来实现的。

下面是一些切片。

```
>>> greet[0:3]
```

```
'Hel'
>>> greet[5:9]
'Bob'
>>> greet[:5]
'Hello'
>>> greet[5:]
' Bob'
>>> greet[:]
'Hello Bob'
```

最后三个示例表明，如果切片中的任何一个表达式缺失，字符串的开始和结束都是假定的默认值，最后的表达式实际上返回了整个字符串。

字符串的基本操作总结如表 9-1 所示。

表 9-1　Python 字符串操作

操 作 符	含　　义
+	连接
*	重复
<string>[]	索引
<string>[:]	切片
len(<string>)	长度
for <var> in <string>	迭代遍历字符串

若字符串内含有特殊字节，如新行、TAB 以及难以打出来的字节，可使用反斜杠“\”作为转义符号(又称跳脱字节或跳脱码)，后面跟一串以一定格式标示的字节，形成转义字符串，分别代表不同的特殊字节(见表 9-2)。

表 9-2　转义字符串

转义字符串	意　　义
\'	单引号“'”
\"	双引号“"”
\\	反斜杠“\”
\n	ASCII 的 LF，插入一行(换行)
\r	ASCII 的 CR，鼠标指针返回
\t	ASCII 的 HT(TAB)，水平定位
\v	ASCII 的 VT，垂直定位
\a	ASCII 的 BEL，响铃
\b	ASCII 的 BS，退后一格
\f	ASCII 的 FF，插入一页
\xff	以十六进制数值表示字节
\ooo	以八进制数值表示字节

交互示例代码如下：

```
>>> 'How\'s going?'                    # 单引号内以“\”转义单引号
"How's going?"
>>> s = 'abc\'def\"ghi'                # 转义单引号与双引号
>>> print(s)
abc'def"ghi
>>> s = 'abc\tdef\n'                   # 转义 TAB 与换行
>>> s
'abc\tdef\n'
>>> print(s)
abc     def                            # 有个 TAB
                                       # 有个换行
>>> print('abc\newlinedef')            # 注意，“\n”会变成换行
Abc
Ewlinedef
>>> '\x61\x62\x63\x09\x64'             # 以十六进制数值表示 'abc\td'
'abc\td'
>>> '\141\142\143\011\144'             # 以八进制数值表示 'abc\td'
>>> 'abc\qdef'                         # 不正确的转义字符串
'abc\\qdef'                            # 反斜杠“\”会被保留
```

如果字符串跨越多行，则使用三重引号较为方便。三重引号之间的换行与引号都无须转义，但若需要输出三个连续引号，还是需要转义的。当需要在程序代码里置入大量 HTML、XML 和 JSON 这样的标示语言代码时，可适合使用三重引号来实现。交互示例代码如下：

```
>>> s = '''abc def
... ghi jkl     mno                    # "ght"与"jkl"及"jkl"与"mno"之间各夹一个 TAB
... pqr\t\nstu                         # 也可转义 TAB 与换行
... vw'''
>>> s
'abc def\nghi\tjkl\tmno\npqr\t\nstu\nvw'
>>> print(s)                           # 输出结果
abc def
ghi     jkl     mno
pqr
stu
vw
>>> '''abc\'\'\'def'''                 # 每个引号都转义
"abc'''def"
>>> '''abc''\'def'''                   # 只转义一个引号，
```

```
"abc'''def"                          # 只要没有连续三个引号即可
```

因为反斜杠“\”被当作转义字节，有时候字符串中须含有大量反斜杠时，就不太方便。此时可在开头引号前加上“r”或“R”，代表 raw(原始)之意，其作用是取消大部分的转义字符串，但仍可转义引号。当需要表达 Windows 的路径时，可使用此种表达方式。交互示例代码如下：

```
>>> '\n'                             # 一个字节，换行
'\n'
>>> r'\n'                            # 两个字节，反斜杠与换行
'\\n'
>>> "\""                             # 一个字节，双引号
'"'
>>> r'\\'                            # 两个字节，都是反斜杠
'\\\\'
>>> r"\""                            # 仍可转义引号，但反斜杠也会被留下
'\\"'
>>> print('C:\newfolder\today')      # \n 与\t 都是转义字符串
C:
ewfolder        oday
>>> print(r'C:\newfolder\today')     # 加上 r
C:\newfolder\today
>>> r'C:\'                           # 不能以“\'”结尾，意义不清楚，
  File "<stdin>", line 1             # 结尾引号被反斜杠转义掉了
    r'C:\'
         ^
SyntaxError: EOL while scanning string literal
>>> s = r'abc \                      # 加上 r 后，“反斜杠”与“换行”代表原来的字节
  ... def ghi'                       # 不代表延续到下一行
>>> s                                # s 中有反斜杠与换行
'abc \\\ndef ghi'
```

以字面值的方式建立字符串对象后，便可运用内置函数、序列类型共同的操作动作、字符串特有的方法和各种模块来操作字符串。因为字符串是不可变对象，所以在操作运算之后都会得到新的字符串对象。

9.1.2　字符串转换函数

为了方便对字符串中的字母进行大小写转换，Python 语言提供了几个方法，分别是 upper ()、lower()、title()、capitalize()和 swapcase()，其功能如下：

upper()：全转换成大写；

lower()：全转换成小写；

title()：标题首字母大写；

capitalize()：首字母大写，其余全部小写；

swapcase()：大小写字母互换。

下面几行代码就使用了这些方法。

```
str = "cheng xu it quan"
print(str.upper())                # 把所有字符中的小写字母转换成大写
print(str.lower())                # 把所有字符中的大写字母转换成小写
print(str.title())                # 把每个单词的第一个字母转换成大写，其余小写
print(str.capitalize())           # 把第一个字母转换成大写字母，其余小写
print(str.swapcase())             # 把大小写字母互换
```

以上代码的运行结果如下：

```
CHENG XU IT QUAN
cheng xu it quan
Cheng Xu It Quan
Cheng xu it quan
CHENG XU IT QUAN
```

9.1.3 简单字符串处理函数

许多计算机系统使用用户名和密码组合来认证系统用户。系统管理员必须为每个用户分配唯一的用户名，用户名通常来自用户的实际姓名。以英文用户名为例，一种生成用户名的方案是使用用户的第一个首字母，然后是用户姓氏的字母(最多为 7 个字母)。利用这种方法，Zaphod Beeblebrox 的用户名将是“zbeebleb”，而 John Smith 就是“jsmith”。下面的例子是按照基本的“输入-处理-输出”模式编写的一个程序，用来读取一个人的名字并计算相应的用户名。为简洁起见，在程序中使用算法的概要作为注释。

【程序实例 9-1】 生成用户名的简单字符串处理程序。

代码如下：

```
# username.py
def main():
    print("这个程序生成计算机用户名。\n")

    # 获取用户的名字和姓氏
    first = input("请输入您的名字(全字母小写): ")
    last = input("请输入您的姓氏(全字母小写): ")

    # 将第一个首字母连接到姓氏的 7 个字符
    uname = first[0] + last[ : 7]
```

```
    # 输出用户名
    print("您的用户名是: ", uname)


main()
```

这个程序首先利用 input 函数从用户处获取字符串，然后组合使用索引、切片和连接等方法来生成用户名。

在第一个 print 语句中将换行符(\n)放在字符串的末尾，用以输出一个空行。这是一个输出一些额外的空白的简单技巧，可以使输出效果更美观。

下面的例子实现了打印给定月份数对应的月份缩写。程序的输入是一个代表一个月份(1～12)的 int 数值，输出的是相应月份的缩写。例如，输入 3，则输出应为 Mar，即 3 月。为此必须根据用户给出的数字，确定一种合适的月份输出。这里可以通过使用一些巧妙的字符串切片来编写程序，其基本思想是将所有月份名称存储在一个大字符串中。代码如下：

```
months = "JanFebMarAprMayJunJulAugSepOctNovDec"
```

通过切出适当的子字符串来查找特定的月份，诀窍是计算切片的位置。由于每个月用 3 个字母表示，如果知道一个给定的月份在字符串中的开始位置，就可以很容易地提取缩写。代码如下：

```
MonthAbbrev = months[pos : pos + 3]
```

这将获得从 pos 指示位置开始的长度为 3 的子串。

每个月份的位置都是 3 的倍数，而字符串索引从 0 开始。这样，为了得到正确的倍数，可以从月数中减去 1，然后乘以 3。所以对于 1，得到(1 – 1) * 3 = 0 * 3 = 0，对于 12，则有(12 – 1) * 3 = 11 * 3 = 33。

【程序实例 9-2】 打印给定月份数字对应的月份缩写，其中注释记录了程序的算法。

代码如下：

```
# month.py
def main():
    # months 用作查找表
    months = "JanFebMarAprMayJunJulAugSepOctNovDec"

    n = int(input("输入月份编号 (1-12): "))

    # 以月为单位计算月份 n 的起始位置
    pos = (n - 1) * 3

    # 从几个月抓取适当的切片
    monthAbbrev = months[pos: pos + 3]

    # 打印结果
```

```
    print("月份缩写是 ", monthAbbrev + "." )

main()
```

程序分析：

该程序的最后一行利用字符串连接操作，将句点放在月份缩写的末尾。下面是程序输出的示例：

```
输入月份编号(1-12): 4
月份缩写是 Apr.
```

想一想：

这个例子使用“字符串作为查找表”方法，它有一个弱点，即仅当子串都有相同的长度(在本例中是3)时才有效。假设希望编写一个程序，输出给定数字的完整月份名称，又该如何实现呢？

9.1.4 字符串表示函数

在计算机内部，数字以二进制符号(0 和 1 组成的序列)存储，计算机 CPU 中包含着用这种表示方法进行运算的电路，文本信息也以完全相同的方式表示。在底层，计算机操作文本和进行数字运算是完全一样的。

如今的计算机系统主要使用 ASCII(美国信息交换标准代码)的工业标准编码。ASCII 用数字 0～127 来表示通常计算机键盘上的字符以及被称为控制代码的某些特殊值，用于协调信息的发送和接收。例如，大写字母 A～Z 由值 65～90 表示，小写字母的代码值为 97～122。

ASCII 编码中缺少一些其他语言所需要的符号，为此国际标准化组织(ISO)开发了扩展 ASCII 编码。大多数现代系统正在向 Unicode 转移，这是一个更全面的标准，旨在包括几乎所有书面语言的字符。Python 字符串支持 Unicode 标准，因此只要操作系统有适当的字体来显示字符，就可以处理来自任何语言的字符。

Python 语言提供了几个内置函数，用来实现在字符和表示它们的数字值之间的转换。例如，ord 函数返回单字符串的数字("ordinal")编码，而 chr 则相反。下面的代码是一些实现交互的例子。

```
>>> ord("a")
97
>>> ord("A")
65
>>> chr(97)
'a'
>>> chr(90)
'z'
```

可以看到，这些结果与字符的 ASCII 编码一致。按照设计，Unicode 使用的相应代码与 ASCII 最初定义的 127 个字符相同。但 Unicode 还包括其他更多的字符。例如，希腊字母 pi 是字符 960，欧元的符号是字符 8364。

在计算机中，底层 CPU 处理固定大小的内存。最小可寻址段通常为 8 位，称为存储器字节。单个字节可以存储 $2^8 = 256$ 个不同的值，这足以代表每个可能的 ASCII 字符。但是单个字节远远不足以存储所有 10 万个可能的 Unicode 字符。为了解决这个问题，Unicode 标准定义了将 Unicode 字符打包成字节序列的各种编码方案，其中最常见的编码方案称为 UTF-8。UTF-8 是一种可变长度编码方案，用单个字节存储 ASCII 子集中的字符，但最多可能需要四个字节来表示可能的 Unicode 字符。

9.1.5　输入/输出操作

有些程序，即使不是主要进行文本操作，也经常需要用到字符串。例如，考虑一个财务分析程序，其中的某些信息(如日期)必须以字符串形式输入。在进行一些数字处理之后，分析的结果通常是一个格式良好的报告，包括用于标记和解释数字、图表、表格和图形的文本信息，这就需要字符串操作来处理这些基本的输入和输出任务。

下面的例子是将月份缩写程序扩展成日期转换程序。用户输入一个日期，如“05/24/2020”，程序将显示日期为“May 24, 2020”。该程序的算法如下：

```
以 mm/dd/yyyy 格式输入日期(dateStr)
将 dateStr 拆分为“月日，年”字符串
将 dateStr 转换为月份数字
使用月份编号查找月份名称
在 Month Day，Year 中创建一个新的日期字符串
输出新的日期字符串
```

可以直接使用字符串操作在代码中实现算法的前两行，代码如下：

```
dateStr = input("输入日期 (mm/dd/yyyy): ")
monthStr, dayStr, yearStr = datestr.split("/")
```

这里得到一个字符串的日期，并以斜杠分隔。然后利用同时赋值，将三个字符串的列表“分拆”到变量 monthStr、dayStr 和 yearStr 中。

接下来是将 monthStr 转换为适当的数字(使用 int)，然后用该值查找正确的月份名称。代码如下：

```
months = ["January", "February", "March", "April",
    "May", "June", "July", "August",
    "September", "October", "November", "December"]
monthStr = months[int(monthStr) -1]
```

使用索引表达式 int(monthStr) -1 是因为列表索引从 0 开始。程序的最后一步是以新格式连接出日期。代码如下：

```
print("转换的日期是: ", monthStr, dayStr + ", ", yearStr)
```

注意程序中是如何使用连接实现紧跟日期的逗号的。

【程序实例 9-3】 将日期格式“mm/dd/yyyy”转换为“月日，年”格式。

代码如下：

```
# dateconvert.py
def main():
    # 得到日期
    dateStr = input("输入日期 (mm/dd/yyyy): ")

    # 分成组件
    monthStr, dayStr, yearStr = dateStr.split("/")

    # 将 monthStr 转换为月份名称
    months = ["January", "February", "March", "April",
        "May", "June", "July", "August",
        "September", "October", "November", "December"]
    monthStr = months[int(monthStr) -1]

    # 输出结果以“月日，年”格式显示
    print("转换的日期是: ", monthStr, dayStr + ", ", yearStr)

main()
```

程序分析：

运行时，输出如下所示：

```
输入日期 (mm/dd/yyyy): 05/24/2020
转换的日期是: May 24, 2020
```

程序中也常常需要将数字转成字符串。在 Python 语言中，大多数数据类型可以用 str 函数转换为字符串，交互示例代码如下：

```
>>> str(500)
'500'
>>> value = 3.14
>>> str(Value)
'3.14'
>>> print("The value is ", str(value) + ".")
The value is 3.14.
```

注意，最后一个例子通过将值转换为字符串，并用字符串连接实现在句子的结尾处放置句点。如果不先将值转换为字符串，Python 语言会将“+”解释为数字运算产生错误，因为“.”不是数字。

现在有了一套完整的操作，用于在各种 Python 数据类型之间进行转换(见表 9-3)。

表 9-3　类型转换函数

函　　数	含　　义
float(<expr>)	将 expt 转换为浮点值
int(<expt>)	将 expt 转换为整数值
str(<expt>)	返回 expt 的字符串表示形式
eval(<expt>)	将字符串作为表达式求值

将数字转换为字符串的一个常见原因，是字符串操作可用于控制值的打印方式。例如，执行日期计算的程序必须将月、日和年作为数字操作，而格式化输出时这些数字将被转换回字符串。

9.2　字符串格式化

基本的字符串操作适用于简单格式的格式化输出，但是如果需要构建复杂的输出就很困难，为此 Python 语言提供了一个强大的字符串格式化操作 format 来实现。

【程序实例 9-4】 以外币(美元)为例，一个计算美元零钱的程序。

代码如下：

```
# change.py
def main():
    print("货币兑换")
    print()
    print("请输入每种硬币类型的数量。")
    quarters = eval(input("25 分: "))
    dimes = eval(input("10 分: "))
    nickels = eval(input("5 分: "))
    pennies = eval(input("1 分: "))
    total = quarters * .25 + dimes * .10 + nickels * .05 + pennies * .01
    print()
    print("你兑换的总值是  ", total)


main()
```

程序分析：

下面是上述程序的运行结果：

```
货币兑换
请输入每种硬币类型的数量。
25 分: 6
```

```
10 分: 0
5 分: 0
1 分: 0
你兑换的总值是 1.5
```

注意，如果希望最终值以 2 位小数的形式给出，可以通过更改程序的最后一行来实现，代码如下：

```
print("你的兑换总值是 ${0:0.2f}".format(total))
```

现在程序打印以下消息：

```
你的兑换总值是 $1.50
```

其中，format 方法是 Python 内置的字符串方法，它用字符串作为模板，值作为参数提供，插入到该模板中，从而形成一个新的字符串。字符串格式化的语法格式为：

```
<template - string>.format(<values>)
```

模板字符串中的大括号({})标记出“插槽”，提供的值将插入该位置。大括号中的信息指示插槽中的值以及值应如何格式化。

Python 格式化操作符非常灵活，通常插槽说明一般具有以下语法格式：

```
{<index>:<format-specifier>}
```

即

```
{<索引> : <格式说明符>}
```

索引表示哪个参数被插入到插槽中。插槽描述的索引部分是可选的，省略索引时，参数仅以从左到右的方式填充到插槽中。索引从 0 开始。上面的例子中有一个插槽，索引 0 用于表示第一个(也是唯一的)参数插入该插槽。

冒号后的描述部分指定插入插槽时该值的外观。再次回到示例，格式说明符为 0.2f，此说明符的格式为<宽度>.<精度><类型>：宽度指明值应占用多少“空间”，如果值小于指定的宽度，则用额外的字符填充(默认值是空格)；精度为 2，告诉 Python 解释器将值四舍五入到两个小数位；类型为字符 f 表示该值应显示为定点数，这意味着结果将始终显示指定的小数位数，即使它们为 0。

对格式说明符的完整描述较难理解，最简单的模板字符串只是指定在哪里插入参数。下面是一个使用格式说明符的简单例子。

```
>>> "Hello {0}{1}, you may have won ${2}".format("Mr.", "Smith", 10000)
'Hello Mr.Smith, you may have won $10000. '
(您好史密斯先生，您可能赢得$10000。)
```

下面几个例子实现了控制一个数值的宽度和精度的功能。

```
>>> "This int, {0:5}, was placed in a field of width 5".format(7)
'This int,     7, was placed in a field of width 5.'
(这个整数 7 放置在宽度为 5 的字段中。)
```

```
>>> "This int, {0:10}, was placed in a field of width 10".format(7)
'This int,          7, was p1aced in a field of width 10'

>>> "This float, {0:10.5}, has width 10 and precision 5".format(3.1415926)
'This float,     3.1416, has width 10 and precision 5'

>>> "This float, {0:10.5f}, is fixed at 5 decimal places".format(3.1415926)
'This float,    3.14159, is fixed at 5 decimal places'

>>> "This float, {0:0.5}, has width 0 and precision 5".format(3.1415926)
'This float, 3.1416, has width 0 and precision 5'

>>> "Compare {0} and {0:0.20}".format(3.14)
'Compare 3.14 and 3.14000000000001243'
```

对于正常(非定点)浮点数，精度指明要打印的有效数字的个数。对于定点(由指定符末尾的 f 表示)，精度表示小数位数。在最后一个示例中，相同的数字以两种不同的格式打印出来。一般来说，Python 解释器只显示一个接近的、舍入的浮点型。使用显式格式化可以查看到完整结果，直到最后一位。

默认情况下数值是右对齐的，而字符串在其字段中是左对齐的。通过在格式说明符的开头包含显式调整字符，可以更改默认行为。对于左、右和中心对齐，所需的字符分别为<、>和^。示例代码如下：

```
>>> "左对齐: {0:<5}".format("嗨！ ")
'左对齐：嗨！   '

>>> "右对齐：{0:>5}".format("嗨！ ")
'右对齐：  嗨!'

>>> "居中：{0:^5}".format("嗨！ ")
'居中：  嗨!'
```

假设要为一家银行编写一个计算机系统。当客户得知收费“非常接近 107.56 美元”时，恐怕不会太高兴。显然人们希望银行的记录是精确的。即使给定值中的误差量非常小，但如果进行大量计算，小误差也可能导致误差累积成真实的金额。

较好的方法是确保程序用准确的值来表示金额。可以用美分来记录货币，并用 int 来存储它，然后可以在输出步骤中将它转换为美元和美分。如果用 total 代表以分为单位的值，那么可以通过整数除法 total // 100 得到美元数，通过 total % 100 得到美分数。这两个都是整数计算，因此会得出准确的结果。下面是更新后的程序。

【程序实例 9-5】 以外币(美元)为例，一个以美分计算的总现金。

代码如下：

```
# change2.py
def main():
    print("货币兑换\n")
    print("请输入每种硬币类型的数量。")
    quarters = int(input("25 分: "))
    dimes = int(input("10 分: "))
    nickels = int(input("5 分: "))
    pennies = int(input("1 分: "))

    total = quarters * 25 + dimes * 10 + nickels * 5 + pennies

    print("你兑换的总值是 ${0}.{1:0>2}"
        .format(total//100, total%100))

main()
```

程序分析：

最后打印语句被分成了两行。通常一个语句应该在行末结束，但有时将较长的语句分成多个较小的部分可能更好。

print 语句中的字符串格式化包含两个插槽，一个用于美元，是 int 型的，另一个用于美分。美分插槽说明了格式说明符的另一种变化，其值用格式说明符“0>2”打印。前面的 0 告诉 Python 解释器用 0 来填充字段(如果必要)，确保 10 美元 5 美分这样的值打印为 10.05 美元，而不是 10.5 美元。

9.3 文件处理

字处理程序是字符串数据的应用程序。所有字处理程序都有一个关键特征，即能够保存和读取文档用作磁盘文件。文件输入和输出实际上是另一种形式的字符串处理。

9.3.1 认识文件

首先在文字编辑器软件中键入如下内容，将文件取名为 test.txt，然后与下面的程序文件放在同一个目录里。

【程序实例 9-6】 测试用文档(test.txt)。

代码如下：

```
Hello Python!
How are you?
abc 123
```

【程序实例 9-7】 打开文件。

代码如下：

```
# test.py
fin = open('test.txt')              # 打开文件
print(fin.readline())               # 读取一行文字并输出
for line in fin:                    # 迭代每一行
    print(line)                     # 输出
fin.close()                         # 关闭
```

程序分析：

程序将读取并输出文档内容。

在存取文件时必须先做“打开”的动作，得到代表该文件的对象 fin，通过它所提供的接口来存取文件内容。例如，方法 readline 可读取一行文字，且此对象符合可迭代项抽象类型，所以可交给迭代协定的接收方(如此例中的 for 循环)，不断地读出文件内容的“下一行”，直到文件结束。最后应调用文件对象的方法 close 做“关闭”的动作，因为打开文件会占用系统资源，应做好清理收尾的工作。

使用 print(line)输出一行时，除了输出文件每一行结尾的“新行”字节，print 缺省还会再输出一个新行字节，所以输出时多了一行空白行，可以用“print(line, end='')”改为输出空字符串。

9.3.2　打开模式

调用 open 方法时，第一个参数以字符串指定要打开的文件的路径与文件名，第二个参数使用字符串指定模式，缺省为读取模式与文本模式，所以 open('test.txt')等同于 open('test.txt', 'r')，也等同于 open('test.txt', 'rt')，其中 r 代表读取模式，t 代表文字模式(参见表 9-4)。

表 9-4　文件打开模式

模式	说　　明
r	读取模式(缺省)
w	写入模式，打开新文件、或覆盖旧文件(旧文件内容消失)
a	附加(写入)模式，打开新文件或附加在旧文件尾端
x	写入模式，若文件不存在就打开新文件，若已存在则发生错误
t	文本模式(缺省)
b	二进制模式
r+	更新模式，可读可写，若文件已存在，则从文件开头开始读写
w+	更新模式，可读可写，打开新文件或覆盖旧文件(旧文件内容消失)，从文件开头开始读写
a+	更新模式，可读可写，打开新文件或从旧文件尾端开始读写

下面程序段可复制文件 test.txt 的内容到新文件(testw.txt)，并以 w 模式建立新文件，调用方法 write 写入。

```
fin = open('test.txt')
fw = open('testw.txt', 'w')          # w，写入模式
for line in fin:
    print(line)
    fout.write(line)                 # 调用 write 方法写入数据
fin.close()
fout.close()
```

文件对象的方法 readline 可读出一行，readlines 则读出每一行并放在列表里返回，所以也可使用语句“for line in fin.readlines()”，但这么做会一次载入文件的全部内容，再进行迭代，效率较低。

9.3.3 多行字符串

文件是存储在辅助存储器(通常是磁盘驱动器)上的数据序列。文件可以包含任何数据类型，但最简单的文件是文本文件。文本文件可以被人阅读和理解，可以使用通用文本编辑器(如 IDLE)和字处理程序来创建和编辑。Python 语言中的文本文件非常灵活，因为它很容易在字符串和其他类型之间转换。

可以将文本文件看成是一个(可能很长的)字符串，恰好存储在磁盘上。当然典型的文件通常包含多于一行的文本。一般使用特殊字符或字符序列标记每行的结尾。Python 语言还为处理不同的行结束标记做了约定，只要求使用“\n”来表示换行符即可。

下面是一个具体的例子。假设在文本编辑器中键入以下几行字符：

```
Hello
World

Goodbye 32
```

如果存储到文件，则会得到以下字符序列：

```
Hello\nWorld\n\nGoodbye 32\n
```

在得到的文件/字符串中，空行变成一个换行符，这就像将换行字符嵌入到输出字符串，用一个打印语句生成多行输出一样。上面例子的交互式打印结果如下：

```
>>> print("Hello\nWorld\n\nGoodbye 32\n")
Hello
World
Goodbye 32
>>>
```

如果只是在 shell 中对一个包含换行符的字符串求值，将再次得到嵌入换行符的表示形式：

```
>>> "Hello\nWorld\n\nGoodbye 32\n"
'Hello\nWorld\n\nGoodbye 32\n'
```

只有当打印字符串时，特殊字符才会影响字符串的显示方式。

9.3.4　处理文件

处理文件的方式有一次性读取、使用文件路径、逐行读取、在 with 外访问等几种方式。

1. 一次性读取

例如，想要读取 txt 小说(为简单起见，txt 文件中只包含一段文字)，代码如下：

```
file = 'novel.txt'
with open(file) as file_object:
    contents = file_object.read()
    print(contents)
```

运行结果如下：

人生最宝贵的是生命，生命对于每个人只有一次。人的一生应当这样度过：当他回忆往事的时候，他不会因为虚度年华而悔恨，也不会因为碌碌无为而羞愧。

要使用文件，就必须先打开它，所以这里使用了函数 open()。这里函数 open()接受一个参数，即要打开的文件名，Python 解释器会在当前执行文件的所在目录来查找指定的文件。

关键字 with 会在程序不再需要访问文件或出现异常的情况下关闭文件，通常只需打开文件并使用即可。

2. 使用文件路径

函数 open()接收的参数也可以是提供的文件路径，这时 Python 解释器会到指定的文件目录中去查找所需要的文件。

采用文件相对路径来读取文件的语法格式如下：

```
with open('xxx\novel.txt') as file_object:
```

一般来说，在 Windows 系统中，在文件路径中使用反斜杠(“\”)，Linux 与 OS 使用的是斜杠(“/”)。在 Windows 系统中实际测试，斜杠与反斜杠都支持。

当然也可以使用文件绝对路径。如果使用的是绝对路径，那么在 Windows 系统中，文件路径必须使用反斜杠。语法格式如下：

```
with open('F:/python_projects/xxx/novel.txt') as file_object:
```

因为绝对路径一般较长，所以一般将其存储在变量中，然后再传入 open()函数。

3. 逐行读取

可以对文件对象使用 for 循环，逐行读取文件内容。示例代码如下：

```
with open(file) as file_object:
    for line_content in file_object:
```

```
print(line_content.rstrip())
```

运行结果与“一次性读取”的示例结果相同。在 txt 文件中，每行的末尾都存在一个看不见的换行符。为了去除这些多余的空白行，可以使用 rstrip()函数，该函数也会删除 string 字符串末尾的空格。

4. 在 with 外访问

在使用关键字 with 时，open()函数所返回的文件对象只能在 with 代码块中使用。如果需要在 with 代码块之外访问文件的内容，那么可以在 with 代码块之内将文件中的各行内容存储在列表变量中，然后就可以在 with 代码块之外通过该列表变量访问该文件内容。示例代码如下：

```
with open(file) as file_object:
    contents = file_object.readlines()
content_str = ''
for content in contents:
    content_str+=content
print('content_str='+content_str)
print('len='+str(len(content_str)))
```

运行结果如下：

```
content_str=It is a truth universally acknowledged, that a single man in possession   of a good fortune, must
be in want of a wife.   len=117
```

注意，读取文本文件时，Python 解释器会将文件中的所有文本都解释为字符串。如果需要将其中的文本解释为数字，那么就必须使用函数 int()或者 float()将其转换为整数或者浮点数。

Python 语言对数据量没有大小限制，只要系统内存足够多。

虽然对于文件处理的具体细节各种编程语言之间有很大不同，但实际上所有语言的底层文件操作概念是一致的。

首先，需要一些方法将磁盘上的文件与程序中的对象相关联，这个过程称为“打开”文件。一旦文件被打开，其内容即可通过相关联的文件对象来访问。

其次，需要一组可以操作文件对象的操作，至少能实现从文件中读取信息并将新信息写入文件的操作。

最后，当完成文件操作后，文件会被“关闭”，这将确保所有记录工作都已完成，从而保持磁盘上的文件和文件对象之间的一致。

编程语言中这种打开文件和关闭文件的思想，与字处理程序处理文件的方式密切相关，但又不完全相同。例如，在 Microsoft Word 中打开文件时，该文件实际上是从磁盘读取并存储到 RAM 中，此时在编程意义上文件被关闭，“编辑文件”时改变的是内存中的数据，而不是磁盘上的文件，除非通知应用程序“保存”文件。

在 Python 解释器中使用文本文件很简单，可分为两步。

第一步是用 open 函数创建一个与磁盘上的文件相对应的文件对象。通常文件对象立即分配给变量，具体语法格式如下：

```
<variable> = open(<name>, <mode>)
```

这里的 name 是一个字符串，它提供了磁盘上文件的名称；mode 参数是字符串“r”或“w”，这取决于打算从文件中读取还是写入文件。

例如，要打开一个名为“numbers.dat”的文件进行读取，可以使用如下语句：

```
infile = open("numbers.dat", "r")
```

第二步是用文件对象 infile 从磁盘读取 mumbers.dat 的内容。Python 语言提供了三个相关操作从文件中读取信息，具体如下：

(1) <file>.read()：将文件的全部剩余内容作为单个(可能是大的、多行的)字符串返回。

(5) <file>.readline()：返回文件的下一行，即所有文本，直到并包括下一个换行符。

(3) <file>.readlines()：返回文件中剩余行的列表。每个列表项都是一行，包括结尾处的换行符。

【程序实例 9-8】 用 read 操作将文件内容打印到屏幕上。

代码如下：

```
# printfile.py
def main():
    fname = input("输入文件名: ")
    infile = open(fname, "r")
    data = infile.read()
    print(data)

main()
```

程序分析：

程序首先提示用户输入文件名，然后打开文件以便读取变量 infile。虽然可以使用任意名称作为变量，但这里使用 infile 强调该文件正在用于输入。然后将文件的全部内容读取为一个大字符串并存储在变量 data 中，打印 data 从而显示内容。

readline 操作可用于从文件读取下一行。对 readline 函数的连续调用可从文件中获取连续的行，这类似于输入，它以交互方式读取字符，直到用户按下回车键。每个使用 input 函数对输入的调用可从用户获取另一行。注意，readline 返回的字符串总是以换行符结束，而 input 会丢弃换行符。

下面这段代码的功能是打印出文件的前五行。

```
Infile = open(someFile, "r")
for i in range(5):
    line = infile.readline()

print(line[:-1])
```

注意，可利用切片去掉行尾的换行符。由于 print 自动跳转到下一行(即它输出一个行符)，打印在末尾带有显式换行符时，将在文件行之间多输出一个空行。或者可以通过如下print 语句不添加换行符来打印整行。

```
print(line, end = "")
```

一种循环遍历文件全部内容的方法是使用 readlines 函数读取所有文件，然后循环遍历结果列表，具体代码如下：

```
infile = open(someFile, "r")
for line in infile.readlines():
    # 在这里处理一行
infile.close()
```

这种方法的潜在缺陷是文件可能非常大，并且一次将其读入列表可能占用太多的 RAM。有一种简单的替代方法，即 Python 解释器将文件本身视为一系列行，可以直接循环遍历文件的行，其每次循环只处理文件的一行，具体代码如下：

```
infile = open(someFile, "r")
for line in infile:
    # 在这里处理一行
infile.close()
```

要打开用于写入的文件，需让该文件准备好接收数据。如果给定名称的文件不存在，就会创建一个新文件。注意，如果存在给定名称的文件，Python 解释器将删除它并创建一个新的空文件。写入文件时，应确保不会破坏以后需要的任何文件。下面是一个打开文件用作输出的示例，代码如下：

```
Outfile = open("mydate.out", "w")
```

将信息写入文本文件最简单的方法是用 print 函数。要打印到文件，只需要添加一个指定文件的关键字参数，这个行为与正常打印完全相同，只是结果被发送到输出文件而不是显示在屏幕上，具体语法格式如下：

```
print(…, file = <outputFile>)
```

9.3.5 示例程序：批处理用户名

如果为大量用户设置账户，则该过程一般是以批处理方式进行的。在以批处理进行用户账户设置时，程序输入和输出均通过文件完成。下面设计的程序用于处理一个包含名称的文件。输入文件的每一行将包含一个新用户的姓氏和名字，并用一个或多个空格分隔。该程序产生一个输出文件，其中包含每个生成的用户名的行。

【程序实例 9-9】 以批处理模式创建用户名文件。

代码如下：

```
# userfile.py
def main():
    print("该程序从名称文件创建用户名文件。")
```

```
    # 获取文件名
    infileName = input("这些名称在哪个文件里? ")
    outfileName = input("用户名应该放在哪个文件中? ")

    # 打开该文件
    infile = open(infileName, "r")
    outfile = open(outfileName, "w")

    # 处理输入文件中的每一行
    for line in infile:
        # 从行中获取名字和姓氏
        first, last = line.split()
        # 建立用户名
        uname = (first[0] + last[:7]).lower()
        # 将其写入输出文件
        print(uname, file = outfile)

    # 关闭两个文件
    infile.close()
    outfile.close()

    print("用户名已经写入 ", outfileName)

main()
```

这个程序同时打开两个文件，一个用于输入(infile)，一个用于输出(outfile)。另外，当创建用户名时，使用了字符串方法 lower。注意，该方法应用于连接产生的字符串，并确保用户名全部是小写，即使输入名称是大小写混合的。

【程序实例 9-10】 源代码文档也是文件，这个程序可输出自己。

代码如下：

```
# print_self.py
with open('print_self.py', 'r') as fin:
    for line in fin:
        print(line)
```

程序分析：

虽然没有指定这个程序文件本身的编码，但大部分文字编码系统都兼容于 ASCII。若文件内容只有 ASCII 字节，则存储后的字节数据应相同，这个例子可正常无误地执行。

9.4 文件对话框

使用文件操作程序经常出现一个问题，即如何指定要使用的文件。如果数据文件与程序位于同一目录(文件夹)，那么只需键入正确的文件名称即可。当没有其他文件路径信息时，Python 解释器将在当前目录中查找文件。然而用户有时不知道文件的完整名称是什么。大多数操作系统使用具有类似<name>.<type>形式的文件名，其中 type 部分是描述文件包含什么类型数据的短扩展名(三个或四个字母)。例如“users.txt”文件，其中的“.txt”扩展名表示是文本文件。但一些操作系统(如 Windows 系统)在默认情况下只显示在点之前的部分名称，所以要查找出完整的文件名比较麻烦。

当文件存在于当前目录之外的某处时，情况更加复杂。文件处理程序可能使用辅助存储器中任何位置存储的文件。为了找到这些文件，必须指定完整路径。在 Windows 系统上，一个带有路径的完整文件名表现形式如下：

```
c:\users\Documents\Python Programs\users.txt
```

大多数用户甚至可能不知道如何找出其系统上给定文件的“完整路径 + 文件名”。这个问题的解决方案是允许用户可视地浏览文件系统，并导航到特定的目录/文件。向用户请求打开或保存文件名是许多应用程序的常见任务，底层操作系统通常提供一种标准的、常见的方式来执行此操作。常用的实现方式是使用对话框，它允许用户使用鼠标在文件系统中单击选择或键入文件的名称。标准 Python 语言中的 tkinter GUI 库提供了一些简单易用的函数，可用来创建用于获取文件名的对话框。

要询问用户打开文件的名称，可以使用 askopenfilename 函数，它在 tkinter.filedialog 模块中。需要在程序的顶部导入该函数，具体代码如下：

```
from tkinter.filedialog import askopenfilename
```

在导入语句中使用点符号，是因为 tkinter 是由多个模块组成的包。在这个例子中，从 tkinter 中指定仅导入 filedialog 模块，调用 askopenfilename 函数将弹出一个系统对应的文件对话框。

例如，要获取用户名文件的名称，可以使用如下代码：

```
infileName = askopenfilename()
```

在 Windows 系统中执行此行代码的结果如图 9-2 所示。该对话框允许用户键入文件的名称或用鼠标选择它。当用户单击“打开”按钮时，文件的完整路径名称将作为字符串返回并保存到变量 infileName 中。如果用户单击“取消”按钮，则该函数将返回一个空字符串。

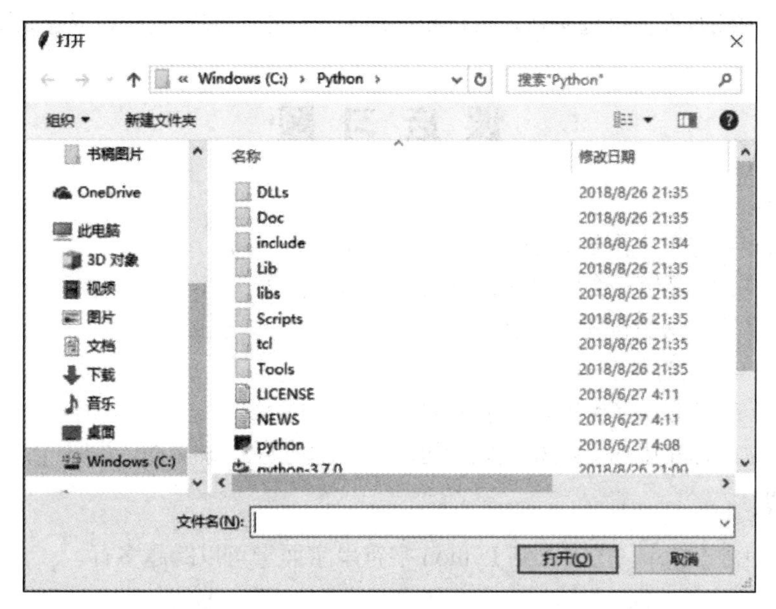

图 9-2　来自 askopenfilename 的文件对话框

Python 语言的 tkinter 模块还提供了一个类似的函数 asksaveasfilename 用于保存文件，这两个函数的用法相似。示例代码如下：

```
from tkinter.filedialog import asksaveasfilename
…
outfileName = asksaveasfilename()
```

asksaveasfilename 的示例对话框如图 9-3 所示。也可以同时导入这两个函数，代码如下：

```
from tkinter.filedialog import askopenfilename, asksaveasfilename
```

图 9-3　来自 asksaveasfilename 的文件对话框

这两个函数还有许多可选参数，可以定制所需对话框，如改变标题或建议默认文件名。

课 后 习 题

1. 判断题

(1) Python 字符串字面量总是用双引号括起来。(　　)
(2) 字符串 s 的最后一个字符在位置 len(s) − 1 处。(　　)
(3) 一个字符串总是包含一行文本。(　　)
(4) 在 Python 语言中，"4" + "5"是"45"。(　　)
(5) ASCII 是使用数字代码表示字符的标准。(　　)
(6) 将文件与程序中的对象相关联的过程称为“打开”该文件。(　　)

2. 选择题

(1) 如果包含在(　　)之中，则 Python 字符串字面量可以跨越多行。
A. "　　B. '　　C. '''　　D. \
(2) 访问字符串中的单个字符称为(　　)。
A. 切片　　B. 连接　　C. 赋值　　D. 索引
(3) (　　)函数给出了字符的 Unicode 值。
A. ord　　B. float　　C. chr　　D. eval
(4) 以下(　　)不能用于将数字字符串转换为数字。
A. int　　B. float　　C. str　　D. eval
(5) 包括(几乎)所有书面语言的字符，ASCII 的后继标准是(　　)。
A. TELLI　　B. ASCII+　　C. Unicode　　D. ISO
(6) (　　)字符串方法将字符串的所有字符转换为大写。
A. capitalize　　B. capwords　　C. uppercase　　D. upper
(7) format 方法中填充的字符串“插槽”标记为(　　)。
A. %　　B. $　　C. []　　D. {}
(8) 下列(　　)不是 Python 语言中的文件读取方法。
A. read　　B. readline　　C. readall　　D. readlines
(9) 使用文件进行输入和输出程序的术语是(　　)。
A. 面向文件的　　B. 多行　　C. 批处理　　D. lame
(10) 在读取或写入文件之前，必须创建文件对象(　　)。
A. open　　B. create　　C. File　　D. Folder

3. 讨论

(1) 给定初始化语句：

```
s1 = "spam"
s2 = "ni!"
```

写出以下每个字符串表达式求值的结果。

A. "The Knights who say, " + s2 ______

B. 3 * s1 + 2 * s2 ______

C. s1[1] ______

D. s1[1:3] ______

E. s1[2] + s2[:2] ______

F. s1 + s2[-1] ______

G. s1.upper() ______

H. s2.upper().ljust(4) * 3 ______

(2) 给定与上一个问题相同的初始化语句，写出一个 Python 表达式，可以通过对 s1 和 s2 执行字符串操作构造以下结果。

A. "NI" ______

B. "ni! Spamni! " ______

C. "Spam Ni! Spam Ni! Spam Ni! " ______

D. "spam" ______

E. ["sp", "m"] ______

F. "spm" ______

(3) 写出以下每个程序片段的输出。

A.
```
for ch in "aardvark" :
    print(ch)
```
______

B.
```
for w in "Now is the winter of our discontent... ".split():
    print(w)
```
______

C.
```
for w in "Mississippi".split("I"):
    print(w, end = "")
```
______

D.
```
msg = ""
for s in "secret".split("e"):
    msg = msg + s
print(msg)
```
______

E.
```
msg = ""
for ch in "secret" :
msg = msg + chr(ord(ch) + 1)
print(msg)
```
______

(4) 写出以下每个字符串格式化操作产生的字符串。如果操作不合法，则解释原因。

A. "Looks like (1) and {0} for breakfast".format("eggs", "spam")

______

B. "There is (0) (1) {2} {3}".format(1, "spam", 4, "you")

______

C. "Hello (0)".format("Susan", "computewell")

______

D. "{0:0.2f} {0:0.2f}".format(2.3, 2.3468)

____

E. "{7.5f} {7.5f}".format(2.3, 2.3468)

____

F. "Time left {0:02} : {1：05.2f}".format(1, 37.374)

____

G. " (1:3)".format("14")

____

编 程 实 训

1. 实训目的

(1) 了解字符串数据类型以及如何在计算机中表示字符串。

(2) 理解序列和索引的基本概念，熟悉字符串和列表。

(3) 能够用字符串格式化来产生有吸引力的程序输出。

(4) 了解 Python 语言中读取和写入文本文件的基本文件处理概念和技术。

(5) 理解和编写处理文本信息的程序。

2. 实训内容与步骤

(1) 仔细阅读本章内容，对其中的各个实例进行具体操作实现，从中体会 Python 程序设计，提高 Python 编程能力。如果不能顺利完成，则分析原因。

答：______________________________

____

(2) 编写程序。

① 编写程序读取 Python 程序文件，并计算其行数。仅含空白字节的行不计算，只有注解的行也不计算。

② 编写程序统计某目录下所有文件的扩展名与个数，其输出应类似如下：

py 14

pyc 3

txt 4

csv 2

③ 编写程序统计某路径下所有 Python 源程序文件的个数以及总共的代码数，忽略空白行与注解行。必须使用递归处理，须包含该路径下的所有目录。

④ 编写一个函数，该函数包含两个参数——文件的路径与文件名以及一行的字节个数上限，输出所有超过上限的那几行的行数。

⑤ 单词计数。编写一个程序，该程序接受文件名作为输入，分析这个文件以确定其中包含的行数、单词数和字符数，然后打印这三个数字，以显示文件的行数、单词数和字符数。

记录：将编写的上述程序的源代码另外用纸记录下来，并粘贴在下方。

------------------------------------ 程序设计源代码粘贴于此 ------------------------------------

3. 实训总结

____

____

____

____

4. 教师对实训的评价

____

____

第 10 章　面向对象程序设计

本章主要介绍面向对象程序设计(Object-Oriented Programming，OOP)的一些重要概念。

对象是结合了数据和操作的计算实体，包括相关数据的集合以及该数据的一系列操作。对象的数据存储在实例变量中并通过方法进行操作。每个对象都是某个类的一个实例。类定义确定了对象的属性是什么，对象将具有什么方法。可以通过编写合适的类定义来创建新类型的对象，通过调用构造函数创建实例。

10.1　面向对象的概念

简单的 Python 程序可以使用 Python 语言内置的数字和字符串数据类型来编写。每个数据类型可以表示一组特定的值，并且每个数据类型都有一组相关的操作。从传统的计算视角出发，数据可被视为一些被动实体，开发人员可通过主动操作来控制和组合它们。为了构建复杂的系统，需要采用更丰富的视角来看待数据和操作之间的关系。

面向对象程序设计是一种计算机编程架构，它的一条基本原则是计算机程序是由多个能够起到子程序作用的单元或对象组合而成的。如今大多数现代计算机程序是采用“面向对象”的方法构建的，其核心概念是类和对象。

以对象为基础的程序设计方式起源于 20 世纪 60 年代末期的 Simula 语言，经过多年发展研究，出现了 Smalltalk、C++和 Java 等面向对象程序设计语言，并逐步形成了面向对象的三大基本概念：封装、继承和多态。这三大基本概念都是围绕着控制大型软件程序的复杂性、提高程序代码的重复使用度、软件稳定且易于维护修改等要求而提出的。这与开发人员真正想要的，即在开发软件时能够控制程序代码的复杂性，编写出稳定的程序，且易于维护和修改，又希望能够重复使用是一致的。这种一致性的原因是面向对象程序设计方法尽可能模拟人类的思维方式，使得软件的开发方法与过程尽可能接近人类认识世界、解决现实问题的方法和过程，也即使得描述问题的问题空间与问题的解决方案空间在结构上尽可能一致，把客观世界中的实体抽象为问题域中的对象。

10.2　类与对象

面向过程程序设计把程序视为一组过程(模块和函数)的集合，每个过程都可以接收并处理其他过程发出的消息，程序的执行就是一系列消息在各个过程之间的加工和传递。

面向对象程序设计则是以对象为核心，把对象作为程序的基本单元，对象包含了数据和操作数据的函数。为了简化程序设计，面向对象过程把函数继续切分为子函数来降低系统的复杂度。换句话说，它是将对象定义为一种主动的数据类型，它知道一些事情并可以做一些事情。

10.2.1　对象的定义

一个对象包括一组相关的数据以及操作这些数据的一组操作(又称为方法)。

数据存储在对象的实例变量中，操作是存在于对象中的函数，实例变量和操作一起被称为对象的属性。

事实上，Python 语言中的所有数据类型都可以视为对象，当然也可以自定义对象。自定义的对象数据类型就是面向对象中的类(class)的概念。

下面以一个处理学生成绩表的例子来说明面向对象程序设计的流程。面向对象程序设计首先考虑 Student 这种数据类型应该被视为一个对象，这个对象拥有 name 和 score 这两个属性。如果要打印一个学生的成绩，首先必须创建出这个学生对应的对象的实例，然后给该对象实例发一个 print_score 消息，让对象实例自己把数据打印出来，代码如下：

```
class Student(object):
    def __init__(self, name, score):
        self.name = name
        self.score = score

    def print_score(self):
        print('%s: %s' % (self.name, self.score))
```

给对象发消息实际上就是调用对象对应的关联函数(方法)。面向对象程序的实现形式如下：

```
ming = Student('xiaoming', 59)
fang = Student('xiaofang', 87)
ming.print_score()
fang.print_score()
```

10.2.2 类的定义

类是对现实世界的抽象，包括表示静态属性的数据和对数据的操作，对象是类的实例化。对象间通过消息传递实现相互通信，来模拟现实世界中不同实体间的联系。

使用 Python 语言的 class 语句来自行定义类，其语法格式如下：

```
class 类名 ( 父类 ,... ):
    语句
```

下面是一个简单的类定义：

```
class MyClass():
    pass
```

类定义首先以关键字 class 开头，之后是新类名称，后面括号内可放进此类所继承的父类，然后是冒号“:”，之后跟着众多程序语句，此例除了 pass 语句，没有其他语句。

因为在 Python 语言里所有东西都是对象，如整数、浮点数和列表是对象，甚至模块、函数和类也是对象，所以上面的类定义将会产生出类对象。既然是对象，也就具有命名空间的功能，可放入名称指向各种其他对象，称为属性项。交互示例代码如下：

```
>>> class MyClass():                    # 类定义
        pass

>>> MyClass                             # 名称 MyClass 指向类型为 class 的对象
<class '__main__.MyClass'>
>>> MyClass.pi = 3.14                   # 具有命名空间的功能
>>> MyClass.pi                          # 属性项 pi 指向对象 3.14
3.14
>>> def foo(): print('hello')

>>> MyClass.bar = foo                   # MyClass 属性项 bar 指向函数对象
>>> MyClass.bar
<function foo at 0x00C73228>
```

不过，通常会在以 class 语句定义新的类时便决定好类里面要包含的数据成员与方法界面，然后以之作为样板建立许多对象。例如，定义的银行账户类的代码如下：

```
class BankAccount():                    # 定义类
    def __init__(self):                 # 初始化
        self.balance = 0                # 建立名称 balance，代表余额
    def deposit(self, amount):          # 存款
        self.balance += amount
    def withdraw(self, amount):         # 提款
        self.balance -= amount
```

```
    def get_balance(self):                # 显示余额
        return self.balance

ac0 = BankAccount()                       # 构造函数，建立银行账户对象
print(ac0.balance)                        # 直接存取余额
ac0.deposit(100)                          # 存款 100
ac0.withdraw(30)                          # 提款 30
print(ac0.get_balance())                  # 通过方法得到余额
ac1 = BankAccount()                       # 建立另一个银行账户对象
ac1.deposit(1000)
print(ac1.get_balance())
```

建立实例后，便可通过类定义中的方法来存取数据，如 deposit 代表存款、withdraw 代表提款。严格来说，deposit 与 withdraw 只是函数而已，但使用“实例.方法(参数)”的语法时，Python 解释器会转成“函数(实例，参数)”的形式。为此在定义的方法中，第一个参数 self 比较特别，代表实例对象本身，而在执行方法时，便是通过 self 来存取该实例对象里的属性项的，即各种数据(如账户余额)与其他方法。对象的属性通过点符号访问。

Python 语言中，类中方法定义的第一个参数始终是 self，表示引用方法的对象自身。交互示例代码如下：

```
>>> class MyClass():                      # 类定义
        def __init__(self):               # __init__函数是内置方法
            self.x = 3
        def foo(self):
            self.x += 1
            print(self.x)
        def bar(abc):
            abc.x -= 1
            print(abc.x)

>>> c = MyClass()                         # 建立实例
>>> c.foo()                               # 调用方法
4
>>> MyClass.foo(c)                        # 调用函数
5
>>> c.bar(c)                              # 调用函数
4
```

在上面的例子中，一般会把表达式“c.foo()”中的 foo 当作方法，而把表达式“MyClass.foo(c)”中的 foo 当作函数。这两种表达方式其实没什么不同，方法作为类属性项的函数，“实体.方法(参数)”这种表达方式更为直观方便。

10.2.3 对象的建立

面向对象的程序设计思想是抽象出类，然后根据类创建实例。面向对象的抽象程度比函数要高，因为类既包含数据，又包含操作数据的方法。

面向对象最重要的概念就是类和实例，类是抽象的模板，实例是根据类创建出来的一个个具体的对象。每个对象拥有相同的方法，但各自的数据可能不同。

仍以 Student 类为例，在 Python 语言中，类是通过 class 关键字定义的，语法格式如下：

```
class Student(object):
    pass
```

class 后面紧接着是类名，即 Student，类名通常是大写开头的单词，紧接着是(object)，表示该类是从哪个类继承下来的。通常如果没有合适的继承类，就使用 object 类，这是所有类最终都会继承的类。

定义好了 Student 类，就可以根据 Student 类创建出 Student 的实例，创建实例是通过“类名+ ()”实现的。交互示例代码如下：

```
>>> ming = Student()
>>> ming
<_ _main_ _.Student object at 0x10a67a590>
>>> Student
<class '_ _main_ _.Student'>
```

可以看到，变量 ming 指向的就是一个 Student 的实例，后面的 0x10a67a590 是内存地址，每个 object 的地址都不一样，而 Student 本身则是一个类。

可以自由地给一个实例变量绑定属性。例如，给实例 ming 绑定一个 name 属性，交互示例代码如下：

```
>>> ming.name = 'Bart Simpson'
>>> ming.name
'xiaoming'
```

由于类可以起到模板的作用，因此可以在创建实例时把一些必须绑定的属性填写进去。通过定义一个特殊的_ _init_ _方法(前后分别有两个下画线)，在创建实例的时候，需要同时绑定 name 和 score 等属性，代码如下：

```
class Student(object):
    def _ _init_ _(self, name, score):
        self.name = name
        self.score = score
```

_ _init_ _方法的第一个参数永远是 self，表示创建的实例本身，因此在_ _init_ _方法内部，就可以把各种属性绑定到 self，self 就指向创建的实例本身。

有了_ _init_ _方法，在创建实例的时候，就不能传入空的参数了，必须传入与_ _init_ _方法匹配的参数，但 self 不需要传入，Python 解释器自己会把实例变量传进去。交互示例

代码如下：

```
>>> ming = Student('xiaoming', 59)
>>> ming.name
'xiaoming'
>>> ming.score
59
```

和普通的函数相比，在类中定义的函数只有一点不同，即第一个参数永远是实例变量 self，并且调用时不用传递该参数。除此之外，类的方法和普通函数没有区别，仍然具有默认参数、可变参数、关键字参数和命名关键字参数。

10.3　构造函数与对象初始化

建立一个实例大致可分为两个阶段：首先，由 Python 解释器配置存储器空间，并设置基本的实例对象；然后，调用名为_ _init_ _的方法，由它进行实例对象的初始化。因为用户通常涉及不到第一阶段的行为，所以往往直接称呼_ _init_ _为构造函数。_ _init_ _的主要工作就是建立实例应该含有的数据，即第一次指派，在实例对象里产生名称，指向初始值(对象)。示例代码如下：

```
class Person():
    def _ _init_ _(self, name, age, height, weight):
        self.name = name
        self.age = age
        self.height = height
        self.weight = weight

# p1 = Person()                        # 错误，参数不足
p2 = Person('John', 22, 170, 60)       # 建立实例
p3 = Person('Amy', 17, 160, 42)        # 建立另一个实例
```

每个实例各自独立，都拥有各自的命名空间，只要在_ _init_ _里进行指派动作，便能产生存在于实例里的名称(指向其他对象)。例如，上例中会有名称 name、age、height 和 weight，p2 有自己的 name，p3 也有它自己的 name。但因为 p2 与 p3 的类别都是 Person，所以拥有相同的接口。

10.4　类 的 方 法

方法是实例对象的接口，外界通过方法来存取实例，所以方法是实例与外界沟通的管道。

下面以 Book 类为例，介绍类的方法的定义与使用。Book 类的实例存储了三个数据，即书名 title、定价 cover_price 和折扣 discount，还定义了各种存取方法。在 class 语句里定义的名称，如 set_discount 和 get_price 等，都成为该类的属性项，若是函数，则将会成为实例对象的方法。示例代码如下：

```
class Book():
    def __init__(self, title, cover_price, discount=1.0):
        self.title = title
        self.cover_price = cover_price
        self.discount = discount
    def get_title(self): return self.title
    def get_cover_price(self): return self.cover_price
    def get_discount(self): return self.discount
    def set_discount(self, discount): self.discount = discount
    def get_price(self): return int(self.cover_price * self.discount)

b1 = Book('Make Wishes', 300)                # 建立书本实例，折扣使用缺省值 1.0
b2 = Book('Fun of cooking', 500, 0.79)       # 建立书本实例，打 79 折
print(b2.get_price())
```

“实例.方法(参数)”这种表达方式有两个功能：一是把信息(参数)传给该实例对象；二是该实例对象操作其他对象，这种情况也被称为信息传递。

10.5 类作用域

作用域与命名空间是 Python 编程中的重要概念，如全局作用域、局部(函数)作用域。同样地，class 语句也有其类作用域，所以在 class 语句内定义的内容都会成为该类别的属性项，其名称存在于类别对象的命名空间内，指向各种对象。示例代码如下：

```
class MyClass():
    x, y, z = 3, 4, 5
    def sfoo():
        # print(z)                # 出错
        print(MyClass.z)
    def __init__(self, x, y):
        self.x = x
        self.y = y
    def foo(self): print(self.x + self.z)
    def bar(self):
```

```
        # print(self.y - z)         # 出错
        print(self.y - MyClass.z)


c0 = MyClass(33, 44)
MyClass.sfoo()                      # 输出 5
c0.foo()                            # 输出 38
c0.bar()                            # 输出 39
# c0.sfoo()                         # 出错
```

在上面的例子中，MyClass 类拥有属性项 x、y、z、__init__、sfoo、foo 和 bar，由所有实例共享。而 MyClass(33, 44) 所建立出来的实例则拥有属性项 x、y。要注意类与实体都有名为 x 和 y 的属性项。

class 语句虽有其类作用域，但并不能像函数作用域一样成为内部函数的外围作用域。在通过 MyClass.sfoo()执行 sfoo 函数时，里面的 print(z)会出现错误信息“NameError: global name 'z' is not defined”(名称错误：全局名称 z 并未定义)，这是因为执行时的环境指向全局作用域，自然无法存取 MyClass 类作用域里的名称。此时可通过名称 MyClass 存取里面的 z。类与实例各自拥有自己的命名空间(见图 10-1)。

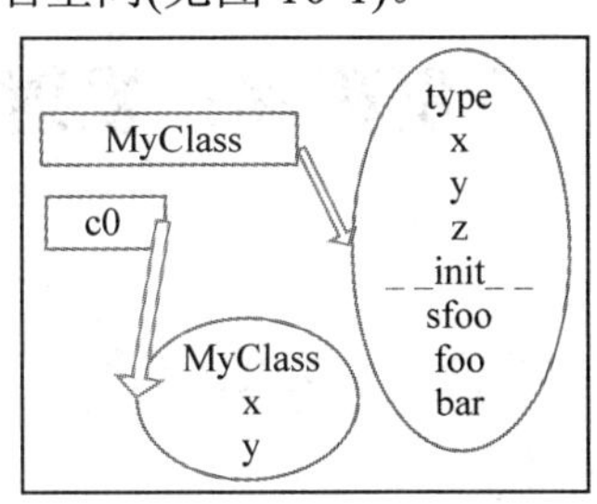

图 10-1　类与实例的属性项

同样地，执行语句 c0.bar()，其实就等同于执行语句 MyClass.bar(c0)，同样访问不到 z，所以语句 print(self.y - z)也会出错。不过若是通过执行语句 c0.foo()，通过 self 来存取 z 时，会先到实例命名空间里寻找，这时找不到 z，然后从类的命名空间里找到 z，可正常执行该语句。

另外，若执行语句 c0.sfoo()将会出现参数过多的错误，这是因为执行语句 c0.sfoo()会变成执行 MyClass.sfoo(c0 语句)，而方法 sfoo()并不需要参数 c0，所以会出错。

类的属性项被所有实例共享，通常是方法。若是一般函数，则函数所实现的功能应该是不需要实例也能执行的功能；另外也可以是一般数据类型，如整数。而实例的属性项则由该实例拥有，每个实例都拥有它自己的一份属性值。

类作用域与之前介绍的函数(局部)作用域不太一样，并不具备所谓的静态作用域能力，内部的函数或方法并不能存取外部(类)的属性项。示例代码如下：

```
def foo():                  # 函数
    x = 3
    def bar():              # 内部函数
        print(x)            # 可以
```

```
    bar()
class MyClass():            # 类
    x = 3
    def foo():
        print(x)            # A 处，若执行则会出错
        print(MyClass.x)    # 可以
    def bar(self):
        print(x)            # B 处，若执行则会出错
        print(self.x)       # 可以

MyClass.foo()               # A 处出错
mc = MyClass()
mc.bar()                    # B 处出错
```

总之，类里的函数与方法记录的环境中并不包括类的命名空间，因此在需存取函数和方法时，必须加上类名或指向实例的名称(如 self)。

10.6 示例程序：发射炮弹

下面通过一个发射炮弹的实例来介绍定义类的操作。

10.6.1 程序规格说明

本节要编写一个模拟炮弹(或任何其他抛体，如子弹、棒球或铅球等)飞行的程序。需要解决的问题是，在发射角度、初始速度、初始高度和间隔时间确定的情况下，炮弹将飞行多远。程序的输入是炮弹的发射角度、初始速度、初始高度和间隔时间，输出是炮弹撞击地面前飞行的距离。

如果忽略风阻的影响，并假设炮弹靠近地球表面，则这是一个相对简单的经典物理问题。地球表面附近的重力加速度约为 9.8 m/s^2，这意味着如果将一个物体以 20 m/s 的速度向上抛出，则 1s 后物体向上的速度会降到 20 m/s − 9.8 m/s^2 × 1s=10.2 m/s，再过 1s，向上的速度将降到 0.4 m/s，之后不久物体开始下落。

该程序是通过更新炮弹每个时刻的位置来模拟炮弹飞行情况的。实现该程序需要用到简单的三角学知识以及一个明显的关系——物体在给定时间内飞行的距离等于飞行速度乘飞行时间。

10.6.2 设计程序

编写模拟炮弹飞行的程序可分两步进行：算法设计，程序设计和实现。

1. 算法设计

设计算法时，需考虑炮弹飞行的两个维度：一是高度，这样可以知道什么时候炮弹碰到地面；二是距离，记录它飞多远。可以将炮弹的位置视为二维图中的点(x，y)，其中 y 表示炮弹飞行的高度，x 表示炮弹到发射点的水平距离。

要模拟炮弹的飞行情况，就必须不断地更新炮弹的位置。假设炮弹从位置(0，0)开始，希望定时(如每隔 0.1 s)检查它的位置。在这段时间内，炮弹将向上移动一定距离(+y，这里规定向上为正)并向前移动一定距离(+x)。每个维度的精确距离由它在该方向上的速度(velocity)决定。

把速度分解为 x 和 y 方向的分量(即 xvel 和 yvel)，这样会让问题更容易解决。由于忽略了风阻，所以 x 方向的速度在整个飞行中保持不变。然而由于受重力的影响，y 方向的速度会随时间而变化。事实上，y 方向的速度开始为正值，然后随着炮弹的下落而变为负值。

基于上面的分析，可设计出如下算法：

```
输入模拟参数：角度、速度、高度和间隔时间
计算炮弹的初始位置：xpos 和 ypos
计算炮弹的初始速度：xvel 和 yvel
while 炮弹仍在飞行:
    将 xpos、ypos 和 yvel 的值更新为实际飞行的距离
```

2. 程序设计和实现

下面逐步求精，将算法变成一个程序。

1) 程序开始部分

算法的第一行很简单，只需要合适的输入语句序列。程序开始部分的代码如下：

```
def main():
angle = float(input("输入发射角度(以°为单位): "))
vel = float(input("输入初始速度(以 m/s 为单位): "))
h0 = float(input("输入初始高度(以 m 为单位): "))
time = float(input("输入位置计算之间的时间间隔(以 s 为单位): "))
```

计算炮弹的初始位置也很简单，只需以下两句赋值语句：

```
xpos = 0.0
ypos = h0
```

其中，xpos = 0.0 表示初始距离为 0，ypos = h0 表示初始高度为 h0。

2) 计算速度

计算 x 和 y 方向上的速度时需要用到三角学知识。速度由 y 方向上的分量(yvel)和 x 方向上的分量(xvel)组成，这三个量(velocity、xvel 和 yvel)构成一个直角三角形，如图 10-2 所示。如果已知速度的大小和发射角度(发射角度记为 theta)，则由式子 xvel = velocity • cos(theta)很容易计算出 xvel 的大小。类似地，可由式子 yvel=velocity • sin(theta)计算出 yvel 的大小。

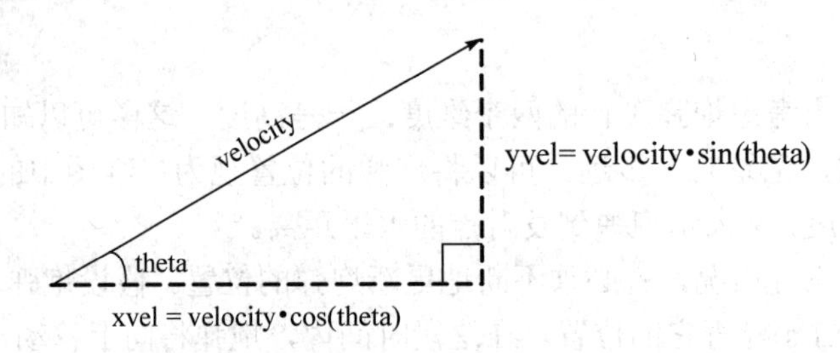

图 10-2　计算 x 和 y 方向上的速度示意图

运行程序时，输入的发射角度以°为单位，但 Python 数学库用弧度来度量角度，因此须进行角度转换(1°=(π/180)rad)。这可通过 math 库中的 radians()函数来实现。下面给出计算速度的代码：

```
theta = math.radians(angle)
xvel = velocity * math.cos(theta)
yvel = velocity * math.sin(theta)
```

3) 程序的主循环

在炮弹到达地面前，需不断地更新炮弹的位置和速度。这可通过检查 ypos 的值来实现，具体代码如下：

```
while ypos >= 0:
```

可以从炮弹是否在地面上来判断循环是否继续。一旦 ypos 的值下降到 0 以下，循环就会退出，表明炮弹已经碰到地面。

4) 计算距离

下面是模拟的关键。假设飞行时间为 time(单位为 s)，可通过循环来更新炮弹的状态。先考虑水平方向的运动。由于忽略了风阻，因此炮弹的水平速度(即 xvel 的值)将保持不变。

这里举一个例子。假设炮弹以 30 m/s 的速度飞行，目前距离发射点 50 m。经过 1 s，它将再次前进 30 m，距离发射点 80 m。如果间隔时间只有 0.1 s，那么炮弹只飞行 0.1 s ×30 m/s= 3 m，距离发射点 53 m。可以看出，飞行的距离总由 time • xvel 给出。因此，要更新水平位置，只需如下代码：

```
xpos = xpos + time * xvel
```

垂直分量的情况稍微复杂一些，因为重力会导致 y 方向的速度随时间而变化(每秒必须减少 9.8 m/s)。在 0.1 s 内，速度将减少 $0.1\ s \times 9.8\ m/s^2 = 0.98\ m/s$。经过 time 秒后，炮弹 y 方向的速度变为 yvel − time • 9.8。

为了计算在 time 秒内炮弹 y 方向的飞行距离，需要知道它的平均垂直速度。由于重力加速度是恒定的，因此平均速度就是开始和结束速度的平均值，即(yvel + yvell)/2。用平均速度乘间隔时间，即可得到高度的变化值。

下面是循环部分的代码：

```
while ypos >= 0.0:
    xpos = xpos + time * xvel
    yvell = yvel - time * 9.8
```

```
    ypos = ypos + time * (yvel + yvell) / 2.0
    yvel = yvell
```

注意，把 time 秒后的速度存储在临时变量 yvel 中是为了保存初始值，从而计算平均速度。最后在循环结束时，给 yvel 赋予新值，该值表示在 time 秒结束时炮弹的垂直速度。

5) 程序输出

程序的最后一步就是输出飞行距离。添加此步骤可得到完整的程序。

【程序实例 10-1】 设计一个发射炮弹的程序。

代码如下：

```
# cball1.py
from math import sin, cos, radians

def main():
    angle = float(input("输入发射角度(以°为单位): "))
    vel = float(input("输入初始速度(以 m/s 为单位): "))
    h0 = float(input("输入初始高度(以 m 为单位): "))
    time = float(input("输入位置计算之间的时间间隔(以 s 为单位): "))
    # 将角度转换为弧度
    theta = radians(angle)

    # 设置 x 和 y 方向的初始位置和速度
    xpos = 0
    ypos = h0
    xvel = vel * cos(theta)
    yvel = vel * sin(theta)

    # 循环直到炮弹碰到地面
    while ypos >= 0.0:
        # 以秒为单位计算位置和速度
        xpos = xpos + time * xvel
        yvell = yvel - time * 9.8
        ypos = ypos + time * (yvel + yvell) / 2.0
        yvel = yvell

    print("\n 飞行距离:{0:0.1f}米。".format(xpos))

main()
```

10.6.3　程序模块化

10.6.2 节采用了自顶向下、逐步求精的设计方法来设计程序，并没有将程序分成单独的函数。下面将以两种不同的方式对程序进行模块化。

首先使用函数(即自顶向下设计)的方法进行设计。下面是使用辅助函数的主算法：

```
def main():
    angle, vel, h0, time = getInputs()
    xpos, ypos = 0, h0
    xvel, yvel = getXYComponents(vel, angle)
    whi1e ypos >= 0:
        xpos, ypos, yvel = updateCannonBall(time, xpos, ypos, xvel, yvel)

    print("\n 飞行距离: {0:0.1f}米。".format(xpos))
```

根据这些函数的名称和原来的程序代码，很容易明白这些函数的功能，后续还需要编写三个辅助函数。

第二个版本的主算法比较简洁。变量已经减少到 8 个，theta 和 yvell 函数从主算法中消失了，因为只有在 getXYComponents 函数内部才需要 theta 的值。同样地，yvell 作为函数 updateCannonBall 的局部变量了。这种关注点分离的主要好处是能够隐藏一些中间变量。

但是这个版本的算法也过于复杂。特别是在循环体中，记录炮弹的状态需要四条信息，其中三条必须随时改变。需要所有四个变量以及时间的值来计算三个变量的新值，一个函数调用有五个参数和三个返回值。函数参数过多通常表明程序仍有改进空间。下面是另一种实现方法。

在当前程序中，描述炮弹对象需要 xpos、ypos、xvel 和 yvel 四条信息。假设有一个 Projectile 类，能“理解”炮弹这类物体的物理特性。利用这样的类，可以用单个变量来创建和更新合适的对象。使用这种基于对象的方法，编写的主程序代码如下：

```
def main():
    angle, vel, h0, time = getInputs()
    cball = Projectile(angle, vel, h0)
    while cbaii.getY() >= 0:
        cball.update(time)

    print("\n 飞行距离: {0:0.1f}米。".format(Cball.getX()))
```

显然这种算法比较简单直接。angle、vel 和 h0 的初始值作为参数，创建了一个名为 cball 的 Projectile 实例。每次通过循环时，都会要求 cball 更新其状态以记录时间。可以随时用它的 getX 和 getY 方法来获取 cball 的位置。为了让它工作，只需要定义一个合适的 Projectile 类，让它实现 update、getX 和 getY 方法。

10.6.4 Projectile 类的定义

在发射炮弹的例子中，可以抽象得到一个可以代表抛体的类。这个类需要用一个构造方法来初始化实例变量，用一个 update 方法来改变抛体的状态，用 getX 和 getY 方法来获取当前的位置。

首先从构造方法开始。在主程序中，用最初的角度、速度和高度来创建一个抛体实例，代码如下：

```
cball = Projectile(angle, vel, h0)
```

Projectile 必须有一个_ _init_ _方法，用这些值来初始化 cball 的实例变量。实例变量包含 xpos、ypos、xvel 和 yvel 四条信息，表示抛体飞行的特征，可以使用原来程序中的相同公式来计算这些值。

下面是带有构造方法的类，代码如下：

```
class Projectile:
    def _ _init_ _(self, angle, velocity, height):
        self.xpos = 0.0
        self.ypos = height
        theta = math.radians(angle)
        self.xvel = velocity * math.cos(theta)
        self.yvel = velocity * math.sin(theta)
```

在对象内创建了包含 self 在内的四个实例变量。在_ _init_ _结束后，就不再需要 theta 的值，所以 theta 就成为一个普通的(局部的)函数变量。

获取抛体位置的方法很简单，因为当前位置可由实例变量 xpos 和 ypos 给出，只需要一些返回这些值的方法，代码如下：

```
def getX(self):
    return self.xpos


def getY(self):
    return self.ypos
```

最后来看 update 方法。该方法使用一个普通参数，表示时间间隔。需要更新抛体的状态，以反映这段时间的流逝，代码如下：

```
def update(self, time):
    self.xpos = self.xpos + time * self.xvel
    yvell = self.yvel - time * 9.8
    iypos + time * (self.yvel + yvell) / 2.0
```

这些基本上是原来程序中使用的代码，用来使用和修改实例变量。注意，变量 yvell 为临时(普通)变量。方法最后一行的功能是将该值存储到对象中，从而保存该新值。

方法的定义看起来就像一个普通的函数定义。将函数放在类中使其成为该类的方法，而不是独立的函数。

注意，类中定义的每个方法都有一个名为 self 的第一个参数。方法的第一个参数的特殊之处在于：它总是包含该方法所在的对象的引用。可以用任何合法的名字来命名这个参数，但通常用 self 表示。

方法调用是一种函数调用，像普通函数调用一样，Python 解释器执行一个四步序列：

第一步，调用程序(main)暂停在方法调用处。Python 解释器在对象的类中找到合适的方法定义，并将该方法应用于该对象。

第二步，该方法的形参被赋予调用的实参提供的值。在方法调用时，第一个形参对应于该对象。

第三步，执行方法体。

第四步，控制返回到调用方法之后的位置。

为了避免混淆，应该始终将方法的第一个形参称为 self 参数，其他任何参数都作为普通参数。

在概念上，实例变量提供了一种存储对象内的数据的方法。与常规变量一样，实例变量通过名称来访问，即可以用<object>.<instance-var>的形式来访问。

实例变量的强大之处在于，可以用它们来存储特定对象的状态，然后将该信息作为对象的一部分传递给程序。实例变量的值可以在其他方法中引用，甚至在连续调用相同方法时再次引用。这与常规的局部函数变量不同，一旦函数终止，其值将消失。

【程序实例 10-2】 完成抛体类，建立一个完整的基于对象的方案来解决抛体问题。

代码如下：

```
# cball2.py
from math import sin, cos, radians

class Projectile:
    def __init__(self, angle, velocity, height):
        self.xpos = 0.0
        self.ypos = height
        theta = radians(angle)
        self.xvel = velocity * cos(theta)
        self.yvel = velocity * sin(theta)

    def update(self, time):
        self.xpos = self.xpos + time * self.xvel
        yvell = self.yvel - 9.8 * time
        self.ypos = self.ypos + time * (self.yvel + yvell) / 2.0
        self.yvel = yvell

    def getY(self):
        return self.ypos

    def getX(self):
        return self.xpos

def getInputs():
    a = float(input("输入发射角度(以°为单位): "))
```

```
    v = float(input("输入初始速度(以 m/s 为单位): "))
    h = float(input("输入初始高度(以 m 为单位): "))
    t = float(input("输入位置计算之间的时间间隔(以 s 为单位): "))
    return a, v, h, t

def main():
    angle, vel, h0, time = getInputs()
    cball = Projectile(angle, vel, h0)
    while cball.getY() >= 0:
        cball.update(time)

    print("\n 飞行距离:{0:0.1f}米。".format(cball.getX()))

main()
```

10.6.5　类的数据处理

上面抛体的例子展示了类的一个常见用处，即针对具有复杂行为的真实世界对象进行建模。

类的另一个常见用途是将一组描述人或事的信息组合在一起。例如，公司需要记录所有员工的信息。他们的员工系统可能会使用 Employee 对象，包含员工姓名、身份证号码、地址、工资和部门等数据。这种信息分组通常称为“记录”。

下面是一个针对大学生信息的简单数据处理的例子。一般在大学里，学生课程成绩是使用学分来衡量的，而平均分是以 4 分为基准计算的，其中“A”是 4 分，“B”是 3 分，等等。平均积分点(GPA)的计算采用积分点。如果课程价值为 3 个学分，学生获得“A”，那么他将获得 $3 \times 4 = 12$ 个积分。要计算学生的平均积分点，需要将总积分点除以完成的学分数。

假设有一个包含学生成绩信息的数据文件。文件的每一行都包含一个学生的姓名、学分和积分点，这三个值由制表符分隔。文件的内容类似如下：

```
Adams, Henry         127      228
Computewell, Susan   100      400
DibbleBit, Denny     18       41.5
Jones, Jim           48.5     155
Smith, Frank         37       125.33
```

需要编写一个程序，读取这个文件，找到 GPA 最好的学生，并打印他的名字、学分和 GPA。首先创建一个 student 类，其对象是单个学生的信息记录。在这个例子中，学生信息包括名称、学分和积分点，可以将这些信息作为实例变量保存，在构造方法中初始化，代码如下：

```
class student:
```

```
def _ _init_ _(self, name, hours, qpoints):
        self.name = name
        self.hours = float(hours)
        self.qpoints = float(qpoints)
```

注意，这里使用了与实例变量名相匹配的参数名称，对于这种类来说，这是一种很常见的命名风格。把学时和积分的值设置成浮点数，这会让构造方法更为通用，可以接受浮点数、整数甚至字符串作为参数。

有了一个构造方法，就很容易创建学生记录。例如，可以为 Henry Adams 创造一个记录，代码如下：

```
aStudent = student("Adams, Henry", 127, 228)
```

这样，使用对象就可以在单个变量中收集有关个人的所有信息。

接下来，确定 student 对象的方法。要访问学生的信息，需要定义一组取值方法，代码如下：

```
def getName(self):
    return self.name

def getHours(self):
    return self.hours

def getQPoints(self):
    return self.qpoints
```

这些方法能够从学生记录中获取信息。例如，打印学生姓名的代码如下：

```
print(aStudent.getName())
```

类中还需要一个计算 GPA 的方法。可以使用 getHows 和 getQPonts 方法进行计算 GPA。但 GPA 比较常用，因此最好单独设计一个计算 GPA 的方法，代码如下：

```
def gpa(self):
    return self.qpoints / self.hours
```

有了这个类，就可以解决寻找最优学生的问题了。算法类似于查找 n 个数字的最大值的算法，即逐一查看文件中的学生，记录到目前为止看到的最好的学生。下面是程序的算法。

```
从用户获取文件名
打开文件进行读取
将文件中的第一个学生设置为最好的
对于文件中的每个学生
    如果 s.gpa()> best.gpa()
        将其设置为最好的
打印出最佳学生的信息
```

下面是完整的程序代码。

【程序实例 10-3】 找到 GPA 最高学生的课程。

代码如下：

```
# gpa.py
class Student:
    def __init__(self, name, hours, qpoints):
        self.name = name
        self.hours = float(hours)
        self.qpoints = float(qpoints)

    def getName(self):
        return self.name

    def getHours(self):
        return self.hours

    def getQPoints(self):
        return self.qpoints

    def gpa(self):
        return self.qpoints / self.hours

def makeStudent(infoStr):
    # infoStr 是一个以制表符分隔的行：name hours qpoints
    # 返回相应的学生对象
    name, hours, qpoints = infoStr.split("\t")
    return Student(name, hours, qpoints)

def main():
    # 打开输入文件进行读取
    filename = input("输入成绩档案的名称: ")
    infile = open(filename, 'r')

    # 将文件中的第一个学生设置为最好的
    best = makeStudent(infile.readline())

    # 处理文件的后续行
    for line in infile:
        # 把这一行变成学生记录
        s = makeStudent(line)
        # 如果这个学生到目前为止是最好的，则记住他
```

```
        if s.gpa() > best.gpa():
            best = s
    infile.close()

    # 打印有关最佳学生的信息
    print("最好的学生是: ", best.getName())
    print("小时: ", best.getHours())
    print("GPA: ", best.gpa())

if __name__ == '__main__':
    main()
```

注意，这里添加了一个名为 makeStudent 的辅助函数。该函数读取文件的一行，按制表符将其拆成三个字段，并返回相应的 student 对象。在循环之前，该函数用于为文件中的第一个学生创建一个记录，代码如下：

```
best = makeStudent(infile.readline())
```

它在循环中再次被调用来处理文件的后续行，代码如下：

```
s = makeStudent(line)
```

以下是采样本数据运行程序的结果：

```
输入成绩档案的名称: students.dat
最佳学生: computewell, Susan
小时: 100.0
GPA: 4.0
```

这个程序有一个未解决的问题：程序只打印一名最佳学生，但如果多名学生的 GPA 并列最佳，显然程序无法找到所有 GPA 最高的学生。请读者思考这个问题并修改程序，输出所有 GPA 最高的学生。

课 后 习 题

1. 判断题

(1) 创建类的新实例的函数称为取值方法。(　　)
(2) 实例变量用于在对象内存储数据。(　　)
(3) 通过调用构造方法创建新对象。(　　)
(4) 位于对象中的函数称为实例变量。(　　)
(5) Python 方法定义的第一个参数称为 this。(　　)
(6) 一个对象只能有一个实例变量。(　　)
(7) 在数据处理中，有关人或事物的一组信息称为文件。(　　)
(8) 在 Python 类中，构造方法称为__init__。(　　)
(9) 文档字符串与注释是一样的。(　　)

(10) 一个方法终止后，实例变量就会消失。(　　)

(11) 方法名称应始终以一条或两条下画线开始。(　　)

(12) 信息存储在对象的实例变量中，操作是存在于对象中的函数，实例变量和操作一起被称为对象的属性。(　　)

2. 选择题

(1) 返回对象的实例变量的值的方法称为(　　)。

A. 设值方法　B. 函数　C. 构造方法　D. 取值方法

(2) Python 保留字(　　)开始了类定义。

A. def　B. class　C. object　D. init

(3) 具有四个形参的方法定义通常在调用时有(　　)个实际参数。

A. 3　B. 4　C. 5　D. 看情况

(4) 方法定义类似于(　　)。

A. 循环　B. 模块　C. 导入语句　D. 函数定义

(5) 在一个方法定义中，可以通过表达式(　　)访问实例变量 x。

A. x　B. self.x　C. self [x]　D. self.getX()

3. 讨论

(1) 选择一个有趣的现实世界对象的例子，通过列出它的数据(属性，它“知道什么”)及方法(行为，它可以“做什么”)，将它描述为一个编程对象。

(2) 阅读下面的程序代码，并找出错误之处。

```
class MyClass():
    x, y = 3, 4
    def foo(self):
        print(x + y)
    def bar(self):
        print(self.x + self.y)
MyClass().foo()
MyClass().bar()
```

(3) 下面程序有三个 print 方法，各自的输出是什么？

```
class A(object):
    x = 1
class B(A): pass
class C(A): pass
print(A.x, B.x, C.x)    # ? ? ?
B.x = 2
print(A.x, B.x, C.x)    # ? ? ?
A.x = 3
print(A.x, B.x, C.x)    # ? ? ?
```

(4) 下面类阶层的搜寻顺序是什么？若建立 D 的实例并调用方法 foo，则会执行哪一个方法？

```
class A:
def foo(self): pass
class B(A): pass
class C(A):
def foo(self): pass
class D(B, C): pass
```

(5) 观察下面的类继承关系，建立 C 实例时，将会按照 B—A—C 的顺序调用初始化方法__init__。如果类 A 与 B 的__init__需要传入参数，该怎么修改？

```
class A(object):
    def __init__(self):
        super(A, self).__init__()
        print('A')
class B(object):
    def __init__(self):
        super(B, self).__init__()
        print('B')
class C(A, B):
    def __init__(self):
        super(C, self).__init__()
        # super().__init__()
        print('C')
```

(6) 定义类 Person，具有两个属性项：出生年月日与年龄，年龄并非固定数值，而是根据目前日期动态计算出来。

编 程 实 训

1. 实训目的

(1) 熟悉面向对象程序设计的重要思想，理解面向对象方法的主要方法。

(2) 理解对象的概念以及如何用它们来简化编程。

(3) 领会定义新类如何能为复杂程序提供结构。

(4) 能够阅读并编写 Python 类定义。

(5) 能够编写包含简单类定义的程序。

2. 实训内容与步骤

(1) 仔细阅读本章内容，对其中的各个实例进行具体操作实现，从中体会 Python 程序设计，提高 Python 编程能力。如果不能顺利完成，则分析原因。

答：____

____

(2) 编写程序。

① 解释实例变量与常规函数变量之间的相似性和差异。

② 根据类定义中可能找到的实际代码说明以下内容。

A. 方法　　B. 实例变量　　C. 构造方法　　D. 取值方法　　E. 设值方法

③ 阅读以下程序，该程序生产的输出是什么？

```
class Bozo:
    def __init__(self, value):
        print("Creating a Bozo from: ", value)
        self.value = 2 * value
    def clown(self, x):
        print("Clowning: ", x)
        print(x * self.value)
        return x + self.value

def main():
    print("clowning around now. ")
    c1 = Bozo(3)
    c2 = Bozo(4)
    print c1.clown(3)
    print c2.clown(c1.clown(2))

main()
```

④ 修改本任务中的炮弹模拟程序，让它也计算炮弹达到的最大高度。

记录： 将编写的上述程序的源代码另外用纸记录下来，并粘贴在下方。

------------------------------------ 程序设计源代码粘贴于此 ------------------------------------

3. 实训总结

____

____

____

____

4. 教师对实训的评价

____

____

____

第 11 章　对象的封装、继承与多态

本章主要介绍 Python 面向对象程序设计中的一些重要概念和技术，即封装、继承和多态。运用这些概念与技术，开发人员可灵活方便地实现程序代码可重复使用、稳定且易于维护的目标。

封装、多态和继承也是面向对象程序开发的三个重要特点。封装是指将对象的实现细节与对象的使用方式分开，允许复杂程序的模块化设计；继承是指可以从现有类派生一个新类，支持类之间的方法共享与代码复用；多态是指不同的类可以实现具有相同签名的方法，让程序更加灵活，允许单行代码在不同情况下调用不同的方法。

11.1　对象的封装

封装是将一个计算机系统中的数据以及与这个数据相关的一切操作语言(即描述每一个对象的属性以及其行为的程序代码)组织到一起，一并封装在一个实体“模块”(即“类”)中，为实现软件的模块化提供了良好的基础。封装的最基本单位是对象，其基本目标是使得软件结构的相关模块实现高内聚、低耦合的最佳状态。

11.1.1　封装的概念

定义类是实现程序模块化的一个好方法。只要识别出一些有用的对象，就可以用这些对象编写一个算法，并将实现细节放在合适的类定义中。这样，主程序只需要关心对象可以执行的操作，而不用关心如何实现它们。在面向对象方法中，对象的实现细节被封装在类定义中。用户不需要清楚了解对象如何对各种行为进行操作、运行和实现等细节，只需要通过类提供的接口对计算机进行相关操作即可，大大简化了操作步骤。不过，封装只是 Python 语言中的编程约定，而不是强制规则。

使用对象的主要原因之一，是在程序中隐藏这些对象的内部复杂性。对实例变量的引用通常应与其他实现细节在一起保留在类定义内。在类之外，与对象的所有交互一般应使用其方法提供的接口来完成。事实上，Python 语言提供的属性机制使得实例变量的访问安全可控且逻辑清晰。

封装性指将对象的状态信息隐藏在对象的内部，不允许外部程序直接访问对象内部的

状态信息，只有通过该类对外提供的方法才能实现对内部信息的操作和访问。在 Python 语言中，封装通常都是在类的定义阶段完成，对象的实例变量只能通过类的接口方法进行访问或修改，这种关注点分离是 Python 语言中的编程惯例。封装提供了一种方便的方式来实现复杂的解决方案。从设计的角度看，封装提供了一种关键服务，分离了“做什么”与“怎么做”。对象的实现与其使用无关。实现可以改变，但只要接口保持不变，依赖对象的其他组件就不会被破坏。

封装的一个直接优点是它允许独立地修改和改进类，而不用担心“破坏”程序的其他部分。只要类提供的接口保持不变，程序的其余部分甚至不知道该类已改变。在设计类的时候，应该努力为每个类提供一套完整的方法。

封装的另一个优点就是它支持代码复用，比如将常用的、能正确运行的代码封装成工具类后，就可以减少很多烦琐且易出错的步骤。

11.1.2　限制访问

类的内部有属性和方法，而外部代码可以通过直接调用实例变量的方法来操作数据，这样就隐藏了内部的复杂逻辑。一般情况下外部代码可以自由地修改一个实例的属性，例如下面这段交互式代码：

```
>>> bart = Student('Bart Simpson', 59)
>>> bart.score
59
>>> bart.score = 99
>>> bart.score
99
```

如果要让内部属性不被外部访问，那么可以在属性的名称前加上两个下画线“__”。在 Python 语言中，实例的变量名如果以“__”开头，就变成一个只有内部可以访问的私有(private)变量，外部不能访问。下面把 Student 类做如下改动：

```
class Student(object):

    def __init__(self, name, score):
        self.__name = name
        self.__score = score

    def print_score(self):
        print('%s: %s' % (self.__name, self.__score))
```

修改后，外部代码就无法从外部访问实例变量__name 和__score 了，否则会报错。示例代码如下：

```
>>> bart = Student('Bart Simpson', 59)
>>> bart.__name
Traceback (most recent call last):
  File "<stdin>", line 1, in <module>
```

```
AttributeError: 'Student' object has no attribute '__name'
```

通过访问限制的保护，可确保外部代码不能随意修改对象内部的状态，使代码更加健壮。如果外部代码要获取 name 和 score，可以给 Student 类增加 get_name 和 get_score 方法，代码如下：

```
class Student(object):
    ...
    def get_name(self):
        return self.__name

    def get_score(self):
        return self.__score
```

更进一步，如果又要允许外部代码修改 score，则可以再给 Student 类增加 set_score 方法，代码如下：

```
class Student(object):
    ...
    def set_score(self, score):
        self.__score = score
```

还可以在方法中对参数做检查，以避免传入无效的参数，代码如下：

```
class Student(object):
    ...
    def set_score(self, score):
        if 0 <= score <= 100:
            self.__score = score
        else:
            raise ValueError('bad score')
```

注意，在 Python 语言中，类似__xxx__的特殊变量的名称是以双下画线开头并以双下画线结尾的。特殊变量可以直接访问，不是 private 变量，所以不能用__name__、__score__这样的变量名。

以一个下画线开头的实例变量名，比如_name，这样的实例变量外部是可以访问的。然而按照约定，这样的变量虽然可以被访问，但是一般视为私有变量，不要随意访问。

类具备了信息隐蔽的能力，经由方法提供公开接口来存取封装在内部的数据。模块、函数和闭包等技术也能达到同样的效果，但用类来实现更加方便。

11.2 继承与多态

继承是面向对象方法的重要特点之一。继承是指在定义一个类的时候，可以从另一个类借用(继承)其行为来定义一个新类。新类(借用者)被称为“子类”，现有的类(被借用的类)是其“超类”(或父类、基类)。多态是指一类事物有多种形态，比如动物类，可以有猫、狗、猪等形态。一个抽象类可以有多个子类，因而多态的概念依赖于继承。

11.2.1 继承的定义

继承性主要是指两种或者两种以上的类之间的联系与区别。顾名思义，继承是后者延续前者的某些方面的特点，而在面向对象技术中是指一个对象针对于另一个对象的某些独有的特点、能力进行复制或者延续。

按照继承源进行划分，继承可分为单继承与多继承。单继承是指一个对象仅仅从另外一个对象中继承其相应的特点；多继承是指一个对象可以同时从另外两个或者两个以上的对象中继承所需要的特点与能力，并且不会发生冲突等现象。按照继承的内容进行划分，继承可以分为四类，分别为取代继承、包含继承、受限继承和特化继承。取代继承是指一个对象在继承另外一个对象的能力与特点之后取代了父对象；包含继承是指一个对象在将另一个对象的能力与特点进行完全的继承之后，又继承了其他对象，结果是这个对象所具有的能力与特点大于父对象，实现了对父对象的包含；受限继承则进一步要求继承关系是一个树结构，以实现角色间的单继承，这种模型合适于角色之间的层次明确、包含清晰的情况；特化继承是指一类具有共同特征的对象之间的继承，比如“运动员”是一类具有体育特长的特殊的人，这就属于特化继承。

以角色扮演游戏为例，剑、弓、匕首和流星锤都是一种类，各自拥有不同的性质，包括攻击距离、伤害力度等，而这些类都继承自武器类，都能够被装备、发动攻击；而所有武器、防具(包括盔甲、头盔和足靴等)和食物(包括药水、药草和水果等)，这些类又继承自物品类，代表可使用、可拿取丢弃，可被破坏的一般物品；另外游戏中与情节相关的物品，如门锁钥匙、某个非玩家角色想得到的书籍、某瓶救命药水等，这些属于特殊物品，可设计为一旦拿取后便无法丢弃，只能用于特定场合。

通过继承关系，子类便可重复使用父类的程序代码。例如，剑与流星锤都拥有 attack(攻击)方法，计算攻击成功与否与伤害力度的程序代码若相同，便可把该方法放在武器类里，如此一来，剑与流星锤类就能继承使用；而若两种需要拥有不同的 attack 方法实现子类，例如，弓属于远程武器，还须加上距离的判断以及所携带弓箭的特性，此时可复用、自行实现新的 attack 方法。

运用继承建构出来的类层级架构更容易让人理解。例如，Python 语言的 list(列表)与 tuple(元组)都继承了抽象类型序列，因此具备同样的界面，都可使用索引、切片、内置函数 len 和方法 index 等；而 list 其实继承自可变序列抽象类型，因此可以在原内存地址上对数据进行修改，如方法 append()、insert()、remove()、clear()和 pop()等。

比如，编写一个名为 Animal 的类，有一个 run() 方法可以直接打印，代码如下：

```
class Animal(object):
    def run(self):
        print('Animal is running...')
```

在编写 Dog 和 Cat 类时，就可以直接从 Animal 类继承，代码如下：

```
class Dog(Animal):
    pass


class Cat(Animal):
    pass
```

这里，Animal 是 Dog 的父类，Dog 则是 Animal 的子类。

继承的最大的好处是子类获得了父类的全部功能。由于 Animimal 实现了 run()方法，因此 Dog 和 Cat 作为它的子类，就自动拥有了 run()方法，代码如下：

```
dog = Dog()
dog.run()

cat = Cat()
cat.run()
```

运行结果如下：

```
Animal is running...
Animal is running...
```

当然，子类也可以增加一些方法，比如 Dog 类可增加 eat 方法，代码如下：

```
class Dog(Animal):

    def eat(self):
        print('Eating meat...')
```

可以看到，无论是 Dog 还是 Cat，它们运行方法 run()的时候，显示的都是信息“Animal is running...”，而符合逻辑的做法是分别显示的信息是“Dog is running...”和“Cat is running...”，因此可对 Dog 和 Cat 类进行改进，代码如下：

```
class Dog(Animal):

    def run(self):
        print('Dog is running...')


class Cat(Animal):

    def run(self):
        print('Cat is running...')
```

再次运行，结果如下：

```
Dog is running...
Cat is running...
```

11.2.2　多态的定义

当子类和父类存在相同的 run()方法时，子类的 run()方法将覆盖父类的 run()方法，在代码运行的时候，总是会调用子类的 run()方法。这就是继承的第二个好处：多态。多态是面向对象方法的另一个重要特点。

从宏观的角度来讲，多态是指在面向对象技术中，当多个不同对象同时接收到一个完全相同的消息之后，所表现出来的动作是各不相同的，具有多种形态；从微观的角度来讲，多态是指在一组对象的一个类中，面向对象技术可以使用相同的调用方式来对相同的函数名进行调用，即便这若干个具有相同函数名的函数所表示的函数是不同的。

Python 语言采用"动态类型"，即只看名称并不知道对象指向何种类型。例如，只看程序代码"a + b"，并不能确定 a 与 b 是什么类型、"+"是整数加法还是字符串连接；同样地，只看"s.append(t)"也不能确定"append"是哪个类型对象的方法。直到代码执行时，Python 解释器才能由该名称找到绑定的对象，在得知其类型后，才去执行相对应的方法或函数，这就是多态的概念。在执行时才去找出名称与运算符的意义，被称为延迟绑定。另外，运算符的多态也叫作运算符重载。

在定义一个类的时候，实际上就是定义了一种数据类型。自定义的数据类型和 Python 语言自带的数据类型，比如 str、list 和 dict 等是一样的，示例代码如下：

```
a = list()          # a 是 list 类型
b = Animal()        # b 是 Animal 类型
c = Dog()           # c 是 Dog 类型
```

判断一个变量是不是某个类型可以用方法 isinstance()，交互示例代码如下：

```
>>> isinstance(a, list)
True
>>> isinstance(b, Animal)
True
>>> isinstance(c, Dog)
True
```

从运算结果可以看出，a、b 和 c 与 list、Animal 和 Dog 这 3 种类型一一对应。

再试试如下代码，并运行。

```
>>> isinstance(c, Animal)
True
```

看来 c 不仅仅是 Dog 类型的，还是 Animal 类型的。在创建了一个 Dog 类的实例 c 时，c 的数据类型是 Dog，同时也是 Animal。这是因为 Dog 类是从 Animal 类继承而来的，Dog 本来就是 Animal 的一种。

所以在继承关系中，如果一个实例的数据类型是某个子类，那它的数据类型也可以被看作是父类。但是反过来就不行，比如如下交互示例代码：

```
>>> b = Animal()
>>> isinstance(b, Dog)
False
```

Dog 可以看成 Animal，但 Animal 不可以看成 Dog。

下面介绍多态的好处。先编写一个函数，这个函数能接收一个 Animal 类型的变量，代码如下：

```
def run_twice(animal):
    animal.run()
    animal.run()
```

在传入 Animal 的实例时，run_twice()就打印出如下信息：

```
>>> run_twice(Animal())
Animal is running...
Animal is running...
```

在传入 Dog 的实例时，run_twice()就打印出如下信息：

```
>>> run_twice(Dog())
Dog is running...
Dog is running...
```

在传入 Cat 的实例时，run_twice()就打印出如下信息：

```
>>> run_twice(Cat())
Cat is running...
Cat is running...
```

现在如果再定义一个 Tortoise 类型，也从 Animal 派生，代码运行结果如下：

```
class Tortoise(Animal):
    def run(self):
        print('Tortoise is running slowly...')
```

在调用 run_twice()方法时，传入 Tortoise 的实例，代码运行结果如下：

```
>>> run_twice(Tortoise())
Tortoise is running slowly...
Tortoise is running slowly...
```

可见，新增一个 Animal 的子类，不必对 run_twice()方法做任何修改。实际上，任何依赖 Animal 作为参数的函数或者方法都可以不加修改地正常运行，原因就在于多态。

通过继承可以构建一个类的系统，新类通常可以基于原有的类，促进代码复用以避免重复操作。例如，当需要传入 Dog、Cat 和 Tortoise 等类时，只需要接收 Animal 类型就可以了，因为 Dog、Cat 和 Tortoise 等类都是 Animal 类型的，然后，按照 Animal 类型进行操作。由于 Animal 类型有 run()方法，因此传入的任意类型，只要是 Animal 类或者子类，就会自动调用实际类型的 run()方法，即多态。

只需要确定一个变量是 Animal 类型的，无须确定它的子类型，就可以调用 run()方法，而具体调用的 run()方法是作用在 Animal、Dog、Cat 上，还是作用在 Tortoise 对象上，由运行时该对象的确切类型决定。这就是多态的威力所在：调用方只管调用，不管细节。当需要新增一种 Animal 的子类时，只要确保 run()方法编写正确，而不需要关注原来的代码是如何调用的。

继承还可以一级一级地继承下来，这些继承关系看上去就像一棵倒着的树(见图 11-1)。

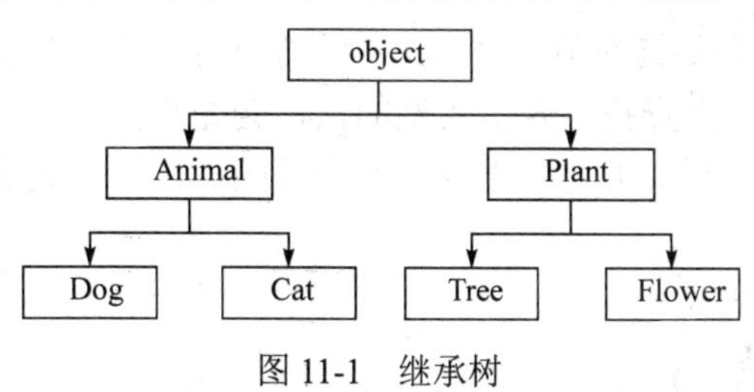

图 11-1　继承树

在定义类时，把需要继承的父类名写在子类名后的括号内即可。所有 Python 类都缺省继承自 object 类，所以下面三个类定义是相同的。

```
class Foo(object): pass
class Foo(): pass
class Foo: pass                    # 可省略括号
```

子类继承了父类的所有属性项，所以子类的实例也能存取父类定义的方法。换句话说，子类继承了所有接口，并以此为基础做修改、进行定制。示例代码如下：

```
class A():                         # 定义类别 A，缺省继承自 object
    x, y = 3, 4                    # 类的属性项
    def __init__(self, a, b):
        self.a = a                 # 实例的属性项
        self.b = b
    def foo(self):
        print(self.a + self.b + self.x + self.y)

class B(A):                        # 定义类 B，继承自 A
    ww = 1000
    x = 1003
     # B 自己没有__init__
    def bar(self):
        self.foo()                 # 使用父类的方法
        print(self.x + self.ww)

a0 = A(13, 14)                     # 建立类 A 的实例
a0.foo()                           # 调用方法
b0 = B(103, 104)                   # 建立类 B 的实例
b0.foo()                           # B 继承了 A 的方法 foo，也可调用
```

```
b0.bar()                          # B 自己新增的方法
```

在上面例子中，因为类 B 没有定义_ _init_ _，所以调用构造函数 B(103, 104)时，Python 解释器在类 B 里找不到_ _init_ _方法，便会到类 A 里去找，并以此进行初始化，类 B 的实例也会有属性项 a 与 b。类 B 既然继承了类 A 的所有属性项，自然也能够调用类 A 的 foo 方法。类 B 又新增了方法 bar 以及类属性项 x，这样会隐蔽类 A 的属性项 x，所以在 bar 方法里的 self.x 会是 1003。

每当出现表达式“对象.属性项”时，其中的对象可以是类与实例，Python 解释器都会启动“属性项搜寻程序”去查找。若是实例的话，会先在实例的命名空间里查找，若找不到再去类里查找，然后再到父类里去查找；若是类的话，就先到类里查找，若查找不到，再到父类里查找。

11.2.3 _ _init_ _函数

11.2.2 节中的类 B 并没有_ _init_ _函数，但因为继承了 A 的_ _init_ _函数，所以建立实例对象时，仍会去调用 A 的_ _init_ _函数，仍拥有属性项 a 与 b。若类 B 想要增加属性项 c，必须在类 B 的_ _init_ _函数里增加，但类 B 的_ _init_ _函数并不会自动调用类 A 的_ _init_ _函数。为此，请看下面的示例代码：

```
def _ _init_ _(self):                    # B 的_ _init_ _
    # self._ _init_ _(13, 14)            # 不行
    # A._ _init_ _(self, 13, 14)         # 可以
    # super(B, self)._ _init_ _(13, 14)  # 可以
    super()._ _init_ _(13, 14)           # 可以，Python3.x 版才可以
    self.c = 15
```

因为语句“self._ _init_ _(13, 14)”符合表达式“对象.属性项”的语法格式，所以在运行时会启动 MRO(Method Resolution Order，方法解析顺序)到 self 实例里找到_ _init_ _函数(类 B)，该函数只需要一个参数，但这里却传入三个参数：self、13 和 14，所以出错。

对于支持继承的编程语言来说，其方法(属性)可能定义在当前类，也可能来自于基类，所以在方法调用时就需要对当前类和基类进行搜索以确定方法所在的位置。而搜索的顺序就是所谓的“MRO”。对于只支持单继承的语言来说，MRO 一般比较简单；而对于 Python 语言这种支持多继承的语言来说，MRO 就复杂很多。

为此，Python 语言提供了内置函数 super，该函数只能用于新式类，调用后可得到代理对象，它的作用是把方法调用导引到父类。传入当前类与实例“super(B, self)”，便可得到类似于父类实例的代理对象，然后调用父类的_ _init_ _函数。至于无参数方法 super()，则由 Python 解释器自动填入参数。

11.2.4 多重继承机制

类可以继承一个父类，但若想继承两个以上的父类呢？例如，蝙蝠既是哺乳类动物，

也是有翅动物。此时就需要多重继承的机制，只需在定义类时把父类依序写在括号之内，示例代码如下：

```
class A():
    def am(self): print('A am')
class B():
    def bm(self): print('B bm')
class C(A, B):
    def cm(self): print('C cm')
```

上述例子中，以类 C 建立的实例可调用方法 am、bm 类 cm，且都能找到正确的实现。类 C 的属性项__bases__记录着其父类的 tuple，也就是类 A 与 B，其列出的顺序正是定义时放在括号里的顺序。

不过若是类 A 与 B 继承自同一个父类，形成如图 11-2 的钻石形，此时将会出现许多问题。以下面程序码为例，语句 c.foo()应该执行哪一个方法呢？

```
class S():
def foo(self): pass
class A(S):
def foo(self): print('A foo')          # A 的 foo
class B(S):
def foo(self): print('B foo')          # B 的 foo
class C(A, B):
pass
c().foo()                              # 应该是哪个呢？
```

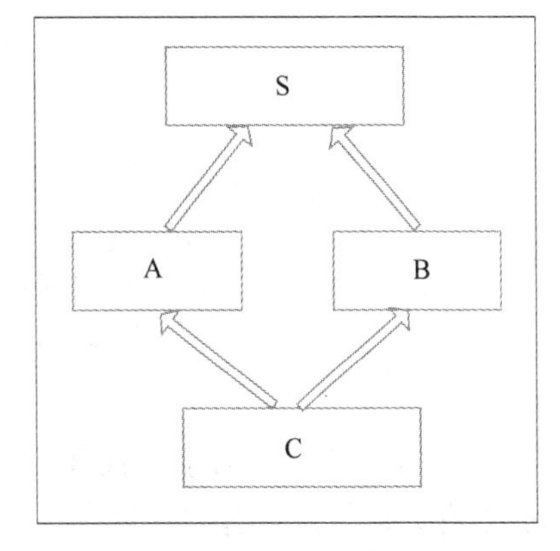

图 11-2　钻石形(菱形)多重继承

当某类的父类重复出现时，会先到实例与实例的类里搜寻：若找不到时，则会根据类定义列出的父类，从左到右依序搜寻；若都找不到，则再去更上一层的父类里搜寻。以上面例子而言，搜寻顺序是 C→A→B→Sobject，所以会输出'A foo'。

虽然在实际中并不多见，但多重继承可能会非常复杂，因为除了根据上述顺序来搜寻，还须符合每个类列出的父类顺序，例如下面的例子：

```
class A(object): pass
class B(object): pass
class X(A, B): pass      # X 说先 A 再 B
class Y(B, A): pass      # Y 说先 B 再 A
class Z(X, Y): pass
```

对类 Z 来说，其继承的两个父类 X 与 Y，分别列出不一样顺序的父类 A 与 B，这么一来，Z 就没办法确定到底 A 还是 B 应该在前。在这种状况下，Python 解释器无法确定，就会出现错误信息“TypeError: Cannot create a consistent method resolution order (MRO) for bases B, A”(类型错误：无法为父类 A 和 B 建立一致的 MRO)，这时必须修改继承关系。

11.2.5 元类的概念

所谓元类(又称“后设类”)是类的类(见图 11-3)。图中所有的椭圆形都是对象，为了区别起见：右栏的对象，如整数对象和列表对象，称为实例；中栏则是类(类型)，包括整数类型、列表类型和自定义类；另外还有类继承层级的顶端类型 object。

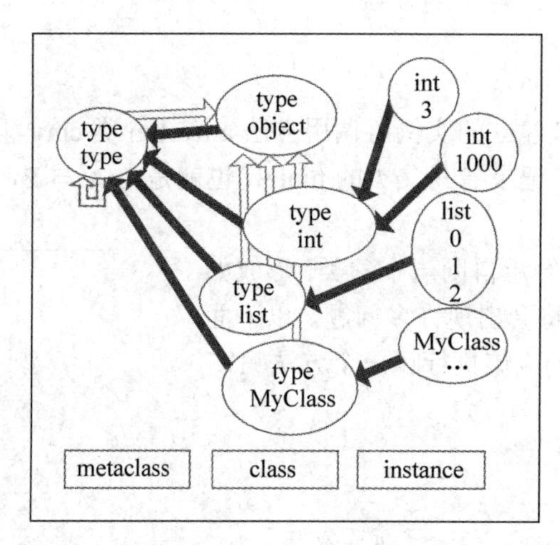

图 11-3 元类、类、实例

图 11-3 中的空心箭头代表“继承”关系，例如，类型 int 与类型 list 都继承自 object；实心箭头则代表“建立、生产”关系，例如，类型 int 建立出整数对象 3 和 1000。从继承关系可得到整个继承层级架构，顺着实心箭头，从建立关系便可知道实例的类型。除了类 object 自身以外，所有对象都继承自类 object。

除此之外，图中左栏还有个非常特殊的对象，其类型为 type，名称也是 type，称之为元类。实例对象由类对象建立，那么类对象又是由谁建立呢？正是元类对象 type，所以中栏的类对象的类型都是 type。

从图 11-3 中还可得知，类 object 也是由元类 type 建立的，而元类 type 的父类是类 object，即元类 type 自己建立自己。看起来很奇怪，但这是示意图，实际上元类 type 与类 object 很难清楚地划分界限。

11.2.6 复用与重载

在继承时，若子类也定义了跟父类相同的方法名，但提供了不同的功能，称为“复用”；而不同类型的实例，调用同名方法时会去执行不同的方法，则称为重载，这属于多态的表现形式。示例代码如下：

```
class Animal():
    def shout(self): print('Animal shout')
class Dog(Animal):                # 虽然狗与猫都继承自动物
```

```
    def shout(self): print('Dog shout')
class Cat(Animal):                    # 但它们的叫声都不一样
    def shout(self): print('Cat shout')
d = Dog(); d.shout()
c = Cat(); c.shout()
```

类 Dog 与 Cat 都有方法 shout，也就是说接口相同，但实现不同。当调用 shout 时，Python 解释器会根据实例的类来决定该执行哪一个方法，这就是多态。

不但能重载自己定义的类的方法，还能重载类 object 的方法，如_ _str_ _，当某实例需要以字符串形式表达自己时，就会调用此方法。重载方法_ _str_ _的话，就能为类提供适当的字符串表现形式。示例代码如下：

```
class MyClass():
    def _ _str_ _(self): return 'a MyClass instance'
mc = MyClass() print(mc)             # 需要字符串形式，
print(str(mc))                        # 内置函数 str 也会去调用实例的_ _str_ _方法
```

事实上 print 方法只能输出字符串。当参数类型不是字符串时，并非由 print 方法负责把参数(某种对象)转为字符串，因为那么做的话，将来增加新类时还要修改 print 方法；而是由对象提供表达自己的字符串形式，也就是由重载方法_ _str_ _负责。

同样地，也能为自定义类提供_ _repr_ _，返回适合被 Python 解释器解析、再次建立相同实例的字符串形式(会被视为程序代码)以及_ _format_ _。提供的格式化字符串形式，会被 str.format()与内置函数 format 使用。

可调用内置函数 dir 来查看类 object 可重载的方法。

11.3　对象信息的获取

确定一个对象的类型一般优先使用 isinstance()函数，因为这样可以将指定类型及其子类“一网打尽”。此外，还可以使用 type()或 dir()函数。

11.3.1　type()函数

基本类型都可以用 type()来判断，交互示例代码如下：

```
>>> type(123)
<class 'int'>
>>> type('str')
<class 'str'>
>>> type(None)
```

```
<type(None) 'NoneType'>
```

如果一个变量指向函数或者类，也可以用 type()函数进行判断，交互示例代码如下：

```
>>> type(abs)
<class 'builtin_function_or_method'>
>>> type(a)
<class '__main__.Animal'>
```

type()函数返回对应的类类型。如果需要在 if 语句中判断，就需要比较两个变量的 type 类型是否相同，交互示例代码如下：

```
>>> type(123) == type(456)
True
>>> type(123) == int
True
>>> type('abc') == type('123')
True
>>> type('abc') == str
True
>>> type('abc') == type(123)
False
```

基本数据类型的判断结果可以直接写成 int、str 等，但如果要判断一个对象是否是函数，可以使用 types 模块中定义的常量，交互示例代码如下：

```
>>> import types
>>> def fn():
        pass

>>> type(fn)==types.FunctionType
True
>>> type(abs)==types.BuiltinFunctionType
True
>>> type(lambda x: x)==types.LambdaType
True
>>> type((x for x in range(10)))==types.GeneratorType
True
```

11.3.2 dir()函数

如果要获得一个对象的所有属性和方法，可以使用 dir()函数，它返回一个包含字符串的 list。例如，获得一个 str 对象的所有属性和方法的交互示例代码如下：

```
>>> dir('ABC')
```

```
['__add__', '__class__',..., '__subclasshook__', 'capitalize', 'casefold',..., 'zfill']
```

类似__xxx__的属性和方法在 Python 语言中都是有特殊用途的，比如__len__方法返回长度。在调用 len()函数试图获取一个对象的长度时，实际上，在 len()函数内部，它自动去调用该对象的__len__()方法，所以下面两行代码的运行结果相同，是等价的。

```
>>> len('ABC')
3
>>> 'ABC'.__len__()
3
```

如果要调用自定义类的 len(myObj)方法，就需要首先编写一个__len__()方法，交互示例代码如下：

```
>>> class MyDog(object):
        def __len__(self):
            return 100

>>> dog = MyDog()
>>> len(dog)
100
```

还可以使用普通属性或方法来获取对象的信息。例如，使用方法 lower()返回小写的字符串，交互示例代码如下：

```
>>> 'ABC'.lower()
'abc'
```

有时仅仅把属性和方法列出来是不够的，这就需要配合方法 getattr()、setattr()以及 hasattr()来直接操作一个对象的状态，交互示例代码如下：

```
>>> class MyObject(object):
        def __init__(self):
            self.x = 9
        def power(self):
            return self.x * self.x

>>> obj = MyObject()
```

要测试该对象的属性的交互示例代码如下：

```
>>> hasattr(obj, 'x')              # 有属性'x'吗？
True
>>> obj.x
9
>>> hasattr(obj, 'y')              # 有属性'y'吗？
False
```

```
>>> setattr(obj, 'y', 19)          # 设置一个属性'y'
>>> hasattr(obj, 'y')              # 有属性'y'吗？
True
>>> getattr(obj, 'y')              # 获取属性'y'
19
>>> obj.y                          # 获取属性'y'
19
```

如果试图获取不存在的属性，会反馈 AttributeError 错误，代码及运行结果如下：

```
>>> getattr(obj, 'z')              # 获取属性'z'
Traceback (most recent call last):
  File "<stdin>", line 1, in <module>
AttributeError: 'MyObject' object has no attribute 'z'
```

如果传入了一个 default 参数，在属性不存在时，就返回默认值，交互示例代码如下：

```
>>> getattr(obj, 'z', 404)         # 获取属性'z'，如果不存在，返回默认值 404
404
```

还可以使用 hasattr()方法来获得对象的方法，交互示例代码如下：

```
>>> hasattr(obj, 'power')          # 有属性'power'吗？
True
>>> getattr(obj, 'power')          # 获取属性'power'
<bound method MyObject.power of <_ _main_ _.MyObject object at 0x10077a6a0>>
>>> fn = getattr(obj, 'power')     # 获取属性'power'并赋值到变量 fn
>>> fn                             # fn 指向 obj.power
<bound method MyObject.power of <_ _main_ _.MyObject object at 0x10077a6a0>>
>>> fn()                           # 调用 fn()与调用 obj.power()是一样的
81
```

可见，通过内置的一系列函数，可以对任意一个 Python 对象进行剖析，获取其内部的数据。注意，只有在不知道对象信息的时候，才会去获取对象信息。如果可以直接获取对象的内部数据库，则可编写成如下语句：

```
sum = obj.x + obj.y
```

而不要写成如下语句：

```
sum = getattr(obj, 'x') + getattr(obj, 'y')
```

下面是一个正确用法的例子。假设需要从文件流 fp 中读取图像，首先要判断该 fp 对象是否存在 read 方法：如果存在，则该对象是一个流；如果不存在，则无法读取。这时就需要使用方法 hasattr()，代码如下：

```
def readImage(fp):
    if hasattr(fp, 'read'):
        return readData(fp)
```

```
return None
```

11.4　面向对象程序设计过程

大多数现代计算机应用程序是使用以数据为中心的计算视图进行设计的。这种所谓的面向对象设计(OOD)过程，是自顶向下设计的有力补充，用于开发可靠的、性价比高的软件系统。

面向对象程序设计的本质是从模块化方法及其接口的角度来描述系统的，每个组件通过其接口提供一组服务，其他组件是服务的用户或客户。

客户端只需要了解服务的接口，该服务的实现细节并不重要。事实上，内部细节可能会发生根本变化，但不会影响客户。类似地，提供服务的组件不必考虑如何使用该服务，只需要确保提供的服务可信赖。这种关注点分离的方法使复杂系统的设计成为可能。

在自顶向下的设计中，函数扮演着模块化的角色。客户程序只要能理解函数的功能，就可以使用该函数，函数完成的细节被封装在函数定义中。

对象的关键在于定义。一旦编写了一个合适的类定义，就可以完全忽略该类的工作方式，仅仅依赖于外部接口，即方法。如果可以将一个大问题分解为一系列合作的类，就会大大降低理解程序的复杂程度。每个类都是独立的。面向对象程序设计是一个过程，针对给定问题来寻找并定义一组有用的类。像所有设计一样，面向对象程序设计既是艺术又是科学。

OOD 有许多不同的方法，每种方法都有自己的特殊技术、符号等。事实上，了解 OOD 设计的最佳方式是尽可能多地去做类的设计。下面是关于 OOD 的一些设计指导：

(1) 寻找候选对象。设计的目标是定义一组有助于解决问题的对象。首先仔细考虑问题陈述。对象通常由名词描述，因此可以在问题陈述中找出所有名词，并逐一考查。这些名词中哪些会在程序中表示出来？哪些有“有趣”的行为？可以表示为基本数据类型(数字或字符串)的东西一般不是重要的候选对象，应重点关注涉及一组相关数据项的内容上。

(2) 识别实例变量。一旦确定了候选对象，应考虑每个对象完成工作所需的信息。比如，实例变量有什么样的值：对象属性可能是具有基本类型的值，也可能是复杂的数据类型，表明需要其他对象/类的信息。努力为程序中的所有数据找到良好的“家庭”类。

(3) 考虑接口。在识别出候选的对象/类及其实例变量后，考虑该类的对象需要哪些操作才能使用。可以先考虑问题陈述中的动词。动词用于描述动作即做什么。最后列出类需要的方法。注意，对象数据的所有操作应通过所提供的方法进行。

(4) 简化复杂方法。一些方法比较简单可以用几行代码来完成。但有些方法则需要比较复杂的算法来实现。使用自顶向下的设计和逐步求精的方法来实现复杂方法的细节。

(5) 迭代式设计。在设计过程中有时可能会发现需要与其他类进行一些新的交互，这就需要向其他类中添加新的方法，有时还可能会发现需要一种全新的对象，要求定义一个新类。因此在设计过程中，可能需要多次反复设计新类和向已有类添加方法。这就是迭代式设计：任何事情，只要似乎值得注意，就为之投入工作。

(6) 尝试替代方案。不要害怕废除无效的方法，也不要害怕探索一个新的想法。良好的设计需要大量的思考与尝试。当查看他人的程序时，看到的是已完成的作品，而不是其实现过程。一个设计良好的程序，一般不是第一次尝试的结果。

(7) 保持简单。在设计的每个步骤中，尝试找出解决问题的最简单方法。除非确实需要复杂的方法来实现功能，否则不要做复杂设计。

课后习题

1. 判断题

(1) 从类定义之外直接访问实例变量是不好的风格。(　)

(2) 面向对象的设计是为了解决问题、寻找和定义的一组有用的函数的过程。(　)

(3) 可以通过在问题描述中查看动词来找到候选对象。(　)

(4) 通常设计过程涉及大量的试错。(　)

(5) 在类定义中隐藏对象的细节称为实例化。(　)

(6) 在 Python 程序设计中，对象的实现细节被封装在类定义中，这是 Python 语言的强制要求。(　)

(7) 多态的字面意思是“许多变化”。(　)

(8) 超类从其子类继承行为。(　)

(9) 继承是指一个对象针对另一个对象的某些独有的特点、能力进行复制或者延续。(　)

(10) 多继承是指一个对象可以同时从另外两个或者两个以上的对象中继承所需要的特点与能力，并且不会发生冲突等现象。(　)

2. 选择题

(1) 以下(　)项不是面向对象设计/编程的基本特征之一。

A. 继承　B. 多态　C. 通用　D. 封装

(2) 定义一个类的私有方法，Python 的惯例是用(　)开始方法名称。

A. “private”　B. 符号“#”　C. 双下画线(_ _)　D. 连字符(-)

(3) 将细节隐藏在类定义中，术语称为(　)。

A. 模糊　B. 子类化　C. 文档　D. 封装

(4) 封装是指将描述每一个对象的属性以及其行为的程序代码组织到一起，一并封装在一个实体“(　)”中，为软件结构的相关部件所具有的模块性提供良好的基础。

A. 类　B. 函数　C. 子程序　D. 进程

(5) 实现“(　)高内聚、低耦合”是面向对象技术的封装性所需要实现的基本目标。

A. 低内聚、高耦合　B. 高内聚、低耦合

C. 高内聚、高耦合　D. 低内聚、低耦合

(6) 从设计角度看，封装的设计使对象的(　)无关。前者可以改变，但只要接口保持不变，依赖对象的其他组件就不会被破坏。

A. 属性与其方法　B. 数据与其程序

C. 规模与其功能　　D. 实现与其使用

(7) 封装的优点之一是它支持(　　)，允许打包一般组件，在不同程序中使用。

A. 数据结构　　B. 代码复用　　C. 模块规模　　D. 编程技术

(8) 使用对象，在类之外与对象的所有交互一般应使用其方法提供的(　　)来完成。

A. 函数　　B. 端口　　C. 接口　　D. 窗口

(9) 如果要让类的内部属性不被外部访问，可以在属性名称前加上(　　)，使其变成一个私有变量，只有内部可以访问。

A. 双下画线“_ _”　　B. 一个下画线“_”

C. 一个反斜杠“/”　　D. 一个连接符“-”

(10) 在 Python 语言中，特殊变量的变量名是以(　　)开头，并且以双下画线结尾的，可以直接访问，不是 private 变量。

A. 一个下画线“_”　　B. 双下画线“_ _”

C. 一个反斜杠“/”　　D. 一个连接符“-”

(11) 继承是指当定义一个类的时候，可以从另一个类借用(继承)其(　　)来定义一个新类。

A. 属性　　B. 数据　　C. 接口　　D. 行为

(12) 在继承中，当子类和父类都存在相同的 run()方法时，(　　)。

A. 父类的 run()方法将覆盖子类的 run()方法

B. 子类的 run()方法将覆盖父类的 run()方法

C. 子类和父类的 run()方法将同时执行

D. 因为冲突，子类和父类的 run()方法都不会执行

(13) 多态性是指当不同的多个对象同时接收到同一个完全相同的消息之后，所表现出来的动作是(　　)。

A. 各不相同的，具有多种形态　　B. 结果完全相同，具有一致性

C. 分别执行，有多个结果　　D. 发生冲突，都不能执行

(14) 所谓元类，是指(　　)是类的类。

A. 超类　　B. 子类　　C. 孙类　　D. 类的类

(15) 当得到一个对象的引用时，下列(　　)函数不能用来获取这个对象的类型。

A. isinstance()　　B. type()　　C. return()　　D. dir()

(16) 面向对象设计(OOD)过程是(　　)设计的有力补充，用于开发可靠的、性价比高的软件系统。

A. 自底向上　　B. 自顶向下　　C. 水平发展　　D. 逐步求精

3. 讨论

(1) 用自己的语言描述 OOD 过程。

(2) 用自己的语言定义封装、多态和继承。

(3) 请阅读下面的程序代码，并找出错误。

```
class MyClass():
    x, y = 3, 4
```

```
    def foo(self):
        print(x + y)
    def bar(self):
        print(self.x + self.y)
MyClass().foo()
MyClass().bar()
```

(4) 下面程序有三个 print 方法，各自的输出结果是什么？

```
class A(object):
    x = 1
class B(A): pass
class C(A): pass
print(A.x, B.x, C.x)     # ???
B.x = 2
print(A.x, B.x, C.x)     # ???
A.x = 3
print(A.x, B.x, C.x)     # ???
```

(5) 下面类阶层的搜寻顺序是什么？若建立类 D 的实例并调用方法 foo，会执行哪一个方法？

```
class A:
def foo(self): pass
class B(A): pass
class C(A):
def foo(self): pass
class D(B, C): pass
```

(6) 分析下面的类继承关系，建立类 C 的实例时，将会按照 B→A→C 的顺序调用初始化方法__init__。请问，如果类 A 与 B 的初始化方法__init__需要传入参数，应该怎么修改？

```
class A(object):
    def __init__(self):
        super(A, self).__init__()
        print('A')
class B(object):
    def __init__(self):
        super(B, self).__init__()
        print('B')
class C(A, B):
    def __init__(self):
        super(C, self).__init__()
        # super().__init__()
        print('C') C()
```

(7) 定义一个类 Person，拥有两个属性项：出生年月日与年龄。年龄并非固定数值，而是根据目前日期动态计算出来的。

编程实训

1. 实训目的

(1) 熟悉面向对象程序设计的重要思想，理解面向对象设计的主要方法。

(2) 理解封装的概念，以及如何借助他构建模块化的、可维护的程序。

(3) 理解多态和继承的概念，掌握面向对象程序设计的内涵与特点。

(4) 理解面向对象设计的过程，能够阅读和理解面向对象的程序。

(5) 能够利用面向对象设计来设计有一定复杂程度的软件。

2. 实训内容与步骤

(1) 仔细阅读本章内容，对其中的各个实例进行具体操作实现，并从中体会 Python 程序设计，提高 Python 编程能力。如果不能顺利完成，则分析原因。

答：____

____

(2) 编写程序。

① 把下面程序中 Student 对象的 gender 字段对外隐藏起来，用 get_gender()和 set_gender()代替，并检查参数有效性。

```
# -*- coding: utf-8 -*-
# 测试:
bart = Student('Bart', 'male')
if bart.get_gender() != 'male':
    print('测试失败!')
else:
    bart.set_gender('female')
    if bart.get_gender() != 'female':
        print('测试失败!')
    else:
        print('测试成功!')
```

② 为了统计学生人数，可以给 Student 类增加一个类属性，且每创建一个实例，该属性自动增加，代码如下：

```
# -*- coding: utf-8 -*-
# 测试:
if Student.count != 0:
    print('测试失败!')
else:
    bart = Student('Bart')
    if Student.count != 1:
```

```
        print('测试失败!')
    else:
        lisa = Student('Bart')
        if Student.count != 2:
            print('测试失败!')
        else:
            print('Students:', Student.count)
            print('测试通过!')
Run
```

③ 编写一个程序来记录会议与会者。程序应记录每个与会者的姓名、公司、州和电子邮件地址。程序应允许用户做一些操作，例如，添加新的与会者、显示与会者的信息、删除与会者、列出所有与会者的姓名和电子邮件地址、列出指定州的所有与会者的姓名和电子邮件地址。与会者列表应存储在文件中，并在程序启动时加载。

④ 编写一个模拟自动取款机(ATM)的程序。由于可能出现无法访问读卡器的情况，因此应先输入用户 ID 和 PIN 密码。用户 ID 将用于查找用户账户的信息(包括 PIN，以查看其是否与用户类型相匹配)。每个用户都可以访问支票账户和储蓄账户。用户应该能检查账户余额、提取现金和在账户间转账。将界面设计成类似当地 ATM 的界面。程序终止时，用户账户信息应存储在文件中。程序重新启动时，该文件被再次读入。

记录：将编写的上述程序的源代码另外用纸记录下来，并粘贴在下方。

---------------------------------- 程序设计源代码粘贴于此 ----------------------------------

3. 实训总结

____

____

____

____

4. 教师对实训的评价

____

____

第 12 章　综合案例分析

作为一本 Python 程序设计的入门书，本章已至尾声，但 Python 语言与程序设计所涵盖的范畴，绝非一本书的篇幅所能容纳的。本章通过分析几个典型程序设计案例，尽可能完整地展现 Python 程序设计的各个方面，展示 Python 程序设计的基本方法与技巧。

12.1　GUI 设计

GUI(Graphical User Interface，图形用户接口，或称图形用户界面)是一种结合计算机科学、美学、心理学、行为学及各商业领域需求分析的人机系统工程，它强调人—机—环境三者作为一个系统来进行总体设计。

Python 语言提供了一些图形开发界面的库供开发者选择，常用的 Python GUI 库包括以下几种：

(1) Tkinter 模块：Tkinter 模块(Tk 接口)是 Python 语言的标准 Tk GUI 工具包的接口。Tkinter 模块可以应用在 Windows 环境，实现本地窗口风格。

(2) wxpython：这是一款开源软件，是 Python 语言中一套优秀的 GUI 图形库，能够很方便地创建完整的、功能健全的 GUI 用户界面。

(3) Jython：Jython 可以实现和 Java 语言的无缝集成。除了一些标准模块外，Jython 还使用了 Java 语言的模块。Jython 几乎拥有标准的 Python 语言中不依赖于 C 语言的全部模块。

12.1.1　Tkinter 模块

Tk 是 Python 默认的一套跨平台建立图形化用户界面的图形元件库，Tk 的 Python 接口是 Tkinter，通过标准程序库中的模块 Tkinter 调用 Tk 进行图形界面开发。

与其他开发库相比，Tk 非常简单，它所提供的功能用来开发一般的应用完全够用，且能在大部分平台上运行。不足之处在于，Tk 缺少合适的可视化界面设计工具，需要通过代码来完成窗口设计和元素布局。

Tkinter 模块已内置在 Python 语言中，使用时只需导入即可。导入的方法有两种。

(1) import tkinter as tk：导入 Tkinter，但没引入任何组件。在使用时需要使用 Tk 前缀，例如，为导入按钮组件，可采用“Tk Button”的表达方式。

(2) from tkinter import *：将 Tkinter 模块中的所有组件一次性导入。

利用 Tkinter 模块来引用 Tk 构建和运行 GUI 的具体步骤如下：

(1) 导入 Tkinter 模块；

(2) 创建一个顶层窗口；

(3) 在顶层窗口构建所需要的 GUI 模块和功能；

(4) 将每一个模块与底层程序代码关联起来；

(5) 执行主循环。

Tkinter 模块提供的主要组件如表 12-1 所示。

表 12-1 Tkinter 模块的核心组件

Tkinter 核心组件	中文释义	说　明
Label	标签	用来显示文字或图片
Button	按钮	类似标签，但提供额外的功能，如鼠标掠过、按下、释放以及键盘操作、事件
Entry	单行文字域	用来收集键盘输入
Text	多行文字区域	可用来收集(或显示)用户输入的文字
Frame	框架	包含其他组件的纯容器
Checkbutton	选择按钮	一组方框，可以选择其中的任意一个方框
Listbox	列表框	一个选项列表，用户可以从中选择
Menu	菜单	单击菜单按钮后弹出的一个选项列表，用户可以从中选择
Menubutton	菜单按钮	用来包含菜单的组件(有下拉式、层叠式等)
Message	消息框	类似于标签，但可以显示多行文本
Radiobutton	单选按钮	一组按钮，其中只有一个可被“按下”(类似于 HTML 中的 radio)
Scale	进度条	线性滑块组件，可设定起始值和结束值，会显示当前位置的精确值
Scrollbar	滚动条	对其支持的组件(如文本域、画布、列表框、文本框等)提供滚动功能
Toplevel	顶级	类似框架，但提供一个独立的窗口容器
Canvas	画布	提供绘图功能，可以包含图形或位图

创建 GUI 应用程序窗口的代码模板如下：

```
from tkinter import *

tk=Tk()
#代码

tk.mainloop( )                    # 进入消息循环
```

在使用 Tkinter 开发的应用程序中，需要在创建其他窗口之前创建一个顶层窗口(根窗口)。

12.1.2　程序实例：用 GUI 界面计算斐波那契数函数

斐波那契数(亦称为斐波那契数列、黄金分割数列、斐氏数列、斐氏数等)指的是这样一个数列：0、1、2、3、5、8、13、21、…。在数学上，斐波那契数列按递归方法定义为：$F_0 = 0$，$F_1 = 1$，$F_n = F_{n-1} + F_{n-2}(n \geqslant 2，n \in N^*)$。如果用自然语言来描述该公式，就是斐波那契数列从 0 和 1 开始，之后的斐波那契数列系数由其前面的两数相加得到。

【程序实例 12-1】 用图形用户界面计算斐波那契数函数。

代码如下：

```
# fibonacci.py
from tkinter import *                       # 读入模块 Tkinter

def fib(n):                                 # 计算斐氏数的函数
    a, b = 0, 1
    for i in range(n):
        a, b = b, a+b
    return a

class App(Frame):                           # 继承图形元件 Frame
    def __init__(self, master=None):
        Frame.__init__(self, master)
        self.pack()                         # pack 会调整大小，设为显示状态
        # 在 Frame 里放入输入栏字节件 Entry
        self.entry_n = Entry(self, width=10)
        self.entry_n.pack()

        self.fn = StringVar()               # 产生字符串变数，
        self.label_fn = Label(self, textvariable=self.fn,
            width=50)                       # 与标签元件 Label 绑在一起
        self.fn.set('结果')                 # 改变时，标签也会随之更新
        self.label_fn.pack()
        # 建立按钮元件 Button，也是放在 Frame 里
        self.btn_cal = Button(self, text="计算",command=self.cal_fib)
        self.btn_cal.pack()                 # 按下时，会调用方法 cal_fib
        # 另一个按钮元件，按下会关闭根元件
        self.btn_quit = Button(self, text="退出", fg="red", command=root.destroy)
        self.btn_quit.pack(side=BOTTOM)

    def cal_fib(self):                      # 当按下计算按钮时
```

```
    try:
        n = int(self.entry_n.get())              # 取得输入，转成数字
        self.fn.set(str(fib(n)))                 # 更新显示计算结果
    except Exception:                            # 若转换失败，则会显示错误信息
        self.fn.set('非法输入')

root = Tk()                                      # 产生根元件
app = App(root)                                  # 加入 Frame 子类
app.mainloop()                                   # 启动事件循环
```

程序分析：

用图形用户界面计算斐波那契数函数的程序运行结果如图 12-1 所示。

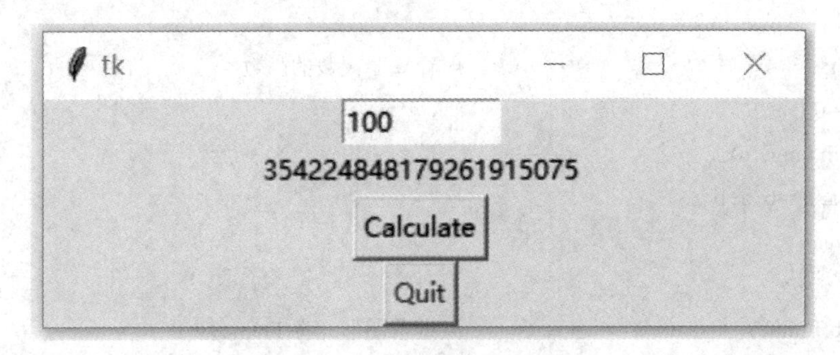

图 12-1 GUI 示例的运行结果

首先建立一个根元件，在建立图形用户元件并设定好元件之间的关系后，必须调用最重要的方法 mainloop 以启动事件循环。此循环是图形用户界面的核心概念，也是与一般文字模式程序最大的不同之处。

可把事件循环想象成一个不断执行的循环，在此循环中，会检查有无事件发生。事件的来源有三种：一是用户的输入，如鼠标与键盘事件；二是来自系统的事件，如窗口被移动、最小化和关闭等事件；三是 Tkinter 模块本身的事件，如负责管理窗口与图形元件的外观以及在有需要时更新显示画面等事件。

记录：录入并调试运行本程序实例。如果不能顺利完成，则分析原因。

答：____

12.1.3 程序实例：简单计算器

本小节开发一个简单的 Python 计算器程序。该计算器由十个数字(0～9)、小数点(.)、四种运算(+、-、*、/)以及一些特殊按钮组成，如“C”用于清除显示、“=”用于计算。当某个按钮被单击时，对应的字符将出现在显示框中，按下“=”键将进行求值并显示结果值(见图 12-2)。

图 12-2　Python 简单计算器示例

【程序实例 12-2】 简单计算器的完整程序。

代码如下：

```
# cal.py 简单的计算器
import tkinter as tk

class Calc(tk.Tk):
    # 计算器窗体类
    def __init__(self) :
        # 初始化实例
        tk.Tk.__init__(self)
        self.title("计算器")
        self.memory = 0                    # 暂存数值
        self.create()

    def create(self):
        # 创建界面
        btn_list = ["C", "M->", "->M", "/",
                    "7", "8", "9", "*",
                    "4", "5", "6", "-",
                    "1", "2", "3", "+",
                    "+/-", "0", ".", "="]
        r = 1
        c = 0
        for b in btn_list:
            self.button = tk.Button(self, text=b, width=5,
```

```
                command=(lambda x=b: self.click(x)))
            self.button.grid(row=r, column=c, padx=3, pady=6)
            c += 1
            if c > 3:
                c = 0
                r += 1
        self.entry = tk.Entry(self, width=24, borderwidth=2,
            bg="yellow", font=("Consolas", 12))
        self.entry.grid(row=0, column=0, columnspan=4,
            padx=8, pady=6)

    def click(self, key):
        # 响应按钮
        if key == "=":                          # 输出结果
            result = eval(self.entry.get())
            self.entry.insert(tk.END, " = " + str(result))
        elif key == "C":                        # 清空输入框
            self.entry.delete(0, tk.END)
        elif key == "->M":                      # 存入数值
            self.memory = self.entry.get()
            if "=" in self.memory:
                ix = self.memory.find("=")
                self.memory = self.memory[ix + 2:]
            self.title("M=" + self.memory)
        elif key == "M->":                      # 取出数值
            if self.memory:
              self.entry.insert(tk.END, self.memory)
        elif key == "+/-":                      # 正负翻转
            if "=" in self.entry.get():
                self.entry.delete(0, tk.END)
            elif self.entry.get()[0] == "-":
                self.entry.delete(0)
            else:
                self.entry.insert(0, "-")
        else:                                   # 其他键
            if "=" in self.entry.get():
                self.entry.delete(0, tk.END)
            self.entry.insert(tk.END, key)
```

```
if __name__ == "__main__":
    Calc().mainloop()
```

程序分析：

特别要注意程序的末尾。要运行应用程序，需要创建一个 Calculator 类的实例，然后调用它的 run 方法。

计算器示例利用 Button 对象列表来简化代码。在这个例子中，将类似对象的集合作为列表就是为了编程的方便，因为按钮列表的内容从未改变。如果集合在程序执行期间动态变化，则列表(或其他集合类型)就变得至关重要。

记录：录入并调试运行本程序实例。如果不能顺利完成，则分析原因。

答：____

____

____

12.2　并行处理机制

根据摩尔定律，芯片可容纳的半导体数目每隔 24 个月便增加一倍，效能表现也会随之提高。但是如今集成电路的制造能力已越来越接近半导体的物理极限，密度增长的趋势已逐渐趋缓，而且还有散热这个大问题，因此处理器工作频率的提升幅度已经不如以往，而是朝向多核心的方向迈进，即在同一颗处理器芯片里放进多个处理单元。有别于单核心处理器的时代，软件程序若不能善加利用，那么 CPU 中的多个处理器(核)就不能发挥其效用。

并行处理是解决上述问题以充分利用 CPU 资源的一种较理想的解决方案。所谓并行处理，是指同一台计算机的多个处理器中同时运行不同任务的工作模式。Python 语言提供了多种形式的并行处理机制，例如 multiprocessing 库提供了进程并行的函数，threading 库提供了线程并行的函数。下面以电影院卖票与哲学家用餐这两个经典的例子来示范解决执行线程的问题。由于 Python 语言有着解释器全局锁的限制，因此执行线程的做法较适合用于受限 I/O 的情况，而不适合用于需要 CPU 大量计算的情况。

12.2.1　程序实例：电影院卖票

有家电影院，有 10 个售票员(窗口)，要卖 100 张票。可把票事先平均分配给各售票员，若某窗口的售票员的动作较快，迅速把卖完了，那么接下来该售票员就只能闲着了。为了避免出现这种情况，可采取这样的办法：把电影票放在一个地方，让所有售票员都能获取，取一张卖一张。

在分析各种工程问题时，如果需要模拟某种不可预期且不规则的现象，可以利用随机数(又称乱数)的方式产生近似数据。经由随机数产生的数据每一次的值皆不相同(因为要求其具有不可预期且不规则的特性)，这是因为它是由数学理论推导出的方程式计算出来的。可以将随机数依其统计分布特性分为均匀随机数和常态随机数两类。均匀随机数是指其值平均地分布于一个数据区间，而常态随机数的值则呈现高斯分布，即形状像一个中间高、两头低的山丘。

下面的程序代码使用模块 threading，主程序会产生 10 个执行线程代表 10 个售票员来存取代表电影票这个共同的对象。使用随机数来模拟售票所需时间，每卖出一张票都会输出信息，最后输出每个售票员卖出的总票数。

【程序代码 12-3】 电影院卖票。

代码如下：

```
#ticket.py
import random
import time

from threading import Thread, Lock

num_agents = 10                  # 10 个售票员
num_tickets = [100]              # 共 100 张票，把 1～100 视为每张票的编号

# 售票函数，agent_id 是售票员代号，nt 是电影票张数，lock 是锁
def sell_tickets(agent_id, nt, lock):
    total = 0                    # 记录此售票员共卖出几张
    while True:                  # 不断卖票，直到卖光
        with lock:               # 取得锁后才能去拿电影票来卖
            if nt[0] > 0:        # 若还有电影票，则卖出，并输出信息
                print('Agent %d sells a ticket No. %d' % (agent_id, nt[0]))
                nt[0] -= 1       # 卖出后，电影票少了一张
                total += 1       # 记录此售票员多卖出一张
            elif nt[0] == 0:     # 已全部卖完，跳出 while 循环
                break;
        # 下面让此执行线程随机数沉睡一段时间
        #time.sleep(random.randrange(1, 3))
        time.sleep(random.random() * (1 + agent_id/2))
    print('Agent %d done. Totally sells %d tickets' % (agent_id, total))

# 产生 10 个执行线程，并调用方法 Lock()产生锁，因为要存取同一个对象
for i in range(num_agents):
    t = Thread(target=sell_tickets, args=(i, num_tickets, Lock()))
    t.start()                    # 执行线程开始动作
```

程序分析：

程序执行后可得到如下输出。注意，每个人执行的输出情况不一定会相同，甚至每次

执行结果都不相同。

```
Agent 0 sells a ticket No. 100          # 0 号售票员卖出编号 100 的电影票
Agent 1 sells a ticket No. 99
Agent 2 sells a ticket No. 98
Agent 3 sells a ticket No. 97
... 省略，不断卖出电影票 ...
Agent 0 sells a ticket No. 2
Agent 0 sells a ticket No. 1            # 0 号售票员卖出编号 1 的电影票

Agent 0 done. Totally sells 20 tickets
Agent 9 done. Totally sells 3 tickets
... 省略，输出每个售票员各自卖出几张
Agent 3 done. Totally sells 12 tickets
Agent 5 done. Totally sells 6 tickets   # 5 号售票员共卖出 6 张票
```

在程序代码中，当卖出一张票时，会调用 time.sleep 让该执行线程(售票员)停止动作一段时间，时间长度由随机数决定；若每个窗口售票时平均花费的时间差不多，那么最后每个售票员卖出的张数也会差不多；但若动作有快有慢，那么有些窗口就会卖得多，有些窗口会卖得少。

记录：录入并调试运行本程序实例。如果不能顺利完成，则分析原因。

答：____

____

12.2.2　程序实例：哲学家用餐

如图 12-3 所示，5 个哲学家在同一张桌子上用餐，编号为 0～4，在哲学家两两之间都放了一支餐具，共有 5 支，编号为 0～4。哲学家只会做两件事情：思考和用餐，但要用餐时，哲学家必须拿到他左手边与右手边的餐具，才能用餐。

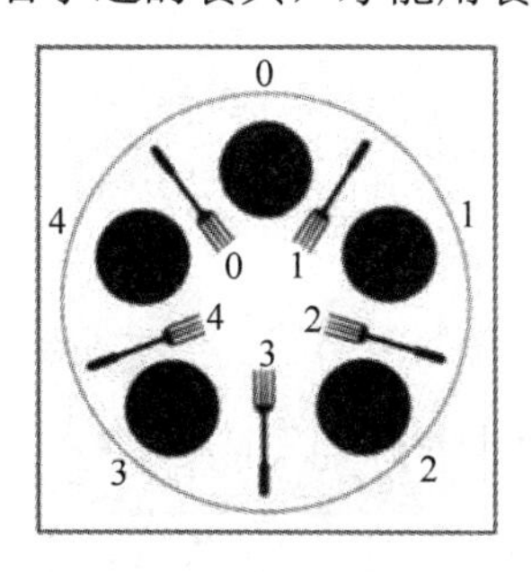

图 12-3　5 个哲学家用餐

在这个问题中，每个哲学家都会由一个执行线程代表，而餐具则是共用的对象，5 个餐具由 5 个锁代表，当哲学家(执行线程)能拿到他左右手的餐具(锁)时，方可用餐。

如果每个哲学家都拿着他右手的餐具不放，那么就没有一个人能够用餐，此情况被称

为死锁。必须设计解决办法，避免出现死锁，否则哲学家会饿死。传统的可行做法有两种：一是同时最多只允许 4 个哲学家试着去拿餐具；二是最多只让 2 个哲学家用餐，因为 3 个哲学家同时用餐将需要 6 个餐具，不可能发生此情况。

下面的程序代码采取另一种做法。在图 12-3 中，餐具(锁)从小到大编号，每个哲学家可试着拿其中两个，但必须先试着拿小编号的餐具，若能拿到才可去拿大编号的餐具，如此即可避免死锁。例如，若哲学家 0～3 都拿到右手边的餐具(编号 0～3)，然后因为哲学家 4 必须先能拿到餐具 0，才会去拿餐具 4，而因为餐具 0 已被拿走，所以哲学家 4 不会去拿餐具 4，那么餐具 4 就可被哲学家 3 拿走，他就可以用餐了。

【程序代码 12-4】 哲学家用餐。

代码如下：

```
#dining_ph.py
import random
import time
import threading

from contextlib import contextmanager

# 执行锁的本地端状态，存储已经拿到的锁的信息
_local = threading.local()

@contextmanager
def acquire(*locks):
    # 根据对象 id 来排序锁
    locks = sorted(locks, key=lambda x: id(x))
    # 检查是否按照顺序来取得锁
acquired = getattr(_local, 'acquired', [])
if acquired and max(id(lock) for lock in acquired) >= id(locks[0]):
    raise RuntimeError('Lock Order Violation')
# 开始试着取得所有的锁
acquired.extend(locks)              # 记录
_local.acquired = acquired
try:
    for lock in locks:
        lock.acquire()              # 取得锁
    yield
finally:
    # 以相反顺序释放锁
    for lock in reversed(locks):
        lock.release()
```

```
    del acquired[-len(locks):]

# 一个执行线程代表一个哲学家，id 代表编号，left 与 right 代表左右手餐具(锁)
def philosopher(id, left, right):
    while True:
        with acquire(left, right):            # 若能取得左右手餐具，则执行循环体内操作
            print('{0}用餐……'.format(id))
            time.sleep(random.random())      # 随机数模拟用餐时间
        print('{0}思考……'.format(id))
        time.sleep(random.random())          # 随机数模拟思考时间

# 共有 5 个餐具，也代表有 5 个哲学家
num_sticks = 5
# 每个餐具由一个锁代表
sticks_lock = [threading.Lock() for n in range(num_sticks)]

# 建立所有的线程(哲学家)，告知哲学家左手与右手的餐具(锁)是哪个
for n in range(num_sticks):
    t = threading.Thread(target=philosopher,
        args=(n, sticks_lock[n],sticks_lock[(n+1) % num_sticks]))
    t.start()                                # 开始动作
```

程序分析：

程序执行后可得到类似如下输出，每个哲学家吃饱了就思考，思考累了就试着拿餐具用餐。

```
1, 用餐……
2, 思考……
3, 用餐……
4, 思考……
3, 思考……
... 省略 ...
```

记录：录入并调试运行本程序实例。如果不能顺利完成，则分析原因。

答：____

____

____

12.3　模拟乒乓球游戏

本节使用 Python 语言的面向对象程序设计技术设计一个模拟乒乓球游戏的程序。

12.3.1 对象和方法

面向对象程序设计的第一个任务是找出有助于完成这个任务的一组对象。程序需要模拟两名玩家(A 和 B)之间的一场乒乓球游戏，并记录关于这场游戏的一些统计数据。

首先处理游戏的模拟。可以用一个对象代表一局乒乓球游戏，该对象必须记录两个玩家的有关信息。创建一局新游戏时，可以用概率参数来指定选手的技能水平。为此建立一个类 RBallGame，它带有一个构造函数。

模拟游戏的程序需要对抗(打球)，可以提供一个 play 方法来模拟游戏直到结束。可以用两行代码模拟创建并打一场乒乓球游戏，代码如下：

```
theGame = RBallGame(probA, probB)
theGame.play()
```

为了模拟要打很多场游戏，只需在这段代码的外面套上一个循环。这就是类 RBallGame 中真正需要编写的主要程序。

然后处理游戏的统计数据。在游戏中，游戏一方没有赢球，另一方以“X 比零”的比分获胜，这叫作“零封”。显然必须记录 A 的获胜数、B 的获胜数、A 的零封数和 B 的零封数这四个计数，以打印模拟的摘要。还可以通过 A 和 B 的胜利之和来计算并打印模拟的游戏局数。对于这四个相关的数据，不要单独处理它们，而是将它们组成一个对象。该对象就是 SimStats 类的实例。SimStats 对象记录一场游戏的所有信息。

最后确定所需的操作。这里需要构建一个方法，用于将所有计数初始化为 0。还需要一个方法 update，在模拟每场新游戏时更新计数，并基于比赛的结果来更新统计数据。当所有模拟游戏完成后，需要建立一个打印结果报告的 printReport 方法。

至此完成设计，现在可以实际编写程序的主函数了。程序大部分的实现细节都被安排在两个类的定义中，代码如下(见 12.3.5 节中程序实例 12-5 的语句 114～126)：

```
def main():
    printIntro()
    probA, probB, n = getInputs()

    # 玩游戏
    stats = SimStats()
    for i in range(n):
        theGame = RBallGame(probA, probB)        # 创建一个新游戏
        theGame.play()                           # 玩游戏
        stats.update(theGame)                    # 获取有关游戏的完整信息

    # 打印结果
    stats.printReport()
```

程序中还使用了几个辅助函数来打印介绍信息并获取输入。

12.3.2　实现 SimStats

收集游戏统计数据的 SimStats 类的构造方法只需要将四个计数初始化为 0，该方法的代码如下(见程序实例 12-5 中的语句 59～68)：

```
class SimStats:
    def _ _init_ _(self):
        self.winsA = 0
        self.winsB = 0
        self.shutsA = 0
        self.shutsB = 0
```

update 方法需要一个游戏对象作为普通参数，相应地更新四个计数。该方法的接口如下：

```
def update(self, aGame):
```

游戏的最终得分这个信息存储在对象 aGame 中。但由于 aGame 的实例变量不允许直接访问，因此需要在 RBallGame 类中增加一种新方法。还需要扩展接口，让 aGame 具有报告最终得分的方法，该新方法为 getScores，它返回选手 A 的得分和选手 B 的得分。update 方法的实现代码见程序实例 12-5 中的语句 70～80。

现在编写打印结果的方法 printReport，从而完成 SimStats 类。printReport 方法将生成一个表，显示每个选手的胜利局数、胜率、零封局数和零封百分比。示例代码的输出结果如下：

```
总共 500 场游戏总结:
            wins (% total)          shutouts (% wins)
            获胜(比率%)              零封(比率%)
-----------------------------------------------------------------
玩家 A:    411   82.2%              60   14.6%
玩家 B:     89   17.8%               7    7.9%
```

打印这个表格的标题很简单，只需要设计好输出列的排列。该方法的实现代码见程序实例 12-5 中的语句 82～89。

行格式化的细节在方法 printLine 中实现(见程序实例 12-5 中的语句 91～95)，它输出选手标签(A 或 B)、胜利和零封局数以及比赛总数(用于计算百分比)。实现 printLine 方法大量用到字符串格式化，最好开始就为每一行出现的信息定义一个模板，代码如下：

```
def printLine(self, label, wins, shuts, n):
    template = "Player {0} : {1 : 5} ({2 : 5.1%}) {3 : 11}       ({4})"
    if wins == 0:            # 避免被零除！
        shutStr = "-----"
    else:
        shutStr = "{0 : 4.1%}".format(float(shuts) / wins)
    print(template.format(label, wins, float(wins) / n, shuts, shutStr))
```

注意，处理零封百分比时，应避免被零除。程序中的 if 语句负责格式化这一部分，以防止除零。

12.3.3 实现 RBallGame

用来具体模拟游戏的是 RBallGame 类。该类需要一个能接受两个概率作为参数的构造方法、一个 play 方法模拟比赛以及一个 getScores 方法报告得分。

为模拟一场乒乓球游戏，须记录每名玩家的概率、每名选手的得分以及正在发球的选手。注意，概率和得分是与特定选手相关的属性，而发球是两名玩家之间的游戏属性，因此程序只需要考虑游戏玩家是谁、谁正在发球。玩家本身可以是对象，具有概率和得分两个属性。用这种方式来考虑 RBallGame 类可以设计出一些新对象。

如果玩家是对象，就需要另一个类来定义他们的行为，这个类就是 Player。Player 对象将记录其概率和当前得分。当 Player 第一次创建时，概率将作为一个参数提供，但分数将从 0 开始。处理 RBallGame 类时将展示 Player 类方法的设计。

现在定义类 RBallGame 的构造方法。比赛将需要两名玩家的实例变量，以及一个用来记录正在发球玩家的变量(见程序实例 12-5 中的语句 28～32)。

图 12-4 展示了由该语句及其相互关系创建的对象的抽象视图。该图有助于理解正在创建的对象之间的关系。

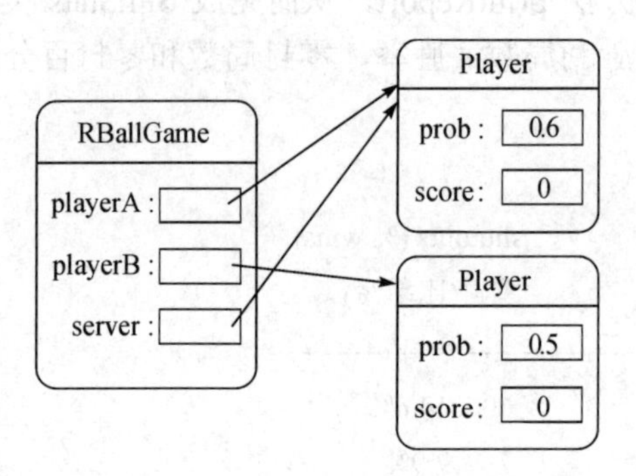

图 12-4 RBallGame 对象的抽象视图

假设创建了下面的 RBallGams 实例：

```
theGame = RBallGame(0. 6, .5)
```

创建 RBallGame 类之后，需设计模拟比赛进行的算法。该算法主要模拟继续发球、得分、换发球以及游戏结束等过程。可以将算法直接转化为基于对象的代码。

首先，只要游戏没有结束，就需要一个循环继续游戏。显然游戏是否结束，只能通过查看游戏对象本身来确定。这就需要编写一个合适的 isOver 方法。play 方法开始可以利用这个(尚未编写的)方法，代码如下：

```
def play(self):
    while not self.isOver():
```

在循环中需要让选手发球，并根据发球结果决定下一步操作。这表明 Player 对象应该有一个执行发球的方法。毕竟发球是否获胜取决于存储在每个 Player 对象内部的概率。可通过下面的语句来获取发球选手这次发球的结果。

```
if self.server.winsServer():
```

基于这个结果，可以确定接下来是得分，还是换发球。如果是得分，需要改变该选手的得分，即在 Playe 中增加得分；如果是换发球，需要在游戏层面上完成，因为该信息保存在 RBallGame 的 server 实例变量中。

综上所述，play 方法如程序实例 12-5 中的语句 34～40 所示。其中 self 是一个 RBallGame 对象。当比赛还未结束时，如果发球选手赢得发球回合，发球选手得分，否则换发球。

现在有两个新的方法 isOver 和 changeServer 需要在 RBallGame 类中实现，另外两个方法 winsServe 和 incScore 需要在 Player 类中实现。

RBallGame 类的另一个顶层方法 getScores 只是返回两名选手的得分。选手的对象实际上知道得分，因此需要一个方法，要求选手返回得分，代码如下：

```
def getScores(self):
    return self.playerA.getScore(), self.playerB.getScore()
```

这增加了一个要在 Player 类中实现的方法。

12.3.4　实现 Player

在开发 RBallGame 类时，需要一个 Player 类来封装选手的发球获胜概率和当前分数。Player 类需要一个合适的构造方法以及 winsServe、incScore 和 getScore 方法。在构造方法内需要初始化实例变量，选手的概率将作为参数传递，得分从 0 开始，代码如下：

```
def _ _init_ _(self, prob):
    # 以这种可能性创建一个球员
    self.prob = prob
    self.score = 0
```

Player 类的其他方法更简单。winsServer 方法返回选手一次发球的胜负结果，实现算法是将概率与 0～1 之间的随机数进行比较，代码如下：

```
def winsServe(self):
    return random() < self.prob
```

incScore 方法的功能是让选手得分，即让 Score 加 1，代码如下：

```
def incScore(self):
    self.Score = self.score + 1
```

getScore 方法返回 Score 的值，代码如下：

```
def getScore(self):
    return self.score
```

实际上，设计实现一个模块化的、面向对象的程序有很多简单常见的方法。设计的要点是将问题分解成更简单的部分，因为分解的模块越简单，它们的实现越容易，越能确保它的正确性。

12.3.5 程序实例：模拟游戏

模拟乒乓球游戏的完整程序如下(为便于分析表达，语句前加了行号)。仔细阅读程序代码，确保明确了解每个类的作用和做法。

【程序实例 12-5】 模拟乒乓球游戏，说明与设计对象。

代码如下：

```
1    # objrball.py
2
3    from random import random
4
5    class Player:
6        # 玩家跟踪服务概率和得分
7        def __init__(self, prob):
8            # 以这种可能性创建一个球员
9            self.prob = prob
10           self.score = 0
11
12       def winsServe(self):
13           # 返回一个布尔值，若随机函数 random()产生的随机值比 self.prob 概率小，则返回 True，
             # 反之则返回 False
14           return random() < self.prob
15
16       def incScore(self):
17           # 给这个玩家的分数加分
18           self.score = self.score + 1
19
20       def getScore(self):
21         # 返回该玩家的当前分数
22         return self.score
23
24    class RBallGame:
25       # RBallGame 代表正在进行的游戏
26       # 一个游戏有两个玩家并跟踪当前正在提供的服务
27
28       def __init__(self, probA, probB):
29           # 创建一个具有给定概率的 Player 的新游戏
30           self.playerA = Player(probA)
31           self.playerB = Player(probB)
```

```
32          self.server = self.playerA              # 玩家 A 总是先发球
33
34      def Play(self):
35          # 游戏完成
36          while not self.isOver():
37              if self.server.winsServe():
38                  self.server.incScore()
39              else:
40                  self.changeServer()
41
42      def isOver(self):
43          # 游戏结束(即一名玩家赢了)
44          a, b = self.getScores()
45          return a == 21 or b == 21 or    \
46              (a == 10 and b == 0) or (b==10 and a == 0)
47
48      def changeServer(self):
49          # 切换服务给另一个玩家
50          if self.server == self.playerA:
51              self.server = self.playerB
52          else:
53              self.server = self.playerA
54
55      def getScores(self):
56          # 返回玩家 A 和玩家 B 的当前分数
57          return self.playerA.getScore(), self.playerB.getScore()
58
59  class SimStats:
60      # SimStats 统计处理多个统计信息
61      # (已完成)游戏。追踪获胜和失败的每个玩家
62
63      def __init__(self):
64          # 为一系列游戏创建新的累加器
65          self.winsA = 0
66          self.winsB = 0
67          self.shutsA = 0
68          self.shutsB = 0
69
70      def update(self, aGame):
```

```
71            # 确定游戏结果并更新统计数据
72            a, b = aGame.getScores()
73            if a > b:
74                self.winsA = self.winsA + 1
75                if b == 0:
76                    self.shutsA = self.shutsA + 1
77            else:
78                self.winsB = self.winsB + 1
79                if a == 0:
80                    self.shutsB = self.shutsB + 1
81
82        def printReport(self):
83            # 打印报告。此处“故意”留下了混乱的输出格式，读者可尝试调整
84            n = self.winsA + self.winsB
85            print("总共", n, "场游戏总结: \r")
86            print("获胜(比率%)  零封(比率%)")
87            print("-----------------------------------------------------")
88            self.printLine("A", self.winsA, self.shutsA, n)
89            self.printLine("B", self.winsB, self.shutsB, n)
90
91        def printLine(self, label, wins, shuts, n):
92            if wins == 0:                    # 避免被零除！
93                shutStr = "-----"
94            else:
95                shutStr = float(shuts)/wins
96
97            print(label, wins, float(wins) /n, shuts, shutStr)       #考虑改进输出
98
99    # 注意以下语句的缩格排列
100
101   def printIntro():
102       print("该程序模拟两个人之间的乒乓球游戏。")
103       print("两个玩家分别被称为 A 和 B。")
104       print("每个玩家的能力用概率(0 到 1 之间的数字)表示。")
105       print("玩家在发球时赢得积分，先发球。\n")
106
107   def getInputs():
108       # 设定三个模拟参数
109       a = float(input("玩家 A 发球的概率是什么？"))
```

```
110        b = float(input("玩家 B 发球的概率是什么？"))
111        n = int(input("要模拟多少局游戏？"))
112        return a, b, n
113
114    def main():
115        printIntro()
116        probA, probB, n = getInputs()
117
118        # 玩游戏
119        stats = SimStats()
120        for i in range(n):
121            theGame = RBallGame(probA, probB)
122            theGame.Play()
123            stats.update(theGame)
124
125        # 打印结果
126        stats.printReport()
127
128    main()
129    input("\n 按<回车>键退出。")
```

记录：该程序设计案例使用了面向对象的程序设计方法，大致遵照了完整的算法设计和推理过程。采用面向对象程序设计技术已经成为软件开发的标准做法，它有助于开发更为可靠和更具成本效益的复杂软件。

录入并调试运行本程序实例。如果不能顺利完成，则分析原因。

答：____

____

____

课 后 习 题

1. 判断题

(1) GUI 是一种结合计算机科学、美学、心理学、行为学及各商业领域需求分析的人机系统工程。(　　)

(2) Python 语言支持并行处理，如由模块 threading 执行线程，由模块 multiprocessing 执行进程。(　　)

(3) 在 Python 语言中，受解释器全局锁的限制，执行线程的做法较适合于需要 CPU 大量计算的情况，不适合用于受限 I/O 大量计算的情况。(　　)

2. 选择题

(1) GUI 强调人—机—环境三者作为一个系统来进行总体设计，但下列(　　)不属于其中。

A. 人　　B. 网络　　C. 机　　D. 环境

(2) Python 语言提供了一些 GUI 开发界面的库供开发者选择，但常用的 Python GUI 库不包括(　　)。

A. math　　B. Tkinter　　C. wxpython　　D. Jython

(3) Tk 是 Python 语言默认的一套跨平台建立图形化用户界面的图形元件库，其接口是(　　)，通过该接口调用 Tk 进行图形界面开发。

A. math　　B. CPython　　C. Tkinter　　D. Jython

(4) 与其他开发库相比，Tk 非常简单，它需要通过(　　)来完成窗口设计和元素布局。

A. 开发进程　　B. 编写代码　　C. 构造数据　　D. 建立函数

(5) Tkinter 模块已在 Python 语言中内置，使用时只需导入即可。能将 Tkinter 中的所有组件一次性引入的导入方法是(　　)。

A. from tkinter import *　　B. import tkinter as tk

C. import tkinter from tk　　D. from tkinter input *

编 程 实 训

1. 实训目的

(1) 熟悉 Python 语言图形用户界面设计的概念和方法。

(2) 通过程序实例，熟悉 Python 语言并行处理程序设计方法。

(3) 通过模拟乒乓球游戏程序，熟悉 Python 语言面向对象程序设计方法。

2. 实训内容与步骤

仔细阅读本章内容，对其中的各个实例进行具体操作实现，从中体会 Python 程序设计，提高 Python 编程能力。如果不能顺利完成，则分析可能的原因。

答：____

____

3. 实训总结

____

____

____

____

4. 教师对实训的评价

____

____

附　　录

附录A　Python 快速参考

A.1　保留字

False	class	finally	is	return
None	continue	for	lambda	try
True	def	from	nonlocal	while
and	del	global	not	with
as	elif	if	or	yield
assert	else	import	pass	
break	except	in	raise	

A.2　内置函数(3.x)

分　类	函数名	简 单 说 明
数学、数值类型	int	整数
	float	浮点数
	complex	复数
	bin	整数转字符串(二进制)
	hex	整数转字符串(十六进制)
	oct	整数转字符串(八进制)
	abs	绝对值
	divmod	商、余数
	pow	幂次方
	round	四舍五入
逻辑	bool	布尔值
	all	判断是否全部为真

续表一

分　类	函数名	简 单 说 明
列表、序列、可迭代项、迭代器	any	判断是否至少有一个为真
	list	列表
	tuple	tuple(元组)
	slice	切片
	range	3.x：根据指定范围返回 range 对象
	len	返回对象的长度(内含元素的个数)
	min	最小的
	max	最大值
	sum	求和
	reversed	逆转，返回迭代器
	sorted	排序
	zip	聚合两个(或以上)可迭代项
	enumerate	列举可迭代项
	iter	返回迭代器
	next	迭代器返回下一个
字符串	ascii	返回可表示参数的 ASCII 可视字符串，非 ASCII 字节会转义处理
	chr	返回参数(字节码)相对应的字符串(仅含单一字节)，可输入 Unicode 码
	ord	给定含有单一字节的字符串，返回相对应的 Unicode 码
	str	返回可代表给定对象的字符串
	repr	返回可代表给定对象的字符串，此字符串应可输入函数 eval
	format	根据规格把参数转换成格式化表示法
字节	bytearray	可变的字节阵列
	bytes	独立的类型 bytes
其他类型	dict	字典
	set	集合
	frozenset	不可变的集合
函数式程序设计	map	运用给定函数到参数可迭代项里的每个元素
	filter	给定函数过滤某可迭代项
对象相关	hash	返回给定对象的杂凑值
	id	返回给定对象的独一无二识别码
	type	返回给定对象的类型
	object	建立最基本的对象
	super	返回代理对象，委派方法呼叫父类
	classmethod	类方法
	staticmethod	静态方法

续表二

分　类	函数名	简 单 说 明
对象相关	isinstance	判断对象是否为给定类的实例
	issubclass	判断类是否为给定类的子类
	callable	是否可被调用
	getattr	取得对象的属性项
	setattr	设定对象的属性项
	hasattr	判断对象是否有该属性项
	delattr	删除对象的属性项
	vars	返回对象的属性项__dict__
	property	属性
	memoryview	返回“存储器搜索”(检视)对象
输入输出	print	输出文本字符串，缺省会输出到标准输出(屏幕)
	input	读取一行输入
文件	open	打开文件
模块	__import__	语句 import 底层所用
程序执行	compile	编译源程序代码，之后可被 exec 或 eval 执行
	eval	动态执行 Python 表达式
	exec	动态执行 Python 语句
命名空间	globals	返回目前全局命名空间的字典(符号表)
	locals	返回目前局部命名空间的字典(符号表)
文件查询	dir	列出对象的属性项
	help	启动内置的文件系统

附录 B　部分习题参考答案

第 1 章

1. 判断题

(1) ×　(2) √　(3) ×　(4) √　(5) ×　(6) √
(7) √　(8) √

2. 选择题

(1) B　(2) D　(3) D　(4) A　(5) B　(6) B
(7) C　(8) B　(9) B　(10) B

第 2 章

1. 判断题

(1) × (2) √ (3) × (4) √ (5) × (6) √
(7) √ (8) × (9) × (10) ×

2. 选择题

(1) C (2) A (3) D (4) C (5) B (6) D
(7) B

第 3 章

1. 判断题

(1) √ (2) √ (3) × (4) × (5) × (6) √
(7) √ (8) × (9) √

2. 选择题

(1) D (2) C (3) A (4) B (5) A (6) B
(7) C (8) C

第 4 章

1. 判断题

(1) × (2) √ (3) √ (4) × (5) × (6) √
(7) × (8) √ (9) × (10) × (11) √ (12) √
(13) × (14) √ (15) √ (16) ×

2. 选择题

(1) A (2) C (3) B (4) D (5) A (6) C
(7) D (8) C (9) CD (10) D

第 5 章

1. 判断题

(1) √ (2) √ (3) √ (4) × (5) × (6) ×
(7) √ (8) √

2. 选择题

(1) B (2) A (3) D (4) C (5) D (6) A
(7) D (8) B (9) C (10) A

第 6 章

1. 判断题

(1) √ (2) × (3) √ (4) × (5) √ (6) ×
(7) × (8) √ (9) × (10) √ (11) √

2. 选择题

(1) A (2) C (3) B (4) D (5) A (6) C
(7) B

第 7 章

1. 判断题

(1) × (2) × (3) √ (4) × (5) × (6) ×
(7) × (8) √ (9) √ (10) ×

2. 选择题

(1) B (2) A (3) A (4) B (5) D (6) A
(7) D (8) A (9) D (10) C

第 8 章

1. 判断题

(1) × (2) √ (3) √ (4) √ (5) × (6) ×
(7) √ (8) √ (9) × (10) √ (11) √

2. 选择题

(1) A (2) C (3) B (4) D (5) A (6) B
(7) D (8) C (9) A (10) B (11) D (12) C

第 9 章

1. 判断题

(1) × (2) √ (3) × (4) √ (5) √ (6) √

2. 选择题

(1) C (2) D (3) A (4) C (5) D (6) D
(7) D (8) C (9) B (10) A

第 10 章

1. 判断题

(1) × (2) √ (3) √ (4) × (5) × (6) ×

(7) √ (8) √ (9) × (10) √ (11) × (12) √

2. 选择题

(1) B (2) B (3) C (4) D (5) B

第 11 章

1. 判断题

(1) √ (2) √ (3) √ (4) × (5) × (6) ×
(7) √ (8) × (9) √ (10) √

2. 选择题

(1) C (2) C (3) D (4) A (5) B (6) D
(7) B (8) C (9) A (10) B (11) D (12) B
(13) A (14) D (15) C (16) B

第 12 章

1. 判断题

(1) √ (2) √ (3) ×

2. 选择题

(1) B (2) A (3) C (4) B (5) A

附录 C 课程学习与实训总结

C.1 课程与实训的基本内容

至此，在顺利完成了“Python 程序设计”课程的教学任务以及相关的全部实训操作的基础上，为巩固通过学习实训所了解和掌握的知识和技术，就此做一个系统的总结。由于篇幅有限，如果书中预留的空白不够，则另外附纸张粘贴在边上。

(1) 本学期完成的“Python 程序设计”学习与实训操作主要(根据实际完成的情况填写)。

第 1 章的主要内容是：____

____

____

第 2 章的主要内容是：____

____

____

第 3 章的主要内容是：______________________________

第 4 章的主要内容是：______________________________

第 5 章的主要内容是：______________________________

第 6 章的主要内容是：______________________________

第 7 章的主要内容是：______________________________

第 8 章的主要内容是：______________________________

第 9 章的主要内容是：______________________________

第 10 章的主要内容是：______________________________

第 11 章的主要内容是：______________________________

第 12 章的主要内容是：______________________________

(2) 回顾并简述通过学习与实训初步了解的有关 Python 程序设计的重要概念(至少 3 项)。

① 名称：______________________________

简述：______________________________

② 名称：______________________________

简述：______________________________

③ 名称：

简述：

④ 名称：

简述：

⑤ 名称：

简述：

C.2 实训的基本评价

(1) 在全部实训操作中，你印象最深，或者相比较而言你认为最有价值的是：

①

理由：

②

理由：

(2) 在所有实训操作中，你认为应该得到加强的是：

①

理由：

②

理由：

(3) 对于本课程和本书的实训内容，你认为应该改进的其他意见和建议是：

C.3 课程学习能力测评

根据你在本课程中的学习情况，客观地在 Python 程序设计知识方面对自己做一个能力测评，在表 C-1 的“测评结果”栏中合适的项下打“✓”。

C.4 学习与实训总结

表 C-1 课程学习能力测评

关键能力	评价指标	测评结果					备注
		很好	较好	一般	勉强	较差	
课程基础内容	1. 了解本课程的知识体系、理论基础及其发展						
	2. 了解 Python 语言，熟悉 Python 开发环境						
	3. 熟悉 Python 基础语法						
Python 程序设计	4. 熟悉赋值、条件与循环等程序设计方法						
	5. 熟悉序列与迭代						
	6. 熟悉字符串与文件处理						
	7. 熟悉字典与集合						
	8. 熟悉函数与模块						
面向对象程序设计	9. 熟悉面向对象的概念						
	10. 熟悉构造函数和类的方法						
	11. 熟悉发射炮弹示例程序						
	12. 熟悉对象封装程序设计方法						
	13. 熟悉继承程序设计方法						
	14. 熟悉多态程序设计方法						
	15. 熟悉面向对象设计过程						
程序设计案例分析	16. 熟悉 Python 图形界面设计						
	17. 熟悉 Python 并行处理方法						
	18. 熟悉模拟乒乓球游戏程序例子						
解决问题与创新	19. 掌握通过网络提高 Python 程序设计能力、丰富专业知识的学习方法						
	20. 能根据现有的知识与技能创新地开展程序设计活动						

说明：“很好”5 分，“较好”4 分，余类推。全表满分为 100 分，你的测评总分为：______分。

5. 教师对学习与实训总结的评价

____

____

____

附录 D 课程实践(参考)

【实践描述】

Python 支持多种程序设计范式，包括程序式、结构式、面向对象、函数式和脚本式，其语法高级且简洁，易于学习，具备了垃圾收集、动态类型检查和异常处理机制等特色。Python 的程序库模块较为丰富，在游戏、多媒体、数学运算、视频处理、系统程序、网站网页、机器人等领域广为应用。

本课程实践通过一个模拟乒乓球游戏的程序设计案例，考查了学生 Python 程序设计课程的学习效果，以及自主学习 Python 程序设计语言的专业能力。

【实践组织与成绩评定】

第一阶段：课外完成。本课程实践为开放型作业，相关文档事先发布，学生可提前练习，通过教材和网络搜索等手段研习理解，自主开展 Python 程序设计训练。

第二阶段：实训室(现场)学生独立完成。现场完成程序作业时可以借助于课外完成的(见下面第三层次要求)程序源代码纸质清单、教材、网络等环境条件(注意：自带电脑的学生应自觉清理编程环境的相关电子文件，否则作作弊处理)。

本课程实践分三个层次。

第一层次：将本文档指定的 Python 程序源代码在 Python 开发环境中录入、调试并正确运行。此层次满分为“60 分(及格)”。

第二层次：对本文档指定的 Python 程序源代码进行解读注释。结合第一层次得分，此层次满分为“89 分(良好)”。

第三层次：对本文档提供的模拟乒乓球游戏 Python 程序源代码(见本书 12.3 节的程序示例 12-5)进行创新扩展【注意，可以事先做好程序设计构思，携带自己设计的参考源代码(纸质清单)在现场完成程序设计与运行】，形成新的更为完整、用户界面更为友好的系统。结合第一、第二层次得分，此层次满分为“95 分(优秀)”(注：本实践作业建议不设置满分 100 分)。

第一层次 录入、调试、运行案例程序

模拟乒乓球游戏的 Python 程序案例参见本书 12.3 节。

程序结果：录入、调试、运行“程序实例 12-5”并记录程序运行情况。

____
____
____
____
____
____
____
____

第二层次　对案例文件进行分析注释

针对本书 12.3 节中的“程序实例 12-5”，对其程序源代码进行分析注释。

提示：注释内容请写在相关语句的下方。

第三层次　在源程序基础上的创新设计

提示：对本书(文档)提供的 Python 程序源代码进行自主创新的创新扩展(注：可以事先做好准备，携带参考源代码在现场完成程序设计)，形成新的更为完整、有趣的程序系统。

将完成的程序源代码另外用纸记录下来，并粘贴在下方：

-------------------------------------- 源程序代码粘贴于此 --------------------------------------

课程实践总结

简述本次课程实践的完成情况(例如你实际冲击的是第几层次？)？如果不能顺利完成，则分析原因。

答：____
____
____

请选择：

(1) 你喜欢本课程平时的作业和实训方式吗：

☐ 喜欢　　☐ 不喜欢　　☐ 没感觉

(2) 你喜欢本学期期末的教学测评方式吗？

☐ 喜欢　　☐ 不喜欢　　☐ 没感觉

(3) 事实上，现阶段针对课程的考试还是必需的。如果可以选择，你会选择哪一种形式？

☐ 传统的考卷模式　　☐ 本课程期末采用的课程实践模式

说说你对这次期末测评设计的看法：

____

____

____

记录：学习“Python 程序设计”课程，完成本次课程实践的总结。

____

____

____

____

____

____

____

____

附录 E 课程教学进度表

________大学__________学院教学进度表

(______年第______季学期)

课程名称：Python 程序设计；总学时：64 (其中理论：32，实验：32)；

所在学院：______________；教师姓名(职称)：______________；

开课班级：________________

周次(日期)	周学时	授课章节	教学内容		授课方式(包括讲授、实验操作、上机、观摩录像、分组讨论等)	作业布置
			教学目的	教学重、难点		
第1周	8	第1章 初识 Python	(1) 了解主要相关计算机科学家的研究领域和主流技术。 (2) 了解现代计算机的硬件和基本设计。 (3) 了解不同软件的作用、计算机编程语言的形式和功能。 (4) 下载安装 Python 软件，了解 Python 编程界面。 (5) 了解 Python 程序设计语言，熟悉 IDLE 开发环境。 (6) 了解 TIOBE 排行榜，把握编程语言的发展趋势及其对职业生涯的现实意义。	(1) Python 集成开发环境。 (2) Python 软件下载与安装。	讲授 + 实验	课后习题

续表一

周次(日期)	周学时	授课章节	教学内容		授课方式(包括讲授、实验操作、上机、观摩录像、分组讨论等)	作业布置
			教学目的	教学重、难点		
第2周	4	第2章 Python语法基础	(1) 了解有效的Python标识符及其命名规则。 (2) 了解变量与对象的关系，熟悉对象与数据类型的概念。 (3) 熟悉Python表达式、运算符及其优先级。 (4) 熟悉源程序文件的扩展名及其执行方式。	(1) 变量与对象的关系，对象与数据类型的概念。 (2) 表达式、运算符及其优先级。	讲授＋实验	课后习题＋实训
第3周	4	第3章 赋值语句与分支结构	(1) 理解布尔表达式和布尔数据类型的概念。 (2) 能够阅读、编写和实现使用判断结构，包括使用系列判断和嵌套判断结构的算法。 (3) 理解if、if-else、if-elif-else语句，并能利用其实现简单、两路和多路判断的编程模式。 (4) 理解异常处理的思想，能够编写简单异常处理代码，捕捉标准的Python运行时错误。	(1) 利用if、if-else、if-elif-else语句，实现简单、两路和多路判断程序。 (2) 编写简单异常处理代码，捕捉标准的Python运行时错误。	讲授＋实验	课后习题＋实训

续表二

周次(日期)	周学时	授课章节	教学内容		授课方式(包括讲授、实验操作、上机、观摩录像、分组讨论等)	作业布置
			教学目的	教学重、难点		
第 4 周	4	第 4 章 循环结构与 print 语句	(1) 熟悉 for 循环与 while 循环的概念。 (2) 理解和使用循环结构，熟悉使用循环的各种模式算法。 (3) 掌握 break 和 continue 语句的运用。	(1) for 循环与 while 循环的概念。 (2) break 和 continue 语句的运用。	讲授+实验	课后习题+实训
第 5 周	4	第 5 章 字典与集合	(1) 了解使用字典(集合)来表示相关数据的集合。 (2) 熟悉用于操作 Python 字典的函数和方法。 (3) 能够用字典编程来管理信息集合。 (4) 能够利用字典和集合编程来构造复杂数据。	(1) 字典(集合)表示相关数据的集合。 (2) Python 字典的函数和方法。 (3) 利用字典和集合来构造复杂数据。	讲授 + 实验	课后习题 + 实训
第 6 周	4	第 6 章 序列与迭代	(1) 了解类型与对象的基本概念，理解“类型也是对象”的含义。 (2) 了解什么是抽象类型。 (3) 了解元素存取中索引和切片的概念，掌握切片的运用。 (4) 了解序列类型的方法。	(1) 切片与索引的概念与运用。 (2) 序列类型的方法。	讲授 + 实验	课后习题 + 实训

续表三

周次(日期)	周学时	授课章节	教学内容		授课方式(包括讲授、实验操作、上机、观摩录像、分组讨论等)	作业布置
			教学目的	教学重、难点		
第7周	12	第7章 函数	(1) 了解Python语言的函数，理解程序员将程序分成多组合作的函数的意义。 (2) 能够在Python程序中定义新的函数。 (3) 理解Python语言中函数调用和参数传递的细节。 (4) 利用函数来编程，以减少代码的重复并实现程序的模块化。	(1) 函数的定义。 (2) 函数参数的传递。 (3) 函数的调用。	讲授 + 实验	课后习题 + 实训
第8周	4	第8章 模块	(1) 理解模块的概念以及用它们来简化编程的方法。 (2) 了解内置模块的调用方法和在程序设计中的应用方法。 (3) 了解第三方模块的调用方法和在程序设计中的应用方法。 (4) 了解Python语言内置模块与第三方模块的区别。	(1) 内置模块的调用方法和在程序设计中的应用。 (2) 第三方模块的调用方法和在程序设计中的应用。	讲授+实验	课后习题 + 实训
第9周	4	第9章 字符串与文件	(1) 了解字符串数据类型以及字符串在计算机中的表示方法。 (2) 理解序列和索引的基本概念，熟悉字符串和列表。 (3) 能够用字符串格式化来产生有吸引力的程序输出。 (4) 了解在Python语言中基本的读取和写入文本文件的方法以及文件处理的概念和技术。 (5) 理解并能编写处理文本信息程序。	(1) 序列和索引的基本概念。 (2) 字符串格式化。	讲授 + 实验	课后习题 +实训

续表四

周次 (日期)	周学时	授课章节	教学内容		授课方式 (包括讲授、实验操作、上机、观摩录像、分组讨论等)	作业布置
			教学目的	教学重、难点		
第 10 周	4	第 10 章 面向对象程序设计	(1) 理解面向对象程序设计的重要思想，掌握面向对象程序设计的主要方法。 (2) 理解对象的概念以及使用对象来简化编程的方法。 (3) 能够阅读包含类定义的程序。 (4) 能够编写简单的基于面向对象的程序。	(1) 类与对象的概念。 (2) 阅读并编写包含类定义的程序。 (3) 编写简单面向对象的程序。	讲授+实验	课后习题+实训
第 11 周	4	第 11 章 对象的封装、继承与多态	(1) 理解封装的概念，以及封装在构建模块化的、可维护的程序中的作用。 (2) 理解多态和继承的概念，掌握面向对象程序设计的内涵与特点。 (3) 理解面向对象程序设计的过程，能够阅读和理解面向对象的程序。 (4) 能够利用面向对象程序设计的方法来设计有一定复杂度的软件。	(1) 封装、多态和继承的概念。 (2) 封装、多态和继承在构建模块化的、可维护的程序中的作用。 (3) 利用面向对象程序设计的方法设计编写程序，阅读和理解面向对象的程序。	讲授 + 实验	课后习题 + 实训

续表五

周次(日期)	周学时	授课章节	教学内容		授课方式(包括讲授、实验操作、上机、观摩录像、分组讨论等)	作业布置
			教学目的	教学重、难点		
第12周	8	第12章 综合案例分析	(1) 熟悉 Python 图形用户界面设计的概念和方法。 (2) 通过程序实例，熟悉 Python 并行处理程序设计方法。 (3) 通过模拟乒乓球游戏程序，熟悉 Python 面向对象程序设计方法。	(1) Python 图形用户界面设计的概念和方法。 (2) Python 并行处理程序设计方法。 (3) Python 面向对象程序设计方法。	讲授 + 实验	课后习题 + 实训

该门课程的答疑、质疑的安排意见：____________________(时间，地点，次数)

该门课程教学大纲的学时数和本学期实际学时数发生冲突时，您对教学安排的处理意见：__________

系主任审批意见：

年　　月　　日

用教材：

选读参考书：

必读参考书：

注：(1) 本表作为检查该门课程的教学计划和教学大纲执行情况的依据，请务必认真填写；

(2) 本表一式二份，学院教务一份、本人各留一份，并向教学班公布；

(3) 本表务请在开学初第二周内报备学院存档(电子文档同时存档)。

附：

任课教师多于2位时，课程负责人姓名请填于前表，成员姓名请填于下表。

序　号	任课教师姓名	职　称	开 课 班 级
1			
2			
3			
4			
5			
6			
7			
8			
9			

参 考 文 献

[1] 约翰·策勒. Python 程序设计. 3 版. 王海鹏，译. 北京：人民邮电出版社，2018.
[2] 周苏，王文. Java 程序设计. 北京：中国铁道出版社，2019.
[3] 匡泰，周苏. 大数据可视化. 北京：中国铁道出版社，2019.
[4] 董付国. Python 程序设计开发宝典. 北京：清华大学出版社，2017.
[5] 董付国. Python 可以这样学. 北京：清华大学出版社，2017.
[6] 嵩天，礼欣，黄天羽. Python 语言程序设计基础. 2 版. 北京：高等教育出版社，2017.
[7] 江红，余青松. Python 程序设计教程. 北京：清华大学出版社，北京交通大学出版社，2014.
[8] 赵英良，仇国巍，夏秦，等. 大学计算机基础. 5 版. 北京：清华大学出版社，2017.